浙江省"十四五"普通高等教育本科规划教材

U0182761

Hydrogen Energy and
Hydrogen Producing Technologies

氢能与制氢技术（第二版）

吴素芳 编著

ZHEJIANG UNIVERSITY PRESS
浙江大学出版社

图书在版编目（CIP）数据

氢能与制氢技术／吴素芳编著. —2版. —杭州：浙
江大学出版社，2021.7（2025.1重印）
ISBN 978-7-308-20979-3

Ⅰ.①氢… Ⅱ.①吴… Ⅲ.氢能—高等学校—教材
②制氢—高等学校—教材 Ⅳ.①TK91②TE624.4

中国版本图书馆 CIP 数据核字（2020）第 252749 号

内容简介

本书介绍氢能的概念及其应用，以及多种制氢技术的原理和工艺过程。教材共分三个部分：第一部分包括第1、2章，分别介绍氢气与氢能、氢燃料电池及其应用。第二部分包括第3～8章，分别介绍以一次能源和二次能源为原料的工业规模制氢方法：水电解制氢技术、天然气制氢技术、煤制氢技术、甲醇制氢技术、氨分解制氢技术和工业副产气体提纯制氢技术。第三部分包括第9、10章，分别介绍可再生能源中的生物质制氢方法和太阳能制氢方法。

本书可作为相关课程的教材使用，也可供相关专业的研究生和从事与氢气、氢能有关研究人员参考。

QINGNENG YU ZHIQING JISHU

氢能与制氢技术（第二版）

吴素芳　编著

责任编辑　徐　霞
责任校对　王元新
封面设计　十木米
出版发行　浙江大学出版社
　　　　　（杭州市天目山路 148 号　邮政编码 310007）
　　　　　（网址：http://www.zjupress.com）
排　　版　杭州青翊图文设计有限公司
印　　刷　广东虎彩云印刷有限公司绍兴分公司
开　　本　787mm×1092mm　1/16
印　　张　12.25
字　　数　314 千
版 印 次　2021 年 7 月第 2 版　2025 年 1 月第 4 次印刷
书　　号　ISBN 978-7-308-20979-3
定　　价　39.00 元

序

能源的开发和利用反映了人类文明各阶段的特征。

人类从远古时代的钻木取火开始就一直在发掘能源,而直到工业革命以前主要用生物质能来生存、发展和繁衍后代。薪柴的主要成分是木质素,它利用太阳能的光合作用,在当年内就实现二氧化碳的循环。工业革命促进了煤炭的开采和利用。与薪柴相比,煤炭的能源密度高,储存运输方便,而且煤炼成焦炭可直接作为冶金工业的原料,炼焦过程产生的煤气可以点灯也可用作清洁的家用燃料。从此人类社会的发展主要依靠化石能源。从 20 世纪初开始,石油的开采和利用渐渐取代了煤炭,因为石油的能源密度更高,运输和使用更为方便,显示出其作为燃料和石油化工原料的优越性。

氢气将成为化石燃料之后的新燃料。每一次能源革命的结果都是使"碳氢能源"中碳的含量降低、氢的含量上升。从煤(2:1),再发展到石油(1:2)和天然气(1:4),碳氢比不断下降,表现出不断加速的"脱碳"特征。可以预期:人类社会的主流能源的氢碳比将越来越高,使纯氢最终成为驱动人类社会发展的主要能源,到达绿色环保的"氢经济"时代。

氢能在能源结构转型中发挥着越来越重要的作用。2014 年,美国发布《全面能源战略》,明确了氢能在交通运输领域转型中的引导作用。2016 年,中国国家发展改革委、国家能源局印发《能源技术革命创新行动计划(2016—2030 年)》,面向未来 15 年提出了"氢能与燃料电池技术创新"的任务。2018 年,日本通过了新修订的"能源基本计划",强调氢能的利用在应对全球气候变化中的重要作用。2019 年,欧洲燃料电池和氢能联合组织发布《欧洲氢能路线图:欧洲能源转型的可持续发展路径》,初步制定了未来 30 年欧洲氢能发展的路线与目标。

与薪柴、煤炭、石油及天然气比较,氢能源在自然界不是天然存在的,而是需要通过一次能源化学加工或转化产生的,我们通常称其为二次能源。氢气燃烧只产生水而不产生二氧化碳,因此是清洁能源,它代表着科学技术和人类文明的发展方向。作为二次能源,在生产和使用过程中氢气必须以一次能源为基础,因此必须考虑在生产过程中产生的排放和能源利用效率。

无论是原料生产、运输、储藏还是使用,都有一系列技术问题需要解决。考虑制氢的原料和成本,以当前的技术水平来看,从化石燃料制氢的成本仍然是最低的。

制氢原料的转移将是一个渐进过程。美国的氢能发展路线图从时间上分为四个阶段,即 2000—2040 年,每 10 年为一个阶段,虽然每个阶段发展的侧重点不同,但相互关联。第一阶段(2000—2010 年),称为技术、政策和市场开发阶段,天然气将继续作为制氢的主要原料;第二阶段(2010—2020 年),称为向市场过渡阶段,天然气依旧是制氢的主要途径,煤的气化、核能及可再生能源技术使用比重将增加;第三阶段(2020—2030 年),称为市场和基础设施扩张阶段,尽管氢已能通过多种途径生产,但煤和生物质可能作为主要的原料;第四阶段(2030—2040 年),走进氢经济时代,这一阶段氢能将最终取代化石能源成为市场上最广泛使用的终端能源。

经济性和环境友好性意味着氢将大量和廉价地来自可再生能源制造,利用生物系统的氢"农场",如藻类作物就可以制造氢;从煤和生物质气化工厂也能大量地制造氢,生产中碳的回收减少了大气污染,被回收的碳还可以作为原料,制造其他材料。

从减少温室效应考虑,天然气制氢优于煤制氢。因为二氧化碳的封存技术难度大,投资大,导致成本提高;从可再生能源制氢考虑,风能通过电能制氢潜力很大,但投资也很大,目前风能产生电能的成本还是比煤发电要高。

评价氢燃料发动机动力系统采用 Well-to-Wheel 分析方法比较科学,Well-to-Wheel(从油井到车轮)是一种全面比较燃料的能效和 CO_2 排放的过程。这种方法考虑到燃料的来源、制备和运输,即从油井到加油站(Well-to-Tank)直到燃料的使用,以及从加油站到车轮(Tank-to-Wheel)的全过程。与其他替代燃料不同,氢能燃料用于汽车必须彻底改变发动机,以及燃料的生产、储存、运输和加注系统,这将需要形成整个产业链,涉及国民经济的部门。所谓"氢经济"时代必须使氢能源可与其他能源在经济上有竞争力,当然还要从保护环境和生态等方面统筹考虑。因此,应该积极跟踪国际发展趋势,参与国际合作,结合我国国情,加大研发力度。

我国在燃料电池汽车科学与工程方面的研究开展较早,20 世纪 90 年代初,许多科研院所就已经开始研究和示范质子交换膜燃料电池(PEMFC)及其在汽车的应用。有关催化剂、电极和其他 PEMFC 部件的研究也一直在进行。在工程方面,也进行了气体供应的研究和燃料电池堆的热、水管理的研究。国内已经有四个单位能够生产大功率的燃料电池堆,最大的燃料电池堆达到 50kW 单元。据不完全统计,到目前为止,我国已经自行设计、制造、试运行了 7 辆不同型号的燃料电池样车。在氢能应用技术基础研发方面,我国已经开始"氢能的规模制备、储运及相关燃料电池的基础研究"(即氢能 973 项目),正在进行"十五"氢能项目和"863"燃料电池汽车重大专项。

本书广泛阐述了氢作为能源和化工原料的地位和作用,以及氢作为二次能源的各种生产技术和工艺。从化学热力学和动力学的基础理论到工业装置的特点分别作了对比介绍,收集了大量最新的资料和数据。本书既可作为高等院校的教材,也是广大专业技术人员的良师益友。

让我们通过坚持不懈的努力,为实现氢能源经济作出贡献。

中国工程院院士

汪燮卿

2021 年 2 月

前　言

世界性一次能源大量使用带来的环境污染和能源危机，迫使人们研究新的、可再生清洁能源。党的二十大报告指出，"推动经济社会发展绿色化、低碳化是实现高质量发展的关键环节"，"推动能源清洁低碳高效利用"，"坚持绿色低碳，推动建设一个清洁美丽的世界"。氢能被称为是未来的终极能源，而制氢技术则是氢能应用的基础和关键内容之一。

氢气不仅是化工、炼油、冶金等国民经济重要支柱产业的原料气体，而且是氢能的氢源。氢能主要指氢气作为能源的作用，包括氢气燃烧发挥的热能作用，以及氢气用作化学电池原料的电能作用。用作氢能的氢气，用于不同场景，对制取方法和质量标准的要求有其特殊性。

传统的工业制氢技术，例如以化石燃料如天然气、煤为主要原料的制氢技术，能够发挥其规模生产、成本低的优势，并且在化学工程、炼油、冶金等领域具有 80 多年应用的成熟技术。然而，以化石燃料为主要原料的制氢技术，存在高能耗和二氧化碳排放等环境问题，一般这些技术制取的氢气被称为"灰氢"。而在化石燃料制氢过程中使用节能和二氧化碳减排技术制取的氢气被称为"蓝氢"。以水、生物质和太阳能等可再生资源制取的氢气，并且制氢过程不会产生新的二氧化碳排放，这些技术制取的氢气被称为"绿氢"。根据能源、资源的有效利用，以及环境友好的需要，将来制氢逐渐从"灰氢"过渡到"蓝氢"与"绿氢"。

鉴于氢能与制氢技术在化学工程、石油化工、冶金、能源和材料等专业的重要性，以及展望氢能利用和清洁制氢技术的重要性，作者 2010 年开始为研究生开设了"氢能和制氢技术"课程，并且在多年教学实践积累的基础上，编写了本教材，归纳和介绍了氢能的方式和应用特点，以及重要的工业原料和可再生资源的制氢技术和方法。本书第 1 章和第 2 章分别介绍氢气的性质、氢燃料电池、氢能及其应用；第 3 章介绍以水为原料的电解法工业制氢技术；第 4 章和第 5 章分别介绍以一次能源为原料的工业制氢技术，包括天然气制氢技术和煤制氢技术；第 6 章和第 7 章介绍以二次能源为原料的工业制氢技术，分别介绍甲醇制氢技术和氨分解制氢技术；第 8 章介绍工业副产气体提纯制氢的工业技术；第 9 章和第 10 章分别介绍可再生能源的制氢技术，包括以生物质为原料的制氢技术和太阳能制氢技术。

在本书的编写过程中，汪燮卿院士对本书提出了宝贵的修改意见，并欣然作序。王樟茂教授对本书提出了宝贵的修改意见，在此一并表示衷心的感谢！课题组研究生吴翔、王燕、薛孝宠、兰培强等完成了大量的资料收集和部分整理工作，对他们的辛勤付出表示感谢！

本书可作为相关课程的教材使用，也可供相关专业的研究生和从事与氢气、氢能有关研究的人员参考。由于作者水平有限，书中难免存在不妥和错误，敬请读者指正并提出宝贵建议。

编　者

目　录

第1章 绪 论

氢气是人类利用的最轻元素。一直以来,氢气主要是作为化学原料和作为燃料被利用的。

作为化学原料的氢气主要应用在化学工业、炼油工业和冶金工业等领域。2009 年我国氢气年产量已逾千万吨规模,位居世界第一。制取的氢 48% 来自天然气,30% 来自石油,18% 来自煤,只有 4% 来自水的电解[1]。由于制氢的原料以化石燃料为主,所以带来了制氢效率低和环境污染等问题。因此,需要一个清洁、高效的制氢技术以解决以化石燃料为原料制氢带来的问题。

由于受化石能源消耗带来的日益严重的能源危机和环境恶化等影响,氢气作为未来的燃料资源将越来越受到重视。氢气作为能源载体,不仅具有高的能量利用率,而且燃烧或反应后产生的水不会造成环境污染,被称为未来的清洁能源,将成为人类未来解决日益严峻的能源和环境问题的一条新途径。而氢气作为未来的清洁燃料,可以采用的制氢技术的必要条件是制氢过程的清洁、高效。比如反应吸附强化的天然气制氢技术和煤气化集成制氢技术。

考虑环境保护和能量效率,根据工业制氢原料的不同和能源结构的变化,制氢技术也在不断发展。制氢原料逐渐从含碳量高的化石能源(如煤炭)转向含碳量低的化石能源(如天然气、页岩气等)。制氢原料从清洁化利用的化石能源,到化石能源用量上逐渐减少,向可再生能源(如太阳能、生物质能、风能等)逐渐增加的方向发展。因此,利用可再生能源替代化石燃料的制氢技术,也是将来的清洁、高效制氢方法的趋势。

1.1 氢气性质

氢来自元素周期表中的第 I 主族,氢在大自然中以氢的化合物存在。氢最大量地存在于水(H_2O)中。水的同位素重水(氧与氘燃烧后产生的 D_2O)、氚水(T_2O)也富含氢。氢还存在于作为一次能源的化石燃料中,如天然气(CH_4)、石油(C_nH_m)等。此外,氢还存在于生物质(C_nH_mO)以及含氢的其他化工产品中,如 CH_3OH、H_2S、NH_3 等。

1.氢气的物理化学性质

氢气的分子式为 H_2,相对分子质量为 $2.016^{[2]}$,是无色无味的气体,难溶于水。它的密

氢能与制氢技术

度只有空气的 1/14，即在标准大气压 0℃下，氢气的密度为 0.0899g·L^{-1}。在 -252.8℃时氢气变成无色液体，在 -259.2℃时氢气变为雪花状固体。氢的同位素有三种：氕(protium)，原子核内有 1 个质子，无中子；氘(deuterium)(dāo)，原子核内有 1 个质子、1 个中子；氚(tritium)(chuān)，原子核内有 1 个质子、2 个中子。这三种同位素与水形成的化学式分别为 H_2O、D_2O、T_2O，相对分子质量分别为 18.016、20.032、22.048。氢气的其他物理化学性质见表 1.1。

表 1.1　氢气的物理化学性质[3]

液体密度（平衡态，-252.8℃）	169kg·m^{-3}	蒸气压力（正常态，17.703K）（正常态，21.621K）（正常态，24.249K）	10.67kPa 53.33kPa 119.99kPa
沸点	-252.77℃		
熔点	-259.2℃		
三相点	-254.4℃	毒性级别	0
比容（标准大气压，21.2℃）	5.987m^3·kg^{-1}	熔化热（平衡态，-254.5℃）	48.84kJ·kg^{-1}
气液容积比（15℃，100kPa）	974L·L^{-1}	黏度 气体(正常态，标准大气压，0℃) 液体(平衡态，-252.8℃)	0.0101mPa·s 0.040mPa·s
表面张力（平衡态，-252.8℃）	3.72mN·m^{-1}		
临界压力	1664.8kPa		
临界密度	66.8kg·m^{-3}	易燃性级别	4
临界温度	-234.8℃	易爆性级别	1
汽化热 ΔH_v（-249.5℃）	305kJ·kg^{-1}	导热系数 (气体，标准大气压，0℃) (液体，-252.8℃)	0.1289W·m^{-1}·K^{-1} 1264W·m^{-1}·K^{-1}
比热容（标准大气压，25℃，气体）	$C_p=7.243$kJ·kg^{-1}·K^{-1}，$C_v=5.178$kJ·kg^{-1}·K^{-1}		
空气中的燃烧界限	4%～74.32%(体积)	热值	1.4×10^8J·kg^{-1}
折射系数 n_v（标准大气压，25℃）	1.0001265		

2. 氢气的化学性质

氢气在常温下性质稳定，在点燃或加热的条件下能跟许多物质发生化学反应。

(1)可燃性

氢气在氧气中燃烧发生化合反应，反应式如下：

$$2H_2(g)+O_2(g)\xrightarrow{点燃}2H_2O(l) \quad \Delta H_{298K}^{\ominus}=-285.8\text{kJ}\cdot\text{mol}^{-1} \tag{1.1}$$

点燃含氧气的氢气会发生爆炸，氢气的爆炸极限是 4.0%～74.32%(体积)。

氢气在氯气中燃烧发生化合反应，反应式如下：

$$H_2(g)+Cl_2(g)\xrightarrow{点燃}2HCl(l) \quad \Delta H_{298K}^{\ominus}=-184.8\text{kJ}\cdot\text{mol}^{-1} \tag{1.2}$$

2

(2)还原性

氢气使某些金属氧化物还原为单质,例如冶金和工业催化剂中氧化铁、氧化铜以及氧化镍的还原。CuO 还原为单质 Cu,反应式见式(1.3);NiO 还原为单质 Ni,反应式见式(1.4);Fe_2O_3 还原为 Fe_3O_4,反应式见式(1.5)[4]。还原反应一般是放热反应。

$$H_2(g)+CuO \xrightarrow{\triangle} Cu+H_2O(g) \quad \Delta H_{298K}^{\ominus}=-86.6kJ \cdot mol^{-1} \tag{1.3}$$

$$NiO+H_2(g) \longrightarrow H_2O(g)+Ni \quad \Delta H_{298K}^{\ominus}=-1.26kJ \cdot mol^{-1} \tag{1.4}$$

$$Fe_2O_3+3H_2(g) \longrightarrow 2Fe+3H_2O(g) \quad \Delta H_{298K}^{\ominus}=-18kJ \cdot mol^{-1} \tag{1.5}$$

1.2 制氢方法

制氢方法是将存在于天然或合成的化合物中的氢元素,通过化学的过程转化为氢气的方法。根据含氢原料不同,制氢方法可以分为以下几类。

1. 电解水制氢

在由电极、电解质与隔膜组成的电解槽中,在电解质水溶液中通入电流,水电解后,在阴极产生氢气,在阳极产生氧气。

2. 化石燃料反应转化制氢

化石燃料目前主要指天然气、石油和煤,其他还有页岩气和可燃冰等。天然气、页岩气和可燃冰的主要成分是甲烷。甲烷水蒸气重整制氢是目前采用最多的制氢方法。通常采用固定床反应器,需要一至两段 700～900℃甲烷水蒸气重整制氢反应产生的合成气,再经过 500～300℃高温和低温两段变换反应,生成物中含氢气 75%左右,其余主要为 CO 和 CO_2。气体须经过甲烷化脱碳、氢气提纯等分离过程完成制氢过程。煤气化制氢是以煤在蒸汽条件下气化产生含氢气和一氧化碳的合成气,合成气经变换和分离制得氢气。由于可开采石油量逐渐减少,现在很少用石油(石脑油)重整制氢。

3. 化合物高温热分解制氢

甲醇裂解制氢、氨分解制氢等都属于含氢化合物高温热分解含氢化合物。以甲醇为例,甲醇和水的混合液经过预热、气化、过热后,进入转化反应器制氢。甲醇裂解的工艺条件为常压、200～300℃。甲醇裂解的催化剂为 CuO/ZnO。在催化剂的作用下,同时发生甲醇的催化裂解反应和 CO 的变换反应,生成约 75%的氢气和约 25%的 CO_2 以及少量的杂质。

4. 富含氢的工业气体混合物分离制氢

合成氨弛放气、焦炉煤气、石油炼厂气等工业气体富含氢,可通过物理过程,如深冷分离、膜分离、变压吸附等方法提纯得到氢气。

5. 生物质制氢

生物质制氢是通过生物发酵和生物质气化的方法制氢。生物发酵是生物化工利用菌发酵产氢的过程。生物质气化制氢是一个化学反应过程,将含碳氢氧化合物的生物质置于高温下,经热解、水解、氧化、还原等一系列热化学反应,产生以 H_2 为主,含 CO_2、CO 和 CH_4 的气体,再经蒸汽重整、水汽变换和变压吸附分离提纯等工艺得到高纯氢气。

6. 太阳能制氢

太阳能制氢主要是利用太阳的热能和光能制氢气。

1.3 氢气的应用

一直以来,氢气作为原料被广泛应用于人们熟知的工业中。氢气作为原料气体,主要被大量地应用在化学工业、石油工业、玻璃生产工业、电子工业、冶金工业以及食品加工等行业中,应用举例见表 1.2。

表 1.2　氢气的主要用途[5]

行业	主要用途
化学工业	主要用作合成氨、甲醇的原料。世界上约 60% 的氢气用在合成氨上,生产 1 吨合成氨需要 336Nm³ 氢气,生产 1 吨甲醇约需要 560Nm³ 氢气
石油工业	主要用于石油加氢脱硫、粗柴油加氢脱硫、燃料油加氢脱硫、加氢裂化、C_3 馏分加氢、$C_6 \sim C_8$ 馏分加氢脱烷基、生产环己烷等。炼油中用氢量仅次于合成氨
玻璃生产工业	在浮法玻璃生产中被用作使锡槽中液态锡不被氧化的保护气体。在这个应用中,氢气的纯度要求为 99.999%
电子工业	主要用于半导体、电真空材料、硅晶片、光导纤维生产等领域。在这个应用中,氢气是作为反应气、还原气或保护气使用。例如在钨和钼的生产过程中,用氢气还原氧化物得到产品粉末
冶金工业	主要用作还原气,将金属氧化物还原为金属。除此之外,在高温锻压一些金属器材时,有时用氢气作为保护气氛,以保护表面不被氧化
食品加工工业	主要用于天然食用油中不饱和成分的氢化处理。经氢化处理的产品能阻止细菌生长,适合长期储存,并提高油的黏度。食用油加氢的产品可以生产成奶油和食用蛋白质等

氢气用作能源,不论燃烧还是通过燃料电池发电,在交通、工业、民用等方面都有重要应用。[6]

1.4 氢能概述

氢能是氢气燃烧产生的热能和氢气经化学电池发电产生电能的统称。氢燃料热能是指利用氢气在氧气或空气中燃烧产生热能的氢能形式。氢燃料电池是指由氢气和氧气通过氧化-还原反应放出电能的氢能形式。

1. 热能

氢气与氧气燃烧反应产生热量,反应式为:

$$H_2(g)+\frac{1}{2}O_2(g)\longrightarrow H_2O(l)\qquad \Delta H^{\ominus}_{298K}=-285.8kJ\cdot mol^{-1} \qquad (1.6)$$

2. 电能

氢气与氧气发生电化学反应生成水,并产生电。以碱性电池为例的反应式如下。
阳极反应:

$$H_2+2OH^-\longrightarrow 2H_2O+2e^-\qquad 标准电极电位=0.828V \qquad (1.7)$$

阴极反应:

$$\frac{1}{2}O_2+H_2O+2e^-\longrightarrow 2OH^-\qquad 标准电极电位=-0.401V \qquad (1.8)$$

总反应:

$$\frac{1}{2}O_2+H_2\longrightarrow H_2O\qquad 理论电动势=1.23V \qquad (1.9)$$

3. 氢的燃烧性能

氢气和氧气的燃烧反应在产生水的同时放出热量,其燃烧反应式如下:

$$H_2(g)+\frac{1}{2}O_2(g)\longrightarrow H_2O(l)\qquad \Delta H^{\ominus}_{298K}=-285.8kJ\cdot mol^{-1} \qquad (1.10)$$

作为比较,汽油的主要组分之一的五碳烷的燃烧反应式如下:

$$C_5H_{12}(g)+8O_2(g)\longrightarrow 5CO_2(g)+6H_2O(g)\qquad \Delta H^{\ominus}_{298K}=-3264.78kJ\cdot mol^{-1} \qquad (1.11)$$

根据式(1.10)与式(1.11),将氢气与五碳烷换算成同等单位质量放出的热量进行比较,每千克氢气(气态)燃烧时放出的热量为120802kJ,而每千克五碳烷燃烧时放出的热量是45344.2kJ。也即同等质量氢气的燃烧热大约是汽油中五碳烷燃烧热的2.8倍[7]。

从反应式(1.11)可见,氢燃料燃烧只生成水,但是氢气在空气中高温燃烧时,可能副产氮的氧化物而造成污染。一般在使用过程中可以通过调节氢气和空气的比例,进行富氢混合气燃烧,这样可以抑制氮氧化物的产生。

4. 氢气作为燃料的使用性能

氢气主要用作航天飞机和汽车发动机的燃料。由于单位重量氢燃烧产生的热量是单位质量汽油中的五碳烷燃烧的2.8倍,且液氢的密度仅为汽油密度的1/10,因此,使用同等重量燃料时,氢燃料飞机的航程要比燃油飞机的航程增大1.5~2.5倍。由于氢气的单位质量的燃烧热值大,氢气不仅可用作飞机燃料,还可以用作火箭燃料。

氢燃料用于汽车发动机燃料更具有普遍意义。氢燃料汽车发动机燃料的重要特性之一就是燃料-空气混合气的燃烧速度,它在很大程度上决定了发动机工作循环中放热的动态过程。氢燃料用于发动机的优点除了污染少,还具有最大的单位重量发热量。氢和空气的混合气具有特别广的可燃范围,只要调节供氢量,可以使发动机在整个负荷范围内工作。表1.3列举了氢气与其他一些可燃气体、汽油等燃料的物理化学性质以及在发动机中使用性能的比较。

表 1.3　可燃气体和汽油的物理化学性质以及在发动机中的使用性能[8]

参数	氢气	甲烷	一氧化碳	丙烷	丁烷	汽油
密度/(kg·m⁻³)	0.09	0.72	1.25	2.02	2.7	720~750
定容比热容/(kJ·m⁻³)	0.904	1.181	1.069	2.675	3.756	—
定压比热容/(kJ·m⁻³)	1.277	1.549	1.298	3.048	4.128	—
低热值/(MJ·kg⁻¹)	119.91	49.8	14.59	46.39	45.76	44.0
(MJ·m⁻³)	1.079	35.82	12.64	91.27	118.65	
燃点/K	820~870	920~1020	900~950	780	760	740~800
燃烧温度/K	2500	2300	264			2470
热传导系数/(10³W·m⁻¹·℃⁻¹)	172	30.7	23.3	15.2	13.3	—
火焰传播速度(最大值)/(m·s⁻¹)	3.10	0.31~0.34	0.42	0.39	0.32~0.39	1.2
按理论混合比计算的空气量/(m³·m⁻³)	2.38	9.52	2.38	23.80	30.94	58.0
按理论混合比计算的发热量/(MJ·m⁻³)	3.19	3.41	3.74	3.46	3.50	3.83
与空气(按体积)混合比的可燃烧极限/%	4.0~74.32	5.0~15.0	12.5~75.0	2.3~9.5	1.9~8.4	0.6~6.0
最小点火能量/10²W	0.9	6.0	3.6	3.8	4.8	—
按可燃极限计算的余气系数	10.0~0.15	2.0~0.6	2.94~0.14	1.78~0.40	1.67~0.35	1.35~0.3

由表 1.3 可见,氢气具有许多非常适合内燃机使用的热力学性能。对于用电火花点火的发动机来说,发动机燃料的重要性能是它的可燃性,用最小点火能量表示。如从表 1.3 中可见氢气-空气混合气的最小点火能量是其他可燃气体的 1/3~1/6。氢的最小点火能量与汽油相比要小一个数量级。

余气系数是一个重要的指标[8-10],是指在燃烧过程中实际供给的空气量与燃料完全燃烧所需空气量之比。余热系数与燃烧速度、抗爆震性能以及燃烧热效率都有关系。研究结果表明,当余气系数 α=0.55~0.6 时,氢气-空气混合气的燃烧速度最大,平均为 3.1m·s⁻¹,按理论混合比混合的氢气-空气混合气的平均燃烧速度为 2.15m·s⁻¹。

5. 氢燃料电池

氢燃料电池是利用氢气和氧气发生电化学反应生成水并且发电的一种设备。氢燃料电池系统原理如图 1.1 所示。氢气经燃料电池发电系统产生直流电,经电力系统变换为交流电后以供使用。燃料电池发电系统除了需要氢气外,还需要用空气或者氧气作为反应的原料气。燃料电池发电系统本身产生水。

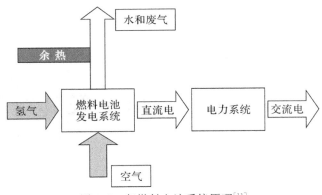

图 1.1 氢燃料电池系统原理[11]

参考文献

[1] 余亚东,毛宗强.可再生能源——氢能的发展与化石能源的替代[J].科学对社会的影响,2009,2:61-64.

[2] Perry R H,Green D W. Perry's Chemical Engineers' Hand Book [M]. seventh edition. International Editions,1998.

[3] 刘光启.化学化工物性数据手册:无机卷[M].北京:化学工业出版社,2006.

[4] 王兴庆,钟军华,洪新,超细氧化铁粉低温还原热力学研究[J].粉末冶金材料科学与工程,2008,13(3):150-154.

[5] 梁国仑,陈信悦.氢气市场及其应用[J].低温与特气,2000,18(4):1-3.

[6] 翁史烈,施鹤群.话说氢能[M].南宁:广西教育出版社,2013.

[7] 肖建民.论氢能源和氢能源系统[J].世界科技研究与发展,1997,19(1):82-86.

[8] 赫麦罗夫,拉夫罗夫.氢发动机[M].王震华,王丰,译.北京:新时代出版社,1987.

[9] 王丽君,杨振中,司爱国,等.氢燃料内燃机的发展与前景[J].小型内燃机与摩托车,2009,38(4):89-92.

[10] 王丽君,杨振中.氢燃料内燃机研究新进展[J].拖拉机与农用运输车,2005(4):89-91.

[11] 毛宗强,等.燃料电池[M].北京:化学工业出版社,2005.

第 2 章　氢燃料电池及其应用

2.1　氢燃料电池的分类

氢燃料电池因供氢原料不同、材质不同、原理不同而存在多种形式。通常燃料电池可以依据其工作的温度、燃料来源、电解质类型以及工作原理进行分类。

按照工作温度,燃料电池可分为低温型、中温型及高温型三种类型。低温燃料电池指工作温度从常温至 100℃ 的燃料电池,这类电池包括固体聚合物电解质燃料电池等;中温燃料电池指工作温度介于 100～300℃ 的燃料电池,如磷酸型燃料电池等;高温燃料电池指工作温度在 500℃ 以上的燃料电池,这种类型的电池包括熔融碳酸盐燃料电池和固体氧化物燃料电池等。

按照燃料的来源,燃料电池也可分为三类:第一类是直接式燃料电池,即其燃料直接使用氢气,简称为直接氢燃料电池;第二类是间接式燃料电池,其燃料不直接使用氢气,而是通过某种方法把甲烷、甲醇或其他烃类化合物转变成氢或富含氢的混合气后再供给燃料电池,简称间接式氢燃料电池;第三类是再生式燃料电池,简称再生燃料电池,指把燃料电池生成的水经适当方法分解成氢气和氧气,再重新输送给燃料电池使用。

按照电解质种类[1,2],燃料电池可分为碱性燃料电池、磷酸燃料电池、质子交换膜燃料电池、熔融碳酸盐燃料电池和固体氧化物燃料电池等。

按工作原理分类的氢燃料电池可分为直接氢燃料电池和间接氢燃料电池(见表 2.1)。直接氢燃料电池主要有碱性燃料电池、磷酸燃料电池、质子交换膜燃料电池、熔融碳酸盐燃料电池、固体氧化物燃料电池等几种。间接氢燃料电池指以甲醇为原料的燃料电池,称为直接甲醇燃料电池。

表 2.1　按工作原理分类的氢燃料电池

分类	具体包括
直接氢燃料电池	碱性燃料电池(AFC)
	磷酸燃料电池(PAFC)
	质子交换膜燃料电池(PEMFC)
	熔融碳酸盐燃料电池(MCFC)
	固体氧化物燃料电池(SOFC)
间接氢燃料电池	直接甲醇燃料电池(DMFC)

2.2　氢燃料电池的原理与结构

2.2.1　碱性燃料电池（AFC）的工作原理与结构

碱性燃料电池（AFC）是最早进入实用阶段的燃料电池之一，也是最早用于车辆的燃料电池。其工作原理是：把氢气和氧气分别供给阳极和阴极，氢气在阳极的催化剂作用下电解为氢离子并放出电子，氢离子经电解质层发生扩散和传递到达阴极，电子从阳极经外电路到达阴极，氢离子和氧气在阴极得到电子并发生反应而生成水，电子从阳极到阴极形成外电路发电。

碱性燃料电池（AFC）的基本原理如图 2.1 所示。其中，电解质层采用的是浸泡氢氧化钾的石棉膜，电解质是 OH^-。

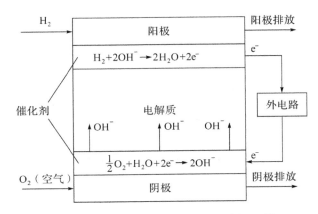

图 2.1　碱性燃料电池（AFC）的基本原理[1]

直接氢燃料电池的电化学反应过程具体包括以下步骤。

（1）氢气通过管道或导气板到达阳极。

（2）在阳极催化剂的作用下，一个氢分子与电解质提供的两个 OH^- 反应，并释放出两个电子，阳极反应式为：

$$H_2 + 2OH^- \longrightarrow 2H_2O + 2e^- \tag{2.1}$$

（3）在电池的另一端，氧气（或空气）通过管道或导气板到达阴极。

（4）在阴极催化剂的作用下，氧气和水分子与从阳极经外电路传导过来的电子发生反应，生成两个 OH^-，阴极反应为：

$$\frac{1}{2}O_2 + H_2O + 2e^- \longrightarrow 2OH^- \tag{2.2}$$

总的化学反应为：

$$H_2 + \frac{1}{2}O_2 \longrightarrow H_2O \tag{2.3}$$

氢燃料电池发电过程表现为，电子从阳极到阴极，在外电路的连接下形成电流，输出电能。

2.2.2 磷酸燃料电池(PAFC)的工作原理与结构[3]

磷酸燃料电池(PAFC)的工作原理如图 2.2 所示。采用氢气和氧气分别作为阳极和阴极的原料,在阳极和阴极发生的反应为:

阳极反应:

$$H_2 \longrightarrow 2H^+ + 2e^-$$ (2.4)

阴极反应:

$$\frac{1}{2}O_2 + 2H^+ + 2e^- \longrightarrow H_2O$$ (2.5)

总反应:

$$H_2 + \frac{1}{2}O_2 \longrightarrow H_2O$$ (2.6)

磷酸燃料电池与碱性燃料电池不同的是,磷酸燃料电池中的电解质层采用碳化硅多孔隔膜,并饱浸磷酸水溶液。电解质是 H^+。

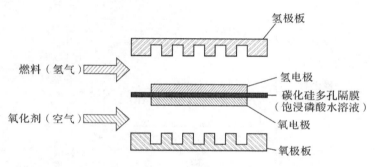

图 2.2 磷酸燃料电池(PAFC)的工作原理[3]

PAFC 是目前使用最多的燃料电池。它的综合热效率可达到 70%～80%。采用 PAFC 的 50～250kW 的独立发电设备可用于医院、旅馆等,可作为分散的发电站。但是 PAFC 的问题是酸性介质对阴极材料的极化和腐蚀。

2.2.3 质子交换膜燃料电池(PEMFC)的工作原理与结构[3]

质子交换膜燃料电池的电解质也是 H^+,其工作原理如图 2.3 所示。当电池工作时,膜电极内发生下列过程:①反应气体在扩散层内的扩散;②反应气体在催化层内被催化剂吸附,并发生电催化反应;③阳极反应生成的质子在固体电解质即质子交换膜内传递到对侧,电子经外电路到达阴极,同氧气反应生成水。其电极反应式如下。

阳极(负极)反应:

$$H_2 \longrightarrow 2H^+ + 2e^-$$ (2.7)

阴极(正极)反应:

$$\frac{1}{2}O_2 + 2H^+ + 2e^- \longrightarrow H_2O$$ (2.8)

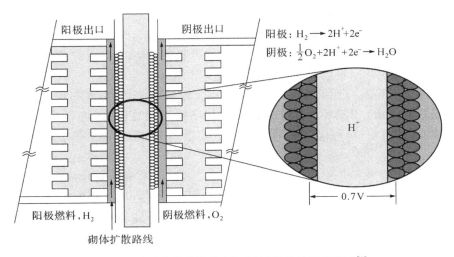

图 2.3　质子交换膜燃料电池(PEMFC)的工作原理[3]

电池总反应：

$$H_2 + \frac{1}{2}O_2 \longrightarrow H_2O \tag{2.9}$$

反应物 H_2 和 O_2 经电化学反应后产生电流；反应产物为水并产生反应热[4]。

　　具有发电作用的质子交换膜燃料电池堆由若干相同尺寸和结构的质子交换膜燃料电池单体组成，如图 2.4 所示。每一个单体由集流板、双极板、膜电极以及对称的双极板、集流

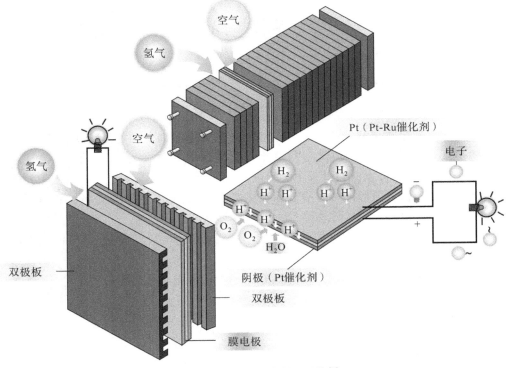

图 2.4　质子交换膜燃料电池堆[5]

板组成。集流板为铜材质,通电线,起集流作用,板上面有气体进出口。双极板分别是阳极和阴极。膜电极由气体扩散层、催化层、质子交换膜、催化层、气体扩散层等组成。膜电极很薄(厚度一般小于1mm)。催化层为纳米级的碳负载的Pt或其合金的催化剂。整个燃料电池堆外面还有金属固定框以及塑料框,起固定支撑作用。

质子交换膜不只是一种隔膜材料,也是一种选择透过性膜,主要起传导质子、分割氧化剂与还原剂的作用。PEMFC曾采用过酚醛树脂磺酸型膜、聚苯乙烯磺酸型膜和全氟磺酸型膜等,研究表明:全氟磺酸型膜是目前最实用的PEMFC电解质,其中最为流行的是Nafion膜。

质子交换膜的微观结构如图2.5所示。质子交换膜的微观结构非常复杂,其中比较流行的是离子簇网络模型假设。质子交换膜主要由高分子母体、离子簇和离子簇间形成的网络结构组成。离子簇之间的间距一般是5nm左右。各离子簇间形成的网络结构是膜内离子和水分子迁移的唯一通道。由于离子簇间的通道窄而短,因而对带负电且水合半径较大的OH^-的迁移阻力远大于H^+,这也正是质子交换膜具有选择透过性的原因。

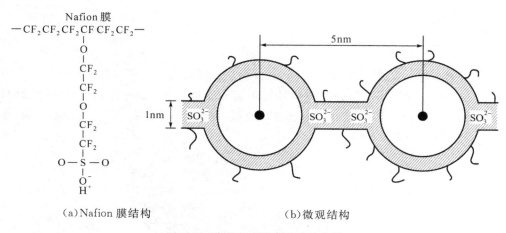

(a)Nafion膜结构　　　　　　　(b)微观结构

图2.5　质子交换膜的微观结构[6]

质子交换膜都存在退化现象,也就是随着电池应用时间的推移,膜会逐渐失去作用。退化主要是来自机械、热力学和化学的退化。机械退化导致膜的裂缝、撕裂、破洞或者穿孔,这主要是因为在制备电池的过程中会掺进外来的颗粒或者纤维。化学退化主要是因为过氧化氢基团的攻击导致膜的骨架的破坏和边链的变化,从而导致膜的强度和质子传导性降低,最终造成膜的电阻增加,性能降低。

电极催化材料通常采用贵金属铂作为电极。这正是质子交换膜燃料电池成本高的原因之一。

PEMFC电极催化反应机理已很明确,它是一个两电子转移过程:

$$H_2 + 2M \longrightarrow 2MH \tag{2.10}$$

$$2MH \longrightarrow 2M + 2H^+ + 2e^- \tag{2.11}$$

在Pt催化剂上,M代表Pt。

式(2.10)是电极反应的速率控制步骤。然而对于阴极反应(即还原反应)来说,其反应机理比氢的氧化反应要复杂得多,这是由于:强吸附O—O键和高度稳定的Pt—O或Pt—

OH 物种的形成;4 电子转移过程;可能形成部分氧化物种 H_2O_2。当进行四电子转移过程时,至少存在四个中间步骤。

在 Pt 催化电极的研究中,载体研究已经从最常见的炭黑发展到新型的石墨烯以及不常见的纳米硅和二氧化钛等[7]。此外,还有对非贵金属电催化材料代替 Pt 的材料研究,目的是降低 PEMFC 电极催化材料的成本[8-11]。

PEMFC 的水管理是一项关键技术,其目标是通过保持水平衡来提高电池性能和寿命。如图 2.6 所示,PEMFC 膜中水分子的迁移受四个驱动力的作用[12,13]:①电渗力的拖动作用;②阴极向阳极的反扩散作用;③燃料气体或氧化剂气体中的水分子向膜中的扩散;④阴、阳两极间的压力梯度造成的水渗透。如果向阴阳两极方向运动的水速率相等,膜中水则处于水平衡状态;若不加以控制,就会失去水平衡,使得膜中的含水量或多或少,从而影响电池的运行及性能。

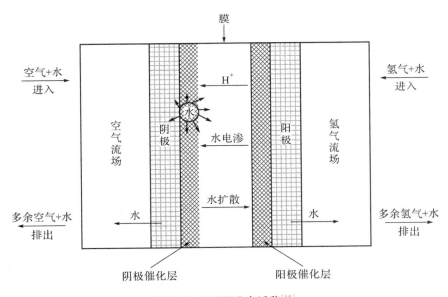

图 2.6　PEMFC 水迁移[12]

燃料电池中有 40%～50% 的能量耗散为热能,因此,燃料电池中的热管理问题也是影响电池性能的关键因素之一。

燃料电池中的热量来源有四个[14]:①由于电池的不可逆性而产生的化学反应热;②由于欧姆极化而产生的焦耳热;③加湿气体带入的热量;④吸收环境辐射热量。

为了不使产生的废热造成电池的过热而影响电池的性能及各个电池部件的安全运行和寿命,必须采用有效的散热方式及时地排除这些热量。

PEMFC 的排热方法一般是在电池堆内部采用表面加工有槽道的冷却板。同时,合理的冷却通道排列方式、合理的冷却流体的流动条件和各流道中流量分配的均匀性,也是提高整个燃料电池冷却系统效率的有效途径。

电池温度对电池的热管理也起着重要作用。在电池堆中,温度升高会增加水的蒸发,这有利于堆的冷却[15]。但燃料电池中的温度分布并不均匀[16],局部温度过高会使电池性能恶化并影响电流密度分布的均匀性[17]。因此,合适的温度分布对燃料电池的高效安全运行是非常重要的。

另外,也可通过测量电池内微通道方向上的局部温度和局部热流分布来确定局部换热系数,分析其对流传热的规律,同时寻求在压力损失增加不多的条件下进一步强化传热的技术途径,来达到燃料电池有效的热管理。

质子交换膜燃料电池的最大优势在于它的工作温度。其最佳工作温度为 $80\sim90\,℃$,但在室温下也可以正常工作。由于质子交换膜燃料电池同时具有无污染、高效率、适用广、低噪声、可快速补充能量、具有模块化结构等特点,因此被公认为是替代传统内燃机的最理想的动力装置,可作为汽车的动力源。

2.2.4 熔融碳酸盐燃料电池(MCFC)的工作原理与结构[3]

熔融碳酸盐燃料电池(MCFC)的工作原理和结构分别如图 2.7 和图 2.8 所示。电解质是 CO_3^{2-}。其电极反应式如下。

阳极(负极)反应:

$$H_2 + CO_3^{2-} \longrightarrow CO_2 + H_2O + 2e^- \tag{2.12}$$

阴极(正极)反应:

$$\frac{1}{2}O_2 + CO_2 + 2e^- \longrightarrow CO_3^{2-} \tag{2.13}$$

总反应:

$$H_2 + \frac{1}{2}O_2 \longrightarrow H_2O \tag{2.14}$$

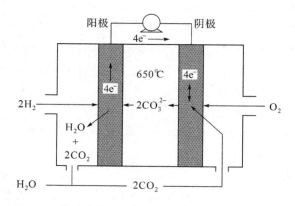

图 2.7 熔融碳酸盐燃料电池(MCFC)的工作原理[3]

不同于前面介绍的燃料电池,熔融碳酸盐燃料电池的导电离子是碳酸根离子(CO_3^{2-})。在阳极和阴极之间的隔膜层主要由碳酸锂和氧化铝组成。隔膜层提供在高温下可以传导的碳酸根离子。

熔融碳酸盐燃料电池以碳酸盐为电解质,在阴极,氧气和二氧化碳一起在催化剂的作用下被氧化成碳酸根离子,碳酸根离子在电解液中迁移到阳极,与氢气作用生成二氧化碳和水。

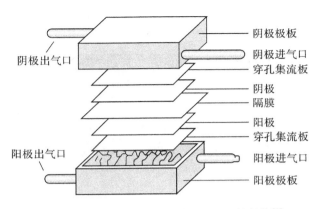

图 2.8 熔融碳酸盐燃料电池(MCFC)的结构[3]

熔融碳酸盐燃料电池是 20 世纪 50 年代后期发展起来的一种中高温燃料电池,工作温度为 600～650℃。它具有明显的优势:①可以使用化石燃料,燃料重整温度较高,可以与温度较高的电池实现热量耦合,甚至可以直接在电池内部进行燃料的重整,使系统得到简化;②温度较高的电池产生的废热具有更高的利用价值,可以实现热电联供;③在低温下 CO 容易使催化剂中毒,而在高温下 CO 却是一种燃料;④在较高温度下,H₂ 的氧化反应和 O₂ 的还原反应活性足够高,不需要使用贵金属作为催化剂;⑤电池反应中不需要水作为介质,避免了低温电池复杂的水管理系统。燃料本身的能量转换效率高,余热利用率也高,主要用作电厂发电。MCFC 燃料电池可用煤、天然气作燃料,是未来绿色大型发电厂的首选模式。

2.2.5　固体氧化物燃料电池(SOFC)的工作原理与结构[3]

固体氧化物燃料电池(SOFC)的工作原理和结构如图 2.9 所示。电解质是 O^{2-}。其电极反应式如下。

阳极(负极)反应:
$$H_2 + O^{2-} \longrightarrow H_2O + 2e^-$$ (2.15)

阴极(正极)反应:
$$\frac{1}{2}O_2 + 2e^- \longrightarrow O^{2-}$$ (2.16)

总反应:
$$H_2 + \frac{1}{2}O_2 \longrightarrow H_2O$$ (2.17)

不同于前面介绍的燃料电池,固体氧化物燃料电池的导电离子是氧离子(O^{2-})。无论是管式还是平板式固体氧化物燃料电池,电解质层采用高温固体氧化物,如 Y_2O_3、ZrO_2、CeO_2 等。目前广泛使用的高温固体氧化物燃料电池的电解质材料为加 Y_2O_3 稳定化的 ZrO_2,简写为 YSZ。ZrO_2 本身不具有离子导电性,掺杂约 10% 的 Y_2O_3 后,晶格中的部分 Zr^{4+} 被 Y^{3+} 取代,形成 O^{2-} 空穴。每加入两个 Y^{3+} 便形成一个 O^{2-} 空穴。SOFC 的阳极为多孔 Ni-YSZ,阴极材料广泛采用的是掺锶的锰酸镧($LaMnO_4$)。阳极和阴极都被制作成多孔电极,电解质为致密层,以防止气体的导通。在制备过程中通常将阴极、电解质和阳极三层

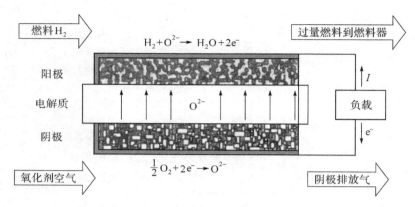

图 2.9　固体氧化物燃料电池(SOFC)的工作原理[3]

烧结在一起,构成三合一电池组件。

固体氧化物燃料电池也是一种全固体燃料电池。固体氧化物燃料电池的工作原理是:氧气在阴极被还原成氧离子,在电解质中通过氧离子空穴导电从阴极传导到阳极,氢气在阳极被氧化,结合氧离子生成水。

2.2.6　直接甲醇燃料电池(DMFC)的工作原理与结构[3]

直接甲醇燃料电池(DMFC)的工作原理和结构如图 2.10 所示。在酸性条件下,电解质也是 H^+,其电极反应式如下。

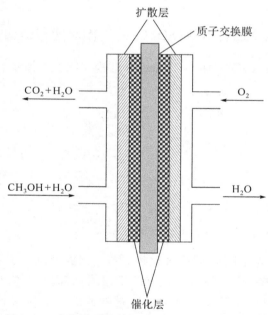

图 2.10　直接甲醇燃料电池(DMFC)的工作原理[3]

阳极(负极)反应:

$$CH_3OH + H_2O \longrightarrow CO_2 \uparrow + 6H^+ + 6e^-$$

(2.18)

阴极(正极)反应:

$$\frac{3}{2}O_2 + 6H^+ + 6e^- \longrightarrow 3H_2O \qquad (2.19)$$

总反应:

$$CH_3OH + \frac{3}{2}O_2 \longrightarrow CO_2\uparrow + 2H_2O \qquad (2.20)$$

在碱性条件下,电解质是 OH^-,DMFC 的电极反应式如下。

阳极反应:

$$CH_3OH + 8OH^- \longrightarrow CO_3^{2-} + 6H_2O + 6e^- \qquad (2.21)$$

阴极反应:

$$\frac{3}{2}O_2 + 6e^- + 3H_2O \longrightarrow 6OH^- \qquad (2.22)$$

总反应:

$$CH_3OH + \frac{3}{2}O_2 + 2OH^- \longrightarrow CO_3^{2-} + 3H_2O \qquad (2.23)$$

直接甲醇燃料电池采用质子交换膜传递氢离子。但由于原料使用甲醇与水的反应,导致催化过程可能产生众多稳定和不稳定的中间物而成为研究的热点。

2.2.7 氢燃料电池的比较

直接氢燃料电池和间接氢燃料电池都有各自的特点,表 2.2 比较了前面介绍的五种主要氢燃料电池在材料、性能等多方面的异同。表 2.3 比较了燃料电池的应用前景。

表 2.2 五种氢燃料电池的比较[2]

对比项	碱性燃料电池(AFC)	磷酸燃料电池(PAFC)	熔融碳酸盐燃料电池(MCFC)	质子交换膜燃料电池(PEMFC)	固体氧化物燃料电池(SOFC)
电解质	KOH	H_3PO_4	Li_2CO_3-K_2CO_3	全氟磺酸膜	Y_2O_3-ZrO_2
阳极催化剂	Ni 或 Pt/C	Pt/C	Ni(含 Cr,Al)	Pt/C	金属(Ni,Zr)
阴极催化剂	Ag 或者 Pt/C	Pt/C	NiO	Pt/C、铂黑	掺锶的 $LaMnO_4$
导电离子	OH^-	H^+	CO_3^{2-}	H^+	O^{2-}
操作温度	65~220℃	180~200℃	约 650℃	室温~80℃	500~1000℃
操作压力	<0.5MPa	<0.8MPa	<1MPa	<0.5MPa	常压
燃料	精炼氢气、电解氢气	天然气、甲醇、轻油	天然气、甲醇、石油、煤	氢气	天然气、甲醇、石油、煤
极板材料	镍	石墨	镍、不锈钢	石墨、金属	陶瓷

续表

对比项	碱性燃料电池（AFC）	磷酸燃料电池（PAFC）	熔融碳酸盐燃料电池（MCFC）	质子交换膜燃料电池（PEMFC）	固体氧化物燃料电池（SOFC）
特性	1.需使用高纯氢气作为燃料； 2.低腐蚀性及低温，较易选择材料	1.进气中CO会导致触媒中毒； 2.废热可利用	1.不受进气CO_2影响； 2.反应时需要循环使用CO_2； 3.废热可利用	1.功率密度高，体积小，质量轻； 2.低腐蚀性及低温，较易选择材料	1.不受进气CO影响； 2.高温反应，不需要依赖触媒的特殊作用； 3.废热可利用
优点	1.启动快； 2.室温常压下工作	1.对CO_2不敏感； 2.成本相对较低	1.可用空气作氧化剂； 2.可用天然气或甲烷作燃料	1.可用空气作氧化剂； 2.固体电解质； 3.室温工作； 4.启动迅速	1.可用空气作氧化剂； 2.可用天然气或甲烷作燃料
缺点	1.需以纯氧作氧化剂； 2.成本高	1.对CO敏感； 2.启动慢； 3.成本高	工作温度较高	1.对CO非常敏感； 2.反应物需要加湿	工作温度过高
系统电效率	50%～60%	40%	60%	60%	60%
用途	宇宙飞船、潜艇AIP系统（不依赖空气推进系统）	热电联供电厂分布式电站	热电联供电厂分布式电站	分布式电站、交通工具电源、移动电源	热电联供电厂分布式电站、交通工具电源、移动电源

表2.3 不同燃料电池的应用前景[1]

应用目标	应用形式	应用场所	质子交换膜燃料电池（PEMFC）	直接甲醇燃料电池（DMFC）	碱性燃料电池（AFC）	磷酸燃料电池（PAFC）	熔融碳酸盐燃料电池（MCFC）	固体氧化物燃料电池（SOFC）
固定式电站	基于电网电站	集中	☆	☆	☆	☆	★	★
		分布	☆	☆	☆	☆	★	★
		补充动力	☆	☆	☆	★	★	★
	基于用户的热电联产电站	住宅区	★	☆	□	★	★	★
		商业区	★	☆	□	★	★	★
		轻工业	□	☆	□	★	★	★
		重工业	☆	☆	☆	★	★	★

续表

应用目标	应用形式	应用场所	质子交换膜燃料电池（PEMFC）	直接甲醇燃料电池（DMFC）	碱性燃料电池（AFC）	磷酸燃料电池（PAFC）	熔融碳酸盐燃料电池（MCFC）	固体氧化物燃料电池（SOFC）
交通运输	发动机	重型	★	☆	☆	★	□	★
		轻型	★	☆	☆	☆	☆	☆
	辅助功率单元（kW级）	轻型和重型	★	★	☆	☆	☆	★
便携电源	小型（百瓦级）	娱乐、自行车	★	★	☆	☆	☆	★
	微型（瓦级）	电子、微电器	★	★	☆	☆	☆	☆

注：★有可能；□待定；☆不可能。

氢燃料电池具有很多优点：

①无污染。氢燃料电池通过电化学反应，产生水和电能。不同于碳氢化合物燃烧会释放 CO_x、NO_x、SO_x 气体和粉尘等污染物。如果制氢过程是从可再生能源获得的，如太阳能光伏电池板发电、风能发电等，电能再经电解水得到氢气，则整个循环就是绿色、环保、节能的过程。从碳氢化合物制氢，只有通过采用清洁制氢方法，才能控制有害气体的排放。

②无噪声。氢燃料电池运行安静，噪声大约只有 55 分贝（decibel，dB）。

③高效率。氢燃料电池直接将化学能转换为电能，不需要经过热能和机械能（发电机）的中间变换。在 1 大气压下，室温为 25℃时，氢燃料电池的理想能量转换效率为 83%。实际上，由于电池内阻的存在和电极工作时的极化现象，质子交换膜燃料电池（PEMFC）的实际效率在 50%～70%，是普通内燃机效率的 2～3 倍。

2.3　氢燃料电池的应用

2.3.1　氢燃料电池在汽车中的应用

1.氢燃料电池汽车的基本结构[2]

氢燃料电池用作汽车的动力系统一般有四个组成部分：燃料电池系统；直流/直流（DC/DC）变换器；驱动电机及其控制系统；辅助电池及其管理系统。另外，还有配备车载高压氢气储存系统。

（1）燃料电池系统

PEMFC 的燃料电池堆是由多组相同结构和尺寸的单独燃料电池串联而成的。单独的燃料电池堆是不能发电并应用于汽车的，它必须和燃料供给与循环系统、氧化剂供给系统、水/热管理系统和一个能使上述各系统协调工作的控制系统组合成燃料电池发电系统，简称燃料电池系统（fuel cell system，FCS），才能对外输出功率（见图 2.11）。

燃料供给与循环系统在提供燃料的同时循环回收阳极排气中未反应的燃料。目前最成熟的技术还是以纯氢为燃料，该系统结构相对简单，仅由氢源、稳压阀和循环回路组成。

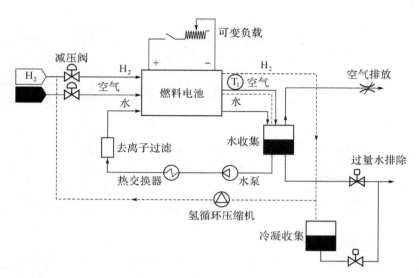

（图中虚线表示回收利用的气体）

图 2.11　典型的质子交换膜燃料电池系统[2]

在氧化剂供给系统中，考虑到燃料电池的功率密度随反应物氢气和氧气压力的升高而增大，因此，燃料电池采用提高空气供给压力（一般是 2～3atm）的方法来提高燃料电池系统的功率密度。但是空气加压系统的问题是，过量空气供给越大，空气中的大量氮气同时被加压，系统效率越低。如果采用环境压力（常压）空气作为氧化剂，通过对膜加湿、加大过量空气供给以及采用先进的冷却方法等一系列措施，则简化了结构，提高了效率，可以克服加压燃料电池的一些不足。还有一类燃料电池是采用变压系统，即根据燃料电池的负荷来调节系统中空气和氢气的压力，虽然也表现出不错的性能，但结构比较复杂。

为了使燃料电池能稳定而高功率地运转，质子交换膜应保持湿润状态，维持质子通道并减小内阻，使质子通道与外电路构成回路。水管理对于改善膜中的水分布、提高 PEMFC 的性能至关重要。因此，要使燃料电池正常发电，加湿系统就显得相当重要。目前的电池加湿方法可以分为三类：①外部加湿法，包括简单外增湿法、直接液态水湿化法、渗透膜增湿器；②内部加湿法，包括渗透膜法、多孔碳板法；③自加湿法，包括压力迁移法、体流场改进法、Pt-PEM 膜自增湿法。目前，普遍采用膜加湿器对电池堆进行加湿。一般按照进口湿度为 100% 计算，但实际上均达不到。

热管理对采用燃料电池作为动力系统汽车的动力性、安全性以及动力系统本身的寿命具有决定性影响。目前，一般的冷却液循环部分的设计为：在电池堆的冷却液进出口处设置温度传感器，在冷却风扇后设置一个水流量计。冷却液从电池堆出来后经散热器冷却后再次进入电池堆，其动力由冷却水泵提供。控制单元根据温度传感器和水流量计测到的信号来控制冷却水泵的流量和冷却风扇的转速。将冷却液的进口温度控制在 70℃ 左右，出口温度控制在 80℃ 左右，从而维持电池堆内部的热平衡，使电池堆高效、稳定运行。控制系统由多种功能不同的传感器、阀件、泵、调节控制装置、管路、控制单元等组成，一般采用 PID 方式控制。

（2）DC/DC 变换器

燃料电池输出的电压一般为 240～430V。由于输出电流变化时输出电压波动较大,一般来说电动汽车动力总线的电压在 380V 以上。为了实现燃料电池输出电压与动力总线电压的匹配,就需要有一个 DC/DC 变换器。另外,为了控制燃料电池的能量输出,也需要有一个 DC/DC 装置。DC/DC 变换器的控制结构由单片机、脉宽调制、主电路组成,如图 2.12 所示。

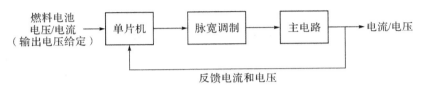

图 2.12　DC/DC 变换器的控制结构[2]

（3）驱动电机及其控制系统

驱动电机及其控制系统是燃料电池汽车的心脏,它的主要功能是使电能转变为机械能,并通过传动系统将能量传递到车轮,驱动车辆行驶。其基本构成为电机和控制器两部分,其中电机由控制器控制。控制器的作用是将动力源的电能转变为适合于电机运行的另一种形式的电能,所以控制器本质上是一个电能变换控制装置。目前,燃料电池车可以采用的电机驱动系统有直流电机驱动系统、异步电机驱动系统、同步电机驱动系统和开关磁阻电机驱动系统等。

（4）辅助电池及其管理系统

辅助电池及其管理系统是混合型燃料电池汽车动力系统中的重要组成部分,它可以在汽车起动、加速、爬坡等工况下,即当需要的驱动功率大于燃料电池可以提供的功率时,释放存储的电能,从而降低燃料电池的峰值功率需求,使燃料电池在一个较稳定的工况下工作。相反,在汽车怠速、低速或减速等工况下,即当燃料电池功率大于驱动功率时,辅助电池及其管理系统能够存储动力系统富余的能量,或在回馈制动时,吸收存储制动能量,从而提高整个动力系统的能量效率。当前开发的电池主要有先进铅酸电池、氢-镍电池、锂电池（锂离子、锂聚合物）和高温钠-硫电池。目前,铅酸电池、氢-镍电池和锂离子电池应用较多。

（5）车载高压氢气储存系统

车载高压氢气储存、供应系统由储气瓶组、压力表、滤清器、减压器、单向阀、电磁阀、动截止阀以及管路等组成。车顶控制气路如图 2.13 所示。在给储气瓶组加氢气时,加氢站的压缩氢气由压力表附近的加气口压入,经客车中部的管路 5、三通 3、单向阀 2 和管路 1 到达汇流排 6,由汇流排 6 进入储气瓶组。当燃料电池用氢气时,压缩氢气由储气瓶组经汇流排 6、电磁阀 4 和三通 3 到达管路 5。

为了安全上的需要,该系统还配有保护装置。在高压管路部分,设置了过流安全保护装置。若发生意外,在超过设计安全流量时,则不需借助任何外力迅速自动切断气路;当故障排除后,只需对电磁阀进行数秒钟的通电,又可恢复正常运行。在低压管路部分,设置了发动机供气安全保护装置。当发动机无论因何原因出现故障不能正常运转时,因控制信号的消失使电磁阀自动关闭,切断发动机的供气气路,从而保证了供气系统的供气安全。

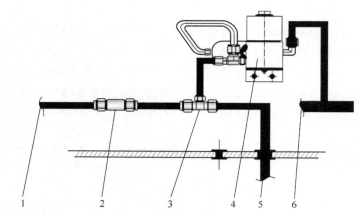

1—管路;2—单向阀;3—三通;4—电磁阀;5—管路;6—汇流排(与管路 1 连通)。

图 2.13　车顶控制气路[1]

2. 加氢站

加氢站对于氢燃料电池而言,相当于汽油车的加油站。加氢站系统所用的氢燃料主要分液氢和高压压缩的气体氢。由于高压储氢可在常温下进行,因此氢气储罐具有结构简单、充装速度快等优点。目前大部分燃料电池车都使用高压氢气,因而与之配套的加氢站绝大多数都加注高压氢气。加氢站分为固定式加氢站和移动式加氢站。固定式加氢站建在地面上,对其重量和体积的限制不苛刻,但移动式加氢站与车载储氢系统一样,有重量和体积的限制[18]。

一个典型的加氢站由制氢系统、压缩系统、储存系统、加注系统和控制系统等部分组成,如图 2.14 所示。从站外运达或站内制取纯化后的高纯氢气,通过氢气压缩系统压缩至

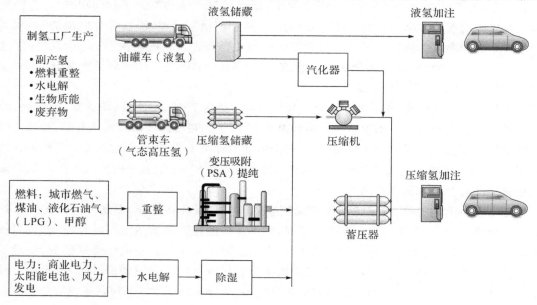

图 2.14　加氢站[19]

一定压力,加压后的氢气储存在固定式高压容器中。当需要加注氢气时,氢气在加氢站固定高压容器与车载储氢容器之间的压差的作用下,通过加注系统快速充装至车载储氢容器。

(1)制氢系统

加氢站氢气的来源有两种:一种是集中制氢气,再通过拖车或管道等方式输送到加氢站;另一种是在加氢站内直接制取高纯氢气。目前工业制氢的方法主要有:煤或焦炭气化制氢、天然气转化制氢、水电解制氢以及各种工业生产的尾气回收提纯制氢。本书第 3～8 章将做详细介绍。此外,研究中的生物质制氢、太阳能制氢等新方法,也将成为可再生能源制氢的途径。本书第 9、10 章将作详细介绍。在加氢站的发展初期阶段,对产气能力要求不高,站内制氢绝大多数都采用小规模电解水或天然气重整制氢方式。其中小规模电解水因制氢纯度高,约占 50% 以上。

(2)压缩系统

为了使氢燃料车一次充氢续驶里程达到 400 千米左右,结合车载储氢系统的容积要求,比较理想的车载氢气储存压力为 35～70MPa。氢气压缩有以下几种情况:一种是直接用压缩机将氢气压缩至车载容器所需的压力,储存在加氢站的储氢容器中,以备注氢时需要;另一种方法是先将氢气压缩至较低的压力(如 25MPa)后储存起来,加注时,先用此气体部分充压,然后启动增压压缩机,使车载容器达到规定的压力。最近,为了节约压缩能耗,用一组三个压力从低到高的钢瓶储存氢气,然后从低到高分阶段分别注氢于车载氢压缩罐中。

氢气压缩机包括膜式、往复活塞式、回转式、螺杆式、透平式等各种类型,应用时根据流量、吸气及排气压力选取合适的类型。加氢站压缩机的进口系统与出口系统主要部件包括气水分离器、缓冲器、减压阀等。氢气进入压缩机之前,必须分离水分,以免损坏下游部件。

图 2.15 所示为 PPI 公司生产的金属隔膜压缩机。

图 2.15　PPI 公司生产的金属隔膜压缩机[20]

（3）储存系统

氢气的存储是燃料电池应用的很关键的技术之一，只有解决了氢气的存储才能使氢燃料电池得到普遍应用。氢气的储存方法很多，目前用于加氢站的主要有三种：高压气态储存、液氢储存和金属化合物储存。部分加氢站还采用多种方式储存氢气，如液氢和气氢同时储存，这多见于同时加注液氢和气态氢气的加氢站。高压氢气储存期限不受限制，不存在氢气蒸发现象，是加氢站内氢气储存的主要方式。采用金属氢化物储存的加氢站同时也采用高压氢气储存作为辅助。

①高压氢气储存

高压储氢可在常温下使用，通过阀门的调节就可以直接将氢气释放出来，具有储氢罐结构简单、压缩氢气制备的能耗较少、充装速度快等优点，已成为现阶段氢气储运的主要方式[1]。

耐高压的氢压力容器及材料是车载高压氢气储存方法的关键。目前容器耐压与质量储氢密度分别可达 70MPa 和 7%～8%。所采用的储氢容器通常以锻压铝合金为内胆，外面包覆浸有树脂的碳纤维。这类容器具有自身质量轻、抗压强度高及不产生氢脆等优点。另一措施则是在容器中加入某些吸氢物质，以大幅度地提高压缩储氢的储氢密度，甚至使其达到"准液化"的程度，当压力降低时，氢可以自动地释放出来[21]。高压氢气储罐如图 2.16 所示。

图 2.16　高压氢气储罐[22]

②液态氢储存[23]

常压下，液氢的熔点为 $-253℃$，汽化潜热为 $921kJ \cdot kmol^{-1}$。在常压和 $-253℃$ 下，气态氢可液化为液态氢，液态氢的密度是气态氢的 845 倍。液氢的热值高，每千克热值为汽油的 3 倍。若仅从质量和体积上考虑，液氢储存是一种极为理想的储氢方式。但是由于氢气液化要消耗很大的冷却能量，液化 1kg 氢需耗电 $4～10kW \cdot h^{-1}$，增加了储氢和用氢的成本。液氢储存容器必须使用超低温用的特殊容器。如果储存液氢所用的绝热材料和绝热结构不完善，容易导致较高的蒸发损失，从而导致储存成本高和安全技术复杂的问题。加氢站液氢储罐如图 2.17 所示。

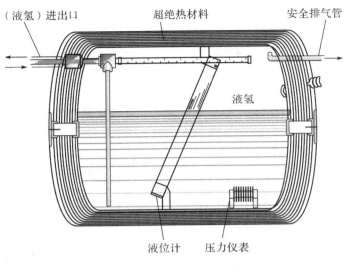

图 2.17　加氢站液氢储罐

③金属储氢[23]

在元素周期表中,除惰性气体以外几乎所有元素都能与氢反应而生成氢化物。某些过渡金属、合金、金属间化合物,由于其特殊的晶格结构等原因,在一定条件下,氢原子比较容易进入其金属晶格的四面体或八面体间隙中,形成金属氢化物。各种储氢材料如图 2.18 所示。

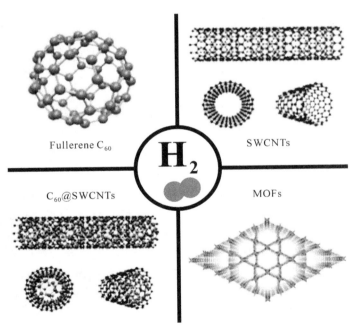

图 2.18　各种储氢材料[24]

金属氢化物在较低的压力(1×10^6 Pa)下具有较高的储氢能力,可以达到 100kg・m^{-3} 以上,但由于金属密度很大,导致氢的质量百分比很小,只有 2%～7%。金属氢化物的生成

25

和氢气的释放过程可以用下式来描述：

$$aM + 0.5bH_2 \longleftrightarrow M_aH_b + \Delta Q \tag{2.24}$$

式中：M 是金属或金属化合物；ΔQ 为反应热。

生成金属氢化物的过程是一个放热过程，释放氢则需要对氢化物加热。不同的金属材料所需的反应压力为 1～10MPa，反应热为 9300～23250kJ·kg^{-1}。氢化物释放氢的反应温度从室温到 500℃不等。用作金属氢化物的金属或金属化合物的热性能都应该比较稳定，能够频繁地进行充放循环，并且不易被二氧化碳、二氧化硫、水蒸气腐蚀。此外，氢的充放过程还要尽可能地快。符合这些条件的金属和金属化合物主要有 Mg、Ti、Ti$_2$Ni、Mg$_2$Ni、MgNi$_2$、NaAl 等。使用金属单质作为储氢材料一般可以获得较高的氢的质量百分比，但释放氢时所需温度较高（300℃），而使用金属化合物只需要较低的释放氢气的反应温度，但氢的质量百分比降低了。

金属氢化物的储氢含量虽然较高，但是金属储氢自有其致命的缺点，即氢不可逆损伤，如钢中白点、高温氢腐蚀、氢化物析出引起的弹性畸变、氢化物导致的脆性、氢致马氏体相变和氢沉淀等等。储氢过程中的氢不可逆损伤直接影响储氢金属的使用寿命，从而制约了该种方法的使用。

（4）加注系统

氢气加注系统与压缩天然气（compressed natural gas，CNG）加气站加注系统的原理是一样的，但是其操作压力更高，安全性要求很高。加注系统主要包括高压管路、阀门、加气枪、计量、计价系统等。加气枪上要安装压力传感器和温度传感器，同时还应具有过压保护、环境温度补偿、软管拉断裂保护及优先顺序加气控制系统等功能。当一台加氢机为两种不同储氢压力的燃料电池汽车加氢时，还必须使用不可互换的喷嘴。加注机的设计已应用工业界常采用的故障模式和效应分析（failure mode & effect analysis，FMEA）程序以及过程危险性分析程序。

（5）控制系统

控制系统是加氢站的神经中枢，指挥着整个加氢站的运作，对于保证加氢站的正常运行非常重要，必须具有全方位的实时监控能力。通过借鉴 CNG 加气站的控制系统，加氢站控制系统由两级计算机组成。前置机负责数据的采集，管理机完成数据处理、显示、保存、控制和上传。

依据原建设部〔2005〕124 号文件《2005 年工程建设标准规范制订、修订计划（第二批）》，我国编写了《加氢站技术规范》，对氢气压缩、灌充技术、氢气站、加氢站的工程制订了标准和规范。后经过修订，要求氢气加氢站进站氢气的质量应符合现行国家标准《氢气第 2 部分：纯氢、高纯氢和超纯氢》（GB/T 3634.2—2011）规定的质量标准。加氢站属于甲类火灾危险性设施，又主要建在人员相对稠密的城市，必须确保其安全可靠。

2.3.2　氢燃料电池的其他应用

氢燃料电池在分布式发电、家庭冷热电联供以及便携式电源方面有广阔的应用前景。

1.分布式氢燃料电池发电站

分布式发电指将发电系统以小规模（数千瓦至 50MW 的小型模块）分散的方式布置在

用户周围,可以独立地输出电、热和冷能的系统[25]。分布式发电方式的最大优点是不需要远距离输配电设备,输电损失显著减少,并可按需要方便、灵活地利用排气热量实现热电联产和冷热电三联产。

目前的分布式发电技术有很多种[26,27],这些技术以其各自的特点和发展状况分别占有不同的市场,如表 2.4 所示。

表 2.4 分布式发电技术的种类及其特点[28]

分布式发电技术	类型	规模	效率	适用的市场
氢燃料电池	PEMFC	$1\sim500kW$	40%	轻型和中等负载的交通应用,家用,偏远地区发电,独立发电,高品质发电
	PAFC	$0.2\sim1.2MW$	40%	中等负载的交通应用,商用,热电联供,高品质发电
	MCFC	$1\sim20MW$	55%	重型负载的交通应用,高品质发电
	SOFC	$3kW\sim25MW$	$45\%\sim65\%$	家用,商用,热电联供,高品质发电,偏远地区发电
发动机	柴油机	$50kW\sim6MW$	$33\%\sim36\%$	商用和小型工业用户发电,输配电支持
	斯特林发动机	$1\sim25kW$	20%	家用,偏远地区发电
燃气轮机	微型涡轮机	$25\sim500kW$	$26\%\sim30\%$	独立发电,偏远地区发电,商用,热电联供
可再生发电技术	太阳能	$1\sim1000kW$	$10\%\sim20\%$	偏远地区发电,削弱峰值,绿色电源
	风能	—	—	偏远地区发电,削弱峰值,绿色电源
	生物能			

注:轻型和中等负载的交通应用包括汽车、卡车和公交车;中等负载的交通应用包括卡车和公交车等;重型负载的交通应用包括火车、轮船、潜艇等;效率仅指电效率,不包括热回收等其他内容。

从表 2.4 中可以看出,相比其他分布式发电方式,燃料电池最大的优势是能量转换效率高,其值可达 $40\%\sim65\%$,并且热电联供或与其他技术结合时其效率会更高。同时,燃料电池具有很大的环境效益,不仅可以显著减少 CO_2、NO_x 的排放,而且由于燃料电池无热机活塞引擎等机械传动部分,操作也无噪声污染。目前燃料电池性能已经大大改进,成本也显著降低,正处于商业化示范阶段。

2. 家用冷热电联供氢燃料电池装置

家用冷热电联供氢燃料电池电站主要指功率为 1kW 级的燃料电池电站。家用电站用城市煤气作燃料,经燃料电站给家庭供电,同时供应热水。所采用的质子交换膜燃料电池的效率可高达 80%。如图 2.19 所示,该装置工作时为照明、空调和其他家用电器提供电力,并为住宅供暖和供热水。

家用冷热电联供氢燃料电池电站系统主要由燃料电池、热交换器、燃气炉和控制系统组成。燃料(天然气)通过输气管道进入燃料电池系统,燃料电池产生的电能通过输电线集中起来供给用户使用。控制系统根据负载对电池功率的要求,对反应气体的参数进行控

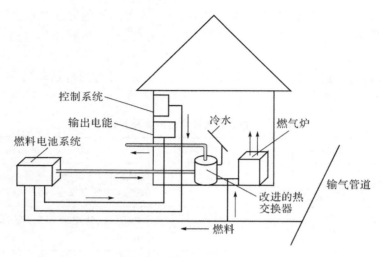

图 2.19　家用燃料电池[29]

制,使电池正常而有效地运行。废气、废水和排气余热进入换热器,进行余热回收利用。家用燃气炉也可以使用电力,因此可根据天然气和电力的价格对比,选择使用。

3.便携式电源

近年来,随着笔记本电脑、手机等便携电子设备的迅猛发展,人们对便携式电源的需求量快速增加。其中,微型燃料电池具有比功率高、输出功率可按不同需求灵活设计、清洁无污染、易回收、无须充电、可快速补给燃料等优点,因而成为便携设备电源的研究热点[30]。

2.3.3　氢燃料电池使用的安全性

1.氢气的安全性

与常规能源相比,氢气有很多特性[31]。其中不利于安全的属性有:更宽的着火范围,更低的着火能,更容易泄漏,更高的火焰传播速度,更容易爆炸。有利于安全的属性有:更大的扩散系数和浮力,更低的单位体积或单位能量的爆炸能。

（1）泄漏性

氢是最轻的元素,分子直径小,比液体燃料和其他气体燃料更容易从小孔中泄漏。例如,对于透过薄膜的扩散,氢的扩散速度是天然气的3.8倍。表2.5列出了氢气和丙烷相对于天然气的泄漏性。

表 2.5　氢气和丙烷相对于天然气的泄漏率[32]

对比项	甲烷（CH_4）	氢气（H_2）	丙烷（C_3H_8）
流动参数			
空气中的扩散系数/（$cm^2 \cdot s^{-1}$）	0.16	0.61	0.10
0℃的黏度/（$Pa \cdot S \times 10^{-7}$）	110	87.5	79.5
21℃,1atm下的密度/（$kg \cdot m^{-3}$）	0.666	0.08342	1.858

续表

对比项	甲烷(CH₄)	氢气(H₂)	丙烷(C₃H₈)
相对泄漏率			
扩散	1.0	3.8	0.63
层流	1.0	1.26	1.38
湍流	1.0	2.83	0.6

从表 2.5 中可以看出,在层流情况下,氢气的泄漏率比天然气高 26%,丙烷的泄漏率高于氢气,比天然气高 38%。而在湍流情况下,氢气的泄漏率是天然气的 2.83 倍。燃料电池汽车(fuel cell vehicle,FCV)气罐的压力一般是 34.5MPa,如果发生泄漏的话一定是以湍流的形式泄漏。在靠近氢气罐的地方装有压力调节阀,可以将压力降到 6.7MPa。给燃料电池提供的氢的压力约为 200kPa,如果发生泄漏就应该是以层流的形式泄漏。所以,根据 FCV 中氢气泄漏的大小和位置的不同,泄漏的状态是不同的。

(2)扩散性

如果发生泄漏,氢气就会迅速扩散。与汽油、丙烷和天然气相比,氢气具有更大的浮力(快速上升)和更大的扩散性(横向移动)。

由表 2.6 可以看出,氢的密度仅为空气的 7%,而天然气的密度是空气的 55%。所以,即使在没有风或不通风的情况下,它们也会向上升,而且氢气会上升得更快一些。相反,丙烷和汽油气都比空气重,所以它们会停留在地面,扩散得很慢。氢的扩散系数是天然气的 3.8 倍、丙烷的 6.1 倍、汽油气的 12.2 倍。这么高的扩散系数表明,在发生泄漏的情况下,氢在空气中可以向各个方向快速扩散,迅速降低浓度。

表 2.6　气体的浮力和扩散[32]

对比项	氢气	天然气	丙烷	汽油气
浮力(与空气的密度比)	0.07	0.55	1.52	3.4~4.0
扩散系数/(cm² · s⁻¹)	0.61	0.16	0.10	0.05

在户外,氢气的快速扩散对安全是有利的。在户内,氢气的扩散可能有利也可能有害。如果泄漏量很小,氢气会快速与空气混合,保持在着火下限之下;如果泄漏量很大,快速扩散会使得混合气很容易达到着火点,不利于安全。

(3)可燃性

在空气中,氢气的燃烧范围很宽,而且着火能很低。氢气-空气混合物燃烧的范围是 4%~74.32%(体积比),着火能仅为 0.02MJ。而其他燃料的着火范围要窄得多,着火能也要高得多,如表 2.7 所示。

表 2.7　燃料的燃烧特性[32]

对比项	氢气	甲烷	丙烷	汽油
着火极限				
着火下限(LFL)/空气中的体积%	4	5.3/3.8	2.1	1

续表

对比项	氢气	甲烷	丙烷	汽油
向后传播 LFL/空气中的体积%	9~10	5.6	—	—
着火上限(UFL)/空气中的体积%	74.32	15	10	7.8
最小着火能/MJ	0.02	0.29	0.3	0.24
自燃温度/℃				
最小	520	630	450	228~470
热空气注入	640	1040	885	—
镍铬电热丝	750	1220	1050	—

在发生事故的情况下,通过限制最大可能的燃料流量或者增加空气流通,尽量使燃料混合物的浓度低于着火下限。所以着火下限比着火范围更好地表示燃料空气混合物的着火趋势。而从表 2.7 可以看出,氢气的着火下限是汽油的 4 倍,是丙烷的 1.9 倍,只是略低于甲烷。而浓度为 4% 的氢气火焰只是向前传播,如果火焰向后传播,氢气浓度至少为 9%。所以,如果着火源的浓度低于 9%,则着火源之下的氢气就不会被点燃。而对于甲烷,火焰向后传播的着火下限仅为 5.6%。

另外,最小着火能的实际影响也不像该数字所表明的那样。氢气的最小着火能是在浓度为 25%~30% 的情况下得到的。在较高或较低的燃料空气比的情况下,点燃氢气所需的着火能会迅速增加,如图 2.20 所示。事实上,在着火下限附近,燃料浓度为 4%~5%,点燃氢气/空气混合物所需要的能量与点燃天然气/空气混合物所需的能量基本相同。

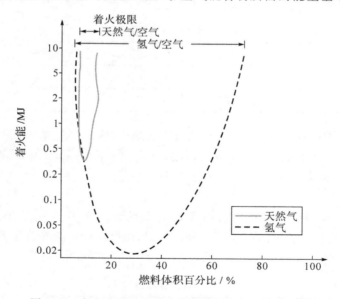

图 2.20 氢气和甲烷的着火能和燃料空气比的关系[32]

氢气的着火上限很高,在有些情况下是有害的。例如,在车库中发生氢气泄漏,超过了着火下限但没有点燃,这时落在着火范围之内的空气的体积就很大,因此,接触到车库中任何地方的着火源的可能性就要大得多。

（4）爆炸性

在户外氢气爆炸的可能性很小,除非有闪电、化学爆炸等大的能量才能引爆氢气雾。但是在密闭的空间内,燃烧速度可能会快速增加,发生爆炸。

如表 2.8 所示,氢气的燃烧速度是天然气和汽油的 7 倍。在其他条件相同的情况下,氢气比其他燃料更容易发生爆燃甚至爆炸。但是,爆炸受很多因素的影响,比如精确的燃料空气比、温度、密闭空间的几何形状等,并且影响的方式很复杂。

表 2.8　燃料的爆炸特性[32]

对比项	氢气	天然气	丙烷	汽油
爆炸极限				
爆炸下限/空气中的体积%	13~18.3	6.3	3.1	1.1
爆炸上限/空气中的体积%	59	13.5	7	3.3
燃烧速度/(cm·s⁻¹)	270	37	47	30
爆炸能				
单位能量/(gTNT·kJ⁻¹)	0.17	0.19		0.21
单位体积/(gTNT·m⁻¹)	2.02	7.03		44.22
安全间隙/cm	0.008	0.12		0.074

氢气的燃料空气比的爆炸下限是天然气的 2 倍,是汽油的 12 倍。如果氢气泄漏到一个离着火源很近的空间内,氢气发生爆炸的可能性很小。如果要氢气发生爆炸,氢气必须在没有点火的情况下累积到至少 13% 的浓度,然后再触发着火源。而在工程上,氢气的浓度被要求保持在 4% 的着火下限以下,通常会安装探测器报警,必要时会启动排风扇来控制氢气浓度,所以出现氢气浓度累积到 13% 到 18% 的情况的概率是很小的。如果发生爆炸,氢的爆炸能是最低的。就单位体积而言,氢气的爆炸能仅为汽油气的 1/22。

图 2.21 所示是氢气的爆炸性和其他燃料的对比。四个坐标分别是扩散、浮力、爆炸下限和燃烧速度倒数,越靠近坐标原点越危险。从图 2.21 中可以看出,就扩散、浮力和爆炸下限而言,氢气都远比其他燃料安全,但氢气的燃烧速度指标是最差的。因此氢气的爆炸特性可以描述为:氢气是最不容易形成可爆炸的气雾的燃料,但一旦达到了爆炸下限,氢气是最容易发生爆燃、爆炸的燃料。

氢气燃烧的火焰几乎是看不到的,因为在可见光范围内,燃烧的氢气放出的能量很少。因此接近氢气火焰的人可能会不知道火焰的存在,因而增加了危险。但有利的一面在于氢火焰的辐射能力较低,所以附近的物体(包括人)不容易通过辐射热传递而被点燃。相反,汽油火焰一方面通过液体汽油的流动而蔓延,另一方面通过汽油火焰的辐射而扩散。因此,汽油比氢气更容易发生二次着火。另外,汽油燃烧产生的烟和灰会增加对人的伤害,而氢气燃烧只产生水蒸气。

（5）氢脆

氢脆是指金属在冶炼、加工、热处理、酸洗和电镀等过程中,或在含氢介质中长期使用时,材料由于吸氢或者氢渗透而造成机械性能严重退化,发生脆断的现象。

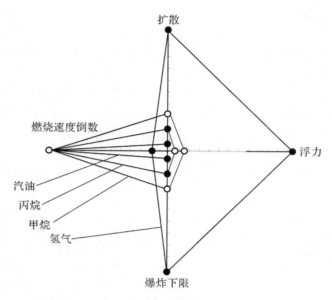

图 2.21　燃料气的爆炸性[32]

　　锰钢、镍钢以及其他高强度钢容易发生氢脆。这些钢如果长期暴露在氢气中，尤其是在高温高压下，其强度会大大降低，导致失效。因此，如果与氢气接触的材料选择不当，就会导致氢气的泄漏与燃料管道的失效。但是，通过选择合适的材料，就可以避免因氢脆产生的安全风险。如铝和一些合成材料，就不会发生氢脆。

　　另外，氢气中含有的极性杂质，会强烈地阻止氢化物的生成，如水蒸气、H_2S、CO_2、醇、酮以及其他类似的化合物都能阻止金属生成氢化物。所以，现有的输送天然气的管道网，通常不必考虑氢脆的问题。

2. 氢燃料电池汽车的消防安全问题

　　燃料电池汽车属于电动汽车的一种。与普通电动汽车相比，其主要不同在于用燃料电池发动机代替了动力电池组，并增加了供氢系统。气态压缩高压储氢是最普遍和最直接的储氢方式，目前已有的燃料电池汽车示范项目绝大多数采用了车载高压储氢。如图 2.22 所示为模拟汽油车和氢燃料电池汽车因燃料泄漏失火的燃烧过程试验[33]。试验表明，高压储

（a）3s　　　　　　　　　　　　　　（b）1min

图 2.22　燃料电池汽车和汽油汽车的燃烧对比试验[33]

氢罐具有非常强的抗爆能力,在氢气泄漏的情况下,由于氢气密度很低,会迅速扩散;而汽油燃料泄漏后向地面滴落,还会渗入缝隙,燃烧迅速、猛烈,因此燃料电池汽车的高压储氢比汽油储存要安全。此外,通过完善配套的氢泄漏探测、报警和紧急切断装置,能进一步提高氢燃料的使用安全性。

针对燃料电池特别是氢的特性,燃料电池汽车的氢安全系统[34]主要包括氢供应安全系统、整车氢安全系统、车库安全系统、防静电设施等。

(1)氢供应安全系统

研究表明,氢泄漏事故是影响燃料电池汽车安全的主要问题。而以下四种失效会产生严重的氢泄漏事故:①燃料管路或元件的密封失效;②探测氢和切断氢管路的传感系统失效;③储氢瓶上的流量阀失效;④控制燃料电池氢流量的计算程序失效。

通常采用的安全措施有:

①在储氢瓶的出口处应当安装过流保护装置。当管路或阀件产生氢气泄漏,使氢气流量超过燃料电池发动机需要的最大流量的 20%时,过流保护装置自动切断氢气供应。当故障排除后,只需对电磁阀进行数秒钟的通电,即可恢复正常运行。

②在储氢瓶的总出口处应当安装电磁阀,当整车氢报警系统的任意一个探头检测到车内氢浓度达到报警标准时,将自动切断氢气供应。

(2)整车氢安全系统

整车氢安全系统包括氢泄漏监测及报警处理系统。氢泄漏监测系统一般由安装在车顶部的储氢瓶舱、乘客舱、燃料电池发动机舱以及发动机水箱附近的催化燃烧型传感器和安装在车体下部的一套监控器组成。传感器实时检测车内的氢浓度,当任何一个传感器检测到的氢浓度超过氢爆炸下限的 10%、20%和 50%时,监控器会分别自动发出Ⅰ级、Ⅱ级、Ⅲ级声光报警信号,并通知安全报警处理系统采取相应的安全措施。

(3)车库安全系统

燃料电池汽车车库的氢安全系统包括氢泄漏监测及报警处理系统,以及自动送、排风设施。车库内应当安装氢泄漏监测系统,该系统由车库顶部的多个催化燃烧型传感器和安装在控制室内的监控器组成。传感器实时检测车库内的氢浓度,当任何一个传感器检测到的氢浓度超过氢爆炸下限的 10%、20%和 50%时,监控器会分别自动发出Ⅰ级、Ⅱ级、Ⅲ级声光报警信号,并通知安全报警处理系统采取相应的安全措施。当接到Ⅰ级报警信号时,报警处理单元应当启动车库顶部报警器,并自动启动车库顶部的换气窗和防爆排风机。换气窗和防爆排风机应当同时具有手动启动功能。

(4)防静电设施

氢是一种非导电物质,不论是液氢还是氢气,其流动时由于摩擦都会带电。由于静电累积,当静电位升高到一定数值时就会产生放电现象。为了防止静电累积,燃料电池汽车应当在车体底部安装接地导线,将加氢时以及车辆行驶过程中产生的静电放回大地,以保证安全。

(5)电器防爆

燃料电池汽车上的氢检测传感器均应选用防爆型。氢安全处理系统应选用防爆固态继电器,避免继电器动作时产生电弧,并防止机械式继电器因汽车行驶中的震动造成误动作。氢安全系统报警时,汽车上严禁使用电源插座、接触器、继电器及机械开关等可能引起电弧的装置,以确保安全。

3. 加氢站氢气压缩机房的消防安全

氢气密度低,必须以较高的压力压缩储存。加氢站内氢气压缩机的工作压力通常在35MPa以上,压缩机的选型和台数应当根据加氢站的工作压力、总加氢能力和其他工作特性确定。

氢气压缩机房应当按照《建筑设计防火规范》(GB 50016—2014)中对有爆炸危险的甲类厂房的防爆要求而独立设置,并采用钢筋混凝土或钢框架、排架承重结构。氢气压缩机房还应根据建筑情况设置氢泄漏监测及报警处理系统。

4. 储氢罐(高压储氢瓶组)的消防安全

储氢罐(高压储氢瓶组)的压力表、安全阀失灵或储存压力超过使用压力时,极易引发事故,造成燃烧爆炸。此外,如果缺乏可靠的防雷设施,雷击也可能造成燃烧爆炸。所以,除按照储氢罐(高压储氢瓶组)特性规定的使用方法外,要尤其注意:

(1)储氢罐(高压储氢瓶组)的位置应与其他建筑保持足够间距。

(2)储氢罐(高压储氢瓶组)应当安装压力表、安全阀,并保证可靠。安全阀应连接装有阻火器的放空管。

(3)储氢罐(高压储氢瓶组)要按照有关规定进行耐压和气密试验,并进行周期检查,安全部件应及时校正,确保灵敏有效。

(4)安装可靠的防雷装置,定期测试,其接地电阻应小于 4Ω。

5. 氢气加注机及加注器的消防安全措施

氢气加注机的数量,应当根据服务区域内需要加氢的燃料电池汽车数量合理确定。为了防止氢气泄漏形成爆炸性的混合物,加注机严禁设置在室内。同时,加注机附近应设防撞柱或栏杆,以防止意外事故撞击。氢气加注机的加氢管应当设置事故切断阀或过流阀,当加注机被撞时,事故切断阀应当能自行关闭;当氢流量超过最大工作流量时,过流阀应当能自行关闭。加氢管上应当设置拉断阀,并合理确定分离拉力,以防止燃料电池汽车在加氢过程中因意外启动而拉断加氢管或拉倒加注机。拉断阀在外力作用下分开后,两端应当能自行密封,以防止氢气外泄。

氢气加注器作为一个相对独立的装置,类似于压缩天然气(CNG)加注器,但操作压力更高,安全措施更复杂。除质量流量计以外,还应当安装温度和压力传感器。其设计压力应当根据燃料电池汽车储氢罐的压力确定,并限制加注流量,以便于加注操作控制和减少产生静电的危险。

2.3.4 氢燃料电池的效率

氢燃料电池的效率是指氢燃料的化学能转化为电能的效率。以下对氢燃料电池从热力学效率和电化学效率两方面分别进行分析。

1. 氢燃料电池的热力学效率[28]

众所周知,热机的工作原理是通过工质从高温热源吸收热量对外做功,然后向低温热源放热复原的过程。热机的循环效率是体系输出的净有用功 W 与输入体系的热量 Q 之比：

$$\eta_{\mathrm{T}} = \frac{W}{Q} \tag{2.25}$$

热机过程达到的最高效率称为卡诺效率。它是在高温热源 T_1 与低温热源 T_2 之间工作的热机可能达到的最大效率。所有在 T_1、T_2 两热源工作的卡诺热机的效率相等，都可以表示为：

$$\eta = 1 - \frac{T_2}{T_1} \tag{2.26}$$

氢燃料电池将氢燃料的化学能直接转化为电能，进出燃料电池的能量如图 2.23 所示。设电池在恒温、恒压下工作，则进入电池燃料与氧化剂的焓变，它部分转化为电能，部分转化为可与环境交换的热能。由于电能可以完全转化为功，电池过程放出的电能就是电池对外输出的功。

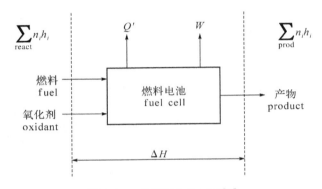

图 2.23　氢燃料电池过程[35]

根据热机的卡诺效率，我们可以定义燃料电池的热力学效率的表达式，即它为电池输出的功 W 与反应的焓变 ΔH 之比：

$$\eta_{\mathrm{cell}} = \frac{W}{\Delta H} \tag{2.27}$$

在理想条件下，燃料电池内部过程完全可逆，所做的功 W_{e} 为可逆功，这部分功对应于燃料电池的理想效率 η_{ideal}。对于稳态工作的燃料电池过程，燃料和氧化剂以稳定流量输入系统，燃料在电池恒温下将储存在反应物化学键中的能量转化为功并排出产物，此过程为开放系统。由稳流系统的能量方程，忽略动能和势能的变化，得到：

$$W_{\mathrm{e}} = \left(\sum_{\mathrm{prod}} n_i h_i - \sum_{\mathrm{react}} n_i h_i \right) - Q' = \Delta H - Q' \tag{2.28}$$

式中：n_i、h_i 分别为物质的摩尔数和摩尔焓；下标 prod 表示产物；下标 react 表示反应物。

内部可逆的稳态系统的熵平衡关系式为：

$$\frac{Q'}{T} = \left(\sum_{\mathrm{prod}} n_i s_i - \sum_{\mathrm{react}} n_i s_i \right) = \frac{Q'}{T} = \Delta S = 0 \tag{2.29}$$

式中：s_i 为物质的摩尔熵；ΔS 为反应的熵变。

由式（2.29）可以得到可逆交换的热量 Q' 为：

$$Q' = T\Delta S \tag{2.30}$$

将式（2.30）代入式（2.28）中，得到燃料电池过程所能做的可逆功为：

$$W_e = \Delta H - T\Delta S \tag{2.31}$$

在恒温条件下,根据热力学关系式:

$$\Delta G = \Delta H - T\Delta S \tag{2.32}$$

从式(2.27)得到,可逆条件下燃料电池过程的理想效率为:

$$\eta_{ideal} = \frac{W_e}{\Delta H} = \frac{\Delta H - T\Delta S}{\Delta H} = 1 - \frac{T\Delta S}{\Delta H} = \frac{\Delta G}{\Delta H} \tag{2.33}$$

由式(2.33)可见,燃料电池的理想效率取决于反应熵变的大小和符号。燃料电池中燃料和氧化剂的化学反应是放出能量的反应,因此焓变 $\Delta H < 0$。同时,由于过程有电能放出,过程的吉布斯函数 $\Delta G < 0$,因此,若 $\Delta S \leqslant 0$,理想效率小于等于1,且随电池温度升高而降低;若 $\Delta S > 0$,则理想效率大于1,且随温度升高而提高,如 $C + \frac{1}{2}O_2 \longrightarrow CO$ 的反应就是这种情况。这种理想效率大于1的情况源于环境向电池系统传热,即部分环境的热量也被电池系统转换为电能。所以 $\eta_{ideal} > 1$ 并不违背能量守恒。

对于一定的电池电化学反应,其焓变 ΔH 随反应温度的不同而变化。电池电化学反应的反应物和产物的相态不同也会使反应的焓变产生变化。以氢燃料电池的反应 $H_2 + \frac{1}{2}O_2 \longrightarrow H_2O$ 为例,若100℃下生成液态水,反应的焓变为 $-280 \text{kJ} \cdot \text{mol}^{-1}$。此时电池的效率为78%;若生成的水为气态,反应的焓变为 $-239.3 \text{kJ} \cdot \text{mol}^{-1}$,此时电池的效率为93%,两个焓变的差值为该温度下的水的相变焓。氢燃料电池的理想效率、卡诺效率与工作温度的关系如图2.24所示。

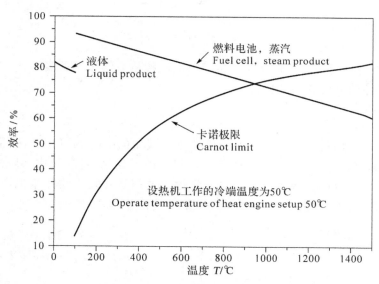

图 2.24　氢燃料电池的理想效率与卡诺循环效率的比较[35]

可以看出,氢燃料电池在中、低温度下有较高的理想效率,而在更高温度下卡诺热机的效率高于燃料电池的理想效率。

2. 氢燃料电池电化学效率[35]

燃料电池的电化学效率定义为输出的电能与进入燃料所具有的能量之比：

$$\eta_{fc} = \frac{P_{fc}}{F_{in}} \tag{2.34}$$

而输出电能 P_{fc} 即输出电压 U 和电流 I 的乘积：

$$P_{fc} = UI \tag{2.35}$$

进入燃料电池的燃料所具有的能量一般即为发生电化学反应的焓变，而其消耗速率（单位：g·s^{-1}）根据法拉第定律可得：

$$q_{H_2} = \frac{mI}{nF} \tag{2.36}$$

式中：m 为氢分子相对质量（2.016）；I 为电流，A；n 为电化学反应电子参与数，根据电极反应式得到。因此，每秒消耗燃料所具有的能量为

$$F_{in} = q_{H_2} \cdot \Delta H = \frac{m\Delta H}{nF}I \tag{2.37}$$

根据燃料电池中氢电极的电化学反应，式（2.37）中的表达式 $\frac{m\Delta H}{nF}$ 其值为 1.482V（称可逆电动势）。因此，我们可以得到关于电化学效率的表达式：

$$\eta_{fc} = \frac{U}{1.482} \tag{2.38}$$

由热力学原理可以知，反应焓变 ΔH 中减去不可逆焓变 $T\Delta S$，得到的吉布斯自由能变 ΔG 是电化学反应所释放的最大能量。对于氢电极来说，其最大电极电势为标况下的电极电势（1.229V）。因此，其最大电化学效率 $= \frac{1.229}{1.482} = 0.83$。对于不在标况下的电极电势，可由式（2.39）表示：

$$U_0 = 1.229 - (T - 298.15)\frac{\Delta S}{nF} + \frac{RT}{nF}\ln[p_{H_2}(p_{O_2})^{0.5}] \tag{2.39}$$

式中：T 为电池的使用温度，K；R 为摩尔气体常数，$R = 8.314$J·mol^{-1}·K^{-1}；p_{H_2}、p_{O_2} 为氢气和氧气分压。

实际上，由于电池内部的各种电压损失，电池的电压要小于热力学上的理论电压。这些电压包括：

① 活化损失电压：

$$U_{act} = \frac{RT}{\alpha nF}\ln\left(\frac{i}{i_0}\right) \tag{2.40}$$

② 浓度差损失：

$$U_{conc} = \frac{RT}{nF}\ln\left(1 - \frac{i}{i_L}\right) \tag{2.41}$$

③ 欧姆电压降：

$$U_{ohm} = iR_i \tag{2.42}$$

式中：α 为交换系数；i 为电流密度，A·cm^{-2}；i_0 为交换电流密度，A·cm^{-2}；i_L 为极限电流密度，A·cm^{-2}；R_i 为电池阻抗，Ω·cm^2。

活化和浓度差损失都存在阴阳两极,而电池阻抗一般存在于电解液中。因此,该电池电势为:

$$U_{cell} = U_0 - U_{conc,a} - U_{conc,c} - U_{cat,a} - U_{act,c} - U_{ohm} \tag{2.43}$$

将式(2.43)中的 U_{cell} 代入式(2.38),可以计算出实际的电化学效率。

参考文献

[1] 毛宗强,等.燃料电池[M].北京:化学工业出版社,2005.

[2] 陈全世,仇斌,谢起成.燃料电池电动汽车[M].北京:清华大学出版社,2005.

[3] 衣宝廉.燃料电池——原理·技术·应用[M].北京:化学工业出版社,2003.

[4] 梁宝臣,田建华.质子交换膜燃料电池(PEMFC)的原理及应用[J].天津理工学院学报,2001,17(3):21-24.

[5] https://www.google.com.hk/search? newwindow=1&safe=strict&hl=zh-CN&biw=1366&bih= 586&site=imghp&tbm=isch&sa=1&q=%E7%87%83%E6%96%99%E7%94%B5%E6%B1% A0%E5%A0%86&oq=%E7%87%83%E6%96%99%E7%94%B5%E6%B1%A0%E5%A0% 86&gs_l=img.3...103576.103576.0.104060.1.1.0.0.0.0.292.292.2-1.1.0....0...1c.1j4.52. img..1.0.0.fPSIPOOFFw4#imgdii=_.

[6] 张克军.质子交换膜燃料电池的研究进展[J].化工时刊,2008,22(9):50-55.

[7] Bashyam R, Zelenay P. A class of non-precious metal composite catalysts for fuel cells[J]. Nature, 2006,443(7107):63-66.

[8] Lefevre M, Proietti E, Jaouen F, et al. Iron-based catalysts with improved oxygen reduction activity in polymer electrolyte fuel cells[J]. Science,2009,324(5923):71-74.

[9] Vante N A, Tributsch H. Energy conversion catalysis using semiconducting transition metal cluster compounds[J]. Nature, 1986, 323(6087):431-432.

[10] 姚耀.国产质子交换膜燃料电池验收[J].中国化工报,2011,11:12-20.

[11] 汪广进,潘牧.PEMFC用陶瓷电催化材料的研究进展[J].电池,2011,41(4):226-229.

[12] 张洪霞,沈承,韩福江.质子交换膜燃料电池的水平衡[J].化学通报,2011,74(11):1026-1032.

[13] 涂正凯,潘牧.PEMFC中液态水沿程分布的机理研究[J].华中科技大学学报(自然科学版),2011,39(7):14-17.

[14] 秦敬玉,徐鹏,王利生,等.质子交换膜燃料电池(PEMFC)发动机循环水管理模型[J].太阳能学报,2001,22(4):385-389.

[15] Dohle H, Mergel J, Stolten D. Heat and power management of a direct-methanol-fuel-cell(DMFC) system[J]. J Power Sources, 2002, 111(2):268-282.

[16] Wang M H, Guo H, Ma C F, et al. Temperature measurement technologies and their application in the research of fuel cells [C]//Proceedings of First International Conference on Fuel Cell Science, Engineering and Technology. Rochester, NY:ASME, 2003:95-100.

[17] Noponen M T, Mikkola M, et al. Measurement of current distribution in a free-breathing PEMFC [J]. J Power Sources, 2002, 106(1):304-312.

[18] 傅玉敏,吴竺,霍超峰.上海世博会专用燃料电池加氢站系统配置的研究[J].上海煤气,2010(5):4-10.

[19] http://www.zzjjw.com.cn/news/20100731/677.html.

[20] http://www.ppichinabj.com/.

[21] 郑津洋,陈瑞,李磊.多功能全多层高压氢气储罐[J].压力容器,2005,22(2):25-28.

[22] http://www.compotechasia.com/a/_/2012/0415121321/html.

［23］隋然，白松，龚剑. 氢气储存方法的现状及发展［J］. 舰船防化，2009,3:52-56.

［24］http://www. teknat. umu. se/english/about-the-faculty/news/newsdetalipage/the-search-for-new-materials-for-hydrogen-storage. cid197983.

［25］毛宗强. 氢能知识系列讲座(10)——家庭用燃料电池［J］. 太阳能学报，2007(10):14-18.

［26］Braun R J，Klein S A，Reindl D T. Review of state-of-the-art fuel cell technologies for distributed generation［R］. Energy Center of Wisconsin，2000:192-193.

［27］丁明，王敏. 分布式发电技术［J］. 电力自动化设备，2004,27(7):31-36.

［28］张颖颖，曹广益，朱新坚. 燃料电池——有前途的分布式发电技术［J］. 电网技术，2005,29(2):57-61.

［29］于泽庭，韩吉田. 燃料电池在家庭中的应用［J］. 节能与环保，2004,9:14-16.

［30］刘春娜. 国外微型燃料电池研发动态［J］. 电源技术，2012,36(3):301-302.

［31］冯文，王淑娟，倪维斗，等. 氢能的安全性和燃料电池汽车的氢安全问题［J］. 太阳能学报，2003,24(5):677-682.

［32］Thomas C E. Direct-hydrogen-fueled proton-exchange-membrane fuel cell system for transportation applications. Hydrogen vehicle safety report［R］. Ford Motor Co，Dearborn，MI（United States）；Argonne National Lab，IL（United States），1997.

［33］Swain M R. Fuel leak simulation［C］. Proceedings of the 2001 US DOE Hydrogen Program Review，2001:17-19.

［34］司戈. 氢能源应用的消防安全初探［J］. 消防技术与产品信息，2008(1):44-48.

［35］邓会宁，王宇新. 燃料电池过程的效率［J］. 电源技术，2005,29(1):15-18.

第3章 电解水制氢

电解水制氢是很成熟的传统制氢方法[1]。电解水的现象最早是在 1789 年被观测到的。1800 年,Nicholson 和 Carlisle 发展了这一技术,到 1902 年就已经有 400 多个工业电解槽,总产氢容量为 10000m³H₂·h⁻¹;1948 年,Zdansk 和 Lonza 建造了第一台增压式水电解槽[2,3]。目前,国内外的电解水制氢技术已比较成熟,设备已经成套化和系统化。如国内多家厂家提供 2~200m³H₂·h⁻¹ 的各种规模的电解水制氢成套设备。

电解水制氢技术的优点是工艺比较简单,完全自动化,操作方便;氢气产品的纯度高,一般可达到 99%~99.9%,并且由于主要杂质是 H_2O 和 O_2,无污染,特别适合质子交换膜燃料电池中对 CO 要求极为严格的燃料电池使用。加压水电解制氢技术的开发成功,减少了电解槽的体积,降低了能耗,成为电解水制氢的趋势。

电解水制氢技术目前只占氢气总量的约 4%[4],这是由于在制氢成本中,尽管以水为原料,原料价格比较便宜,但由于其制氢成本的主要部分是电能的消耗。水电解的耗电量较高,一般制得每标准立方米氢气不低于 4kW·h 用电量。虽然近年来对电解水制氢技术进行了许多改进,但工业化的电解水制氢成本仍然高于以化石燃料为原料的制氢成本。

3.1 电解水制氢原理

水电解制氢是燃料电池氢气和氧气进行氧化-还原反应的逆反应。水电解是在阴极上发生还原反应析出氢气和在阳极上发生氧化反应析出氧气的反应。

电解槽是电解水制氢的关键部分。如图 3.1 所示,常见的碱性水溶液的电解制氢的电极槽由浸没在电解液中的一对电极和电极两端隔以防止气体渗透的隔膜而构成。当电极通以一定电压的直流电时,水就发生分解,分别在阴极产生氢气,在阳极产生氧气。水溶液的导电是溶液中带电的离子在电场中移动的结果,其电导率(电阻率的倒数)的大小与水溶液中的离子浓度有关。纯水是很弱的电解质,它的导电能力很差。所以通常需要加入一些强电解质,以增加溶液的导电能力,使水能够顺利地电解为氢气和氧气[5]。水电解时的反应式,根据电解液的性质不同而有所不同。

碱性水溶液的电解过程电极上的反应如下。

$$阴极:2H_2O+2e^- \longrightarrow H_2+2OH^- \tag{3.1}$$

$$阳极:2OH^- \longrightarrow \frac{1}{2}O_2+H_2O+2e^- \tag{3.2}$$

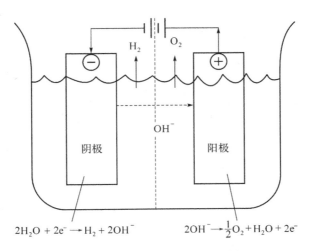

$$2H_2O + 2e^- \longrightarrow H_2 + 2OH^- \qquad\qquad 2OH^- \longrightarrow \frac{1}{2}O_2 + H_2O + 2e^-$$

图 3.1　碱性水溶液的电解槽[6]

总反应：$H_2O \longrightarrow H_2 + \frac{1}{2}O_2$ 　　　　　　　　　　　　　　　　　　　　(3.3)

碱性电解液常用 KOH 或 NaOH 溶液。水分子放电析出氢及 OH^-。Na^+ 或 K^+ 在电解液中，其析出电位要比氢析出电位负得多，因此阴极上 H^+ 先放电，析出氢；在阳极上因为没有别的负离子存在，因此 OH^- 先放电析出氧。1 摩尔水电解得到 1 摩尔氢气和 0.5 摩尔氧气。

水的理论分解电压是假定水在可逆条件下进行电解所需的电压，它等于氢、氧原电池的可逆电动势 E_0。水的理论分解电压是不计及任何损耗的最小电压，它是由在水分解时必须向水电解池供给的最小电能所决定的，此电能相当于水分解时的 Gibbs 自由能的变化，因此可以用化学热力学方程进行计算。可逆电池电动势与自由能之间的关系为：

$$\Delta G = -nEF \qquad\qquad\qquad\qquad\qquad (3.4)$$

式中：ΔG 为 Gibbs 自由能的变化；n 为反应物质的当量数，或电极反应中电子得失的数目；F 为法拉第常数，数值为每摩尔 96500 库仑。

水分解成氢气和氧气的化学反应的自由能的增加需外界供给电能（$-E$）：

$$-E = \frac{\Delta G}{nF} \qquad\qquad\qquad\qquad\qquad (3.5)$$

在 1 个大气压及 25℃ 的标准状态下，1 摩尔水分解成 1 摩尔氢气及 0.5 摩尔氧气时，其 Gibbs 自由能的变化（生成物与反应物之间的自由能之差）为 56.7 千卡，所需电量为 1 法拉第（26.8 安培·小时），水的当量数 $n=2$，因此可得：

$$-E = \frac{\Delta G}{nF} = \frac{56.7 \times 1000}{2 \times 26.8 \times 860} = 1.23(V) \qquad\qquad (3.6)$$

式中：860 为单位换算所得的系数。

在 1 个大气压及 25℃ 的标准状态下，水的理论分解电压为 1.23V。相应的最小电耗为 $2.95\mathrm{kW \cdot h \cdot m^{-3}}$（标氢）[7]。但实际上，由于氢气和氧气在反应过程中的过电位、电解液电阻及其他电阻因素，实际需要的电压比理论值高。实际需要的电压计算公式为：

$$U = U_0 + IR + \Phi_H + \Phi_O \qquad\qquad\qquad (3.7)$$

式中:U_0为水的理论分解电压,V;I为电解电流,A;R为电解池的总电阻,Ω;Φ_H为氢超电位,V;Φ_0为氧超电位,V。实际的过电压为$1.65\sim2.2V$。过电压产生的能量损失使得制氢成本进一步提高,具体内容将在3.4.1中介绍。

3.2 电解水制氢技术工艺流程

世界各地的电解水制氢技术,其工艺流程经过不断改进和完善,已基本相同。电解水制氢的工艺流程如图3.2所示。

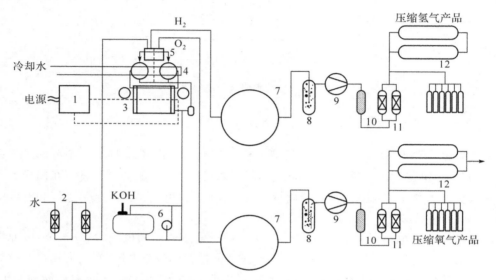

1—整流装置;2—离子净化器;3—电解槽;4—气体分离及冷却设备;5—气体洗涤塔;6—电解液储罐;7—气罐;8—过滤器;9—压缩机;10—气体精制塔;11—干燥装置;12—高压氢气氧气贮存及装瓶。

图3.2 电解水制氢工艺流程[8]

如图3.2所示,在电解槽中经过电解产生的氢气或氧气连同碱液分别进入氢气或氧气分离器。在分离器中经气液分离后得到的碱液,经冷却器冷却,再经碱液过滤器过滤,除去碱液中因冷却而析出的固体杂质,然后返回电解槽继续进行电解。电解出来的氢气或氧气经气体分离器分离、气体冷却器冷却降温,再经捕滴器除去夹带的水分,送纯化或输送到使用场所。

以上工艺中的碱液循环方式可分为自然循环和强制循环两类[9]。自然循环主要是利用系统中液位的高低差和碱液的温差来实现的。强制循环主要是用碱液泵作动力来推动碱液循环,其循环强度可由人工来调节。强制循环过程又可分为三种流程。

3.2.1 双循环流程

如图3.3所示,双循环是将氢气分离器分离出来的碱液用氢侧碱液泵经氢侧冷却器、过滤器、流量计后送到电解槽的阴极室,由阴极室出来的氢气和碱液再进入氢分离器。同样,将氧气分离器分离出的碱液,用氧侧碱液泵经氧侧冷却器、过滤器、流量计后送到电解槽的阳极室,由阳极室出来的氧气和碱液再进入氧分离器。这样各自形成一个循环系统,碱液互不混合。采用双循环流程电解水制氢的优点是获得的氢气、氧气纯度可达 99.5% 以上,能满足直接使用的要求。缺点是流程复杂,设备仪器仪表多,控制检测点多,造价高。此外,当对氢气和氧气的纯度要求高于 99.9% 时,流程外需另设氢气和氧气的纯化后处理系统。

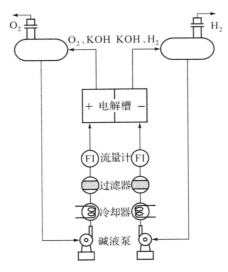

图 3.3　电解液双循环流程[9]

3.2.2　混合循环流程

如图 3.4 所示,混合循环流程是,由氢气分离器和氧气分离器分离出来的碱液在泵的入口处混合,由泵经过冷却器、过滤器、流量计后同时送到电解槽的阴极室和阳极室内。这种循环方式为世界上多数国家生产的水电解制氢流程所采用。

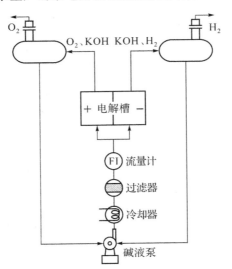

图 3.4　电解液混合循环流程[9]

3.2.3　单循环流程

如图 3.5 所示,在单循环流程中没有氢气分离器,碱液由泵经冷却器、过滤器、流量计后直接送到电解槽的阳极室(阴极室无碱液),由阳极室出来的碱液在氧气分离器中进行气液分离。

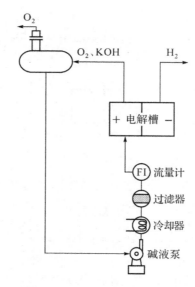

图 3.5　电解液单循环流程[9]

3.3　电解水制氢的电耗和影响因素

电解水制氢的单位氢气电耗是电解制氢设备市场竞争的关键技术指标。单位氢气电耗的计算方法如下[10]:

$$单位氢气电耗 = \frac{UI}{Q} \qquad (3.8)$$

式中:U 为电解槽电压,V;I 为电解槽电流,A;Q 为产氢量,m^3。

$$Q = 4.18 \times 10^{-4} nI \qquad (3.9)$$

式中:n 为电解槽小室数。

$$U = nU_i \qquad (3.10)$$

式中:U_i 为小室电压。

将式(3.9)、式(3.10)代入式(3.8)得:

$$单位氢气电耗 = 0.24 \times 10^4 U_i$$

因此,单位氢气电耗只与电解槽小室电压有关。

影响电解槽小室电压 U_i 的因素就是影响电解水制氢电耗的因素。电解槽的小室电压

$$U_i = E + IR + \eta_{an} + \eta_{ca}$$

其中:$E = \Delta G/2F$,为水的理论分解电压;R 为电解槽的总电阻,即为电解液电阻、隔膜电阻、电极电阻和接触点电阻的总和,$\Omega \cdot cm^2$;η_{an}、η_{ca} 分别为阳极、阴极过电位。

过电位又称极化量,是电极的电位差值,为一个电极反应偏离平衡时的电极电位与这个电极反应的平衡电位的差值,它是电极性能的主要体现。因此,降低电解槽的总电阻和降低阳极和阴极的过电位都是降低电耗的方法。

在电解槽设计中,降低总电阻的方法是开发薄的亲水性的耐高温隔膜以降低电阻、合理设计电解槽结构、降低电解液电阻和接触电阻。过电位占小室电压的比例是较大的。因此,为了降低小室电压,需要开发过电位低、高活性、寿命长的新型催化电极。

实际电解水的过电压为 $1.65\sim2.2\mathrm{V}$,电解水的能耗为 $4.2\sim4.7\mathrm{kW\cdot h\cdot m^{-3}}$(标氢),电解效率为 $60\%\sim80\%$。其中,电解效率就是电能的效率,是电解过程中电能的利用率,即理论电耗与实际电耗之比。

3.4　电解水制氢工艺的主要设备

在电解水制氢过程中,除了直流电源和控制仪表外,主要工艺设备有电解槽、氢气分离器、氧气分离器、碱液冷却器、碱液过滤器、气体冷却器等。其中,分离器和气体冷却器有立式和卧式两种。碱液冷却器有置于分离器内的,也有单独设置的。置于分离器内的多为蛇管冷却器。单独设置的冷却器有列管式、蛇管式和螺旋板式等。碱液过滤器多为立式的,内置滤筒。各生产厂家生产的这些设备大同小异,没有明显的区别。差异最大的就是电解槽。

电解槽是电解过程的关键设备,其由电解池内的电解质、隔膜及沉浸在电解液中成对的电极组成。电解槽先后经历了几次更新换代:第一代是水平式和立式石墨阳极石棉隔膜槽;第二代是金属阳极石棉隔膜电解槽;第三代是离子交换膜电解槽。电解槽的发展过程是电极和隔膜材料改善,以及电槽结构改进的过程。在目前的电解水制氢工艺中主要采用碱性电解槽、聚合物薄膜电解槽和固体氧化物电解槽三类。

3.4.1　碱性电解槽

碱性电解槽是最古老、技术最成熟也最经济、易于操作的电解槽,是目前被广泛使用的电解槽,尤其是被应用于大规模制氢工业。碱性电解槽的缺点是,其电解效率在碱性电解槽、聚合物薄膜电解槽和固体氧化物电解槽这三种电解槽中最低。

碱性电解槽由直流电源、电解槽箱体、阴极、阳极、电解液和隔膜组成,如图 3.1 所示。通常电解液是氢氧化钾溶液(KOH),浓度为 $20\%\sim30\%$(质量分数);隔膜由石棉组成,主要起分离气体的作用;两个电极由金属合金组成,比如 Raney Ni[11]、Ni-Mo[12] 和 Ni-Cr-Fe[13],主要起电催化分解水、分别产生氢气和氧气的作用。电解槽的工作温度为 $70\sim100℃$,压力为 $100\sim3000\mathrm{kPa}$。在阴极,两个水分子被分解为两个氢离子和两个氢氧根离子,氢离子得到电子而生成氢原子,并进一步生成氢分子(H_2),而两个氢氧根离子则在阴、阳极之间的电场力的作用下穿过多孔的横隔膜到达阳极,在阳极失去两个电子而生成一个水分子和 1/2 个氧分子。阴、阳极的反应式分别见式(3.1)和式(3.2)。

目前广泛使用的碱性电解槽结构主要有两种:单极式电解槽和双极式电解槽[14]。这两种电解槽的结构如图 3.6 所示。

在单极式电解槽中电极是并联的,电解槽在大电流、低电压下操作;而在双极式电解槽

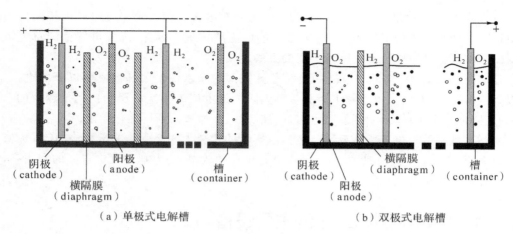

（a）单极式电解槽　　　　　　　（b）双极式电解槽

图 3.6　碱性电解槽结构[14]

中电极则是串联的,电解槽在高电压、低电流下操作。双极式电解槽的结构紧凑,减小了因电解液的电阻而引起的损失,从而提高了电解槽的效率。但另一方面,双极式电解槽也因其紧凑的结构而增大了设计的复杂性,从而导致制造成本高于单极式电解槽。鉴于目前更强调的是电解效率,现在工业用电解槽多为双极式电解槽。

为了进一步提高电解槽的电解效率,需要尽可能地减小提供给电解槽的电压,增大通过电解槽的电流[15]。减小电压可以通过发展新的电极材料[11,12]、新的横隔膜材料[16]以及新的电解槽结构——零间距结构(zero-gap)[17]来实现。

由于聚合物良好的化学、机械稳定性,以及气体不易穿透等特性,逐步取代石棉材料而成为新的横隔膜材料。零间距结构则是一种新的电解槽构造。由于电极与横隔膜之间的距离为零,有效降低了内部阻抗,减少了损失,从而增大了效率。零间距结构电解槽如图 3.7 所示,多孔的电极直接贴在横隔膜的两侧。在阴极,水分子被分解成 H^+ 和氢氧根离子(OH^-),OH^- 直接通过横隔膜到达阳极,生成氧气。因为没有了传统碱性电解槽中电解液的阻抗,所以有效增大了电解槽的效率。此外,提高电解槽的效率还可以通过提高操作参数,如提高反应温度来实现,温度越高,电解液阻抗越小,效率越高。

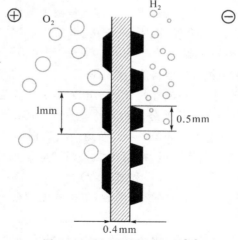

图 3.7　零间距结构电解槽[14]

电极材料作为电化学反应的场所,其结构的设计、催化剂的选择及制备工艺的优化一直是电解水制氢技术的关键,它对降低电极成本、提高催化剂的利用率、减少电解能耗起着极其重要的作用,同时又影响其使用性,即能否大规模工业化。

评价碱性水电解电极材料的优良与否,电极材料的使用寿命和水电解能耗是关键因素。当电流密度不大时,主要影响因素是过电位;当电流密度增大后,过电位和电阻电压降成为影响能耗的主要因素。

1. 阴极析氢过电位

在平衡电位下,因氢电极的氧化反应速度与还原反应速度相等,因此不会有氢气析出。只有当电极上有阴极电流通过从而使还原反应速度远大于氧化反应速度时,才会有氢气析出。在某一电流密度下,氢实际析出的电位与氢的平衡电位的差值就叫作在该电流密度下的析氢过电位[18]。

在实际电极反应中,电极反应偏离平衡,出现电极极化导致的阴极电位比理论值低的过电位现象,而此时阴极析出氢气,即为阴极析氢过电位。

在电解水制氢所消耗的电能中,析氢(HER)和析氧(OER)过电位大约占槽电压的1/3。降低大规模工业化电解制氢能耗最有效的方法是降低阴极析氢反应的过电位。早期电解水制氢的阴极材料以 Pt、Pd 及其合金为主,这类金属合金虽然有很低的析氢过电位,但价格比较昂贵,无法大规模推广[19],因此,研究廉价的、具有低析氢过电位的非贵金属合金非常重要。国内外学者研究和报道了各种非贵金属合金,大体可分为以下几类[20]。

(1)Raney 镍型

这类合金主要由镍和锌或铝元素构成。

(2)镍基过渡元素合金

这类合金种类繁多,常见的二元合金有镍-钼、镍-钨、镍-钴、镍-钛、镍-钒,三元合金有镍-镧-铝、镍-钼-钒、镍-钼-镉,四元合金有镍-铁-磷-硼、镍-铬-钴-硼。这类合金在碱性介质中化学稳定性好,析氢反应活性高,因此研究最为广泛。

(3)其他过渡元素合金

这类合金如钴-钼、铁-钼、镍-硫、铁-钴-硅-硼等。它们在碱性电解水制氢方面均显示出极高的电催化活性。

提高阴极析氢活性的方法有:

(1)析氢阴极的表面修饰[21]

具体可分为电镀、复合镀和化学镀法;热分解法;物理法。各方法可以综合使用,这样往往能弥补单一方法所存在的缺点,带来更好的效果。

(2)在阴极电解液中添加具有催化作用的物质[22]

此技术能降低水电解能耗,是国内外近年来开辟的降低析氢过电位的技术途径。

2. 阳极析氧过电位

在平衡电位下是不能发生氧的析出反应的,氧总是要在比其平衡点更为正一些的电位下才能析出。也就是说,只有在阳极极化的条件下氧才能析出。与定义析氢过电位一样,可以把在某个电流密度下氧析出的实际电位与平衡电位的差值,称为析氧过电位[18]。

在实际电极反应中,电极反应偏离平衡,出现电极极化导致的阳极电位比理论值高的过电位现象,而此时阳极析出氧气,即为阳极析氧过电位。降低阳极的析氧过电位也是降低电解制氢能耗的重要手段之一。通常,为了降低阳极析氧过电位,可以从三个方面努力:提高电解温度;增加电化学活性表面积;采用新型阳极电催化剂。但是,高温常造成电极的腐蚀,活性表面积的增加也很有限,优选的途径是选择高活性的催化剂,三个方面综合考虑可望得到更好的效果。

在选择用于水电解过程的阳极时,首先要考虑电极材料的电化学性质,即在指定条件下的电极反应速度、析氧反应的电流效率以及电极材料本身的耐碱性等[23]。目前阳极材料基本分为以下几种[24]。

(1)金属与合金材料

除贵金属以外,以钴、锆、铌、镍等金属具有较高的析氧催化活性,其中以镍的应用最广。镍在碱性介质中具有很好的耐腐蚀性,价格也相对便宜,同时在金属元素中镍的析氧过电位不太高,并有相当高的析氧效率,所以镍被广泛用于碱性水电解阳极材料。常用的阳极材料有 Ni-Fe、Ni-Co 及 Ni-Ir 合金等[25,26]。

(2)贵金属氧化物

在贵金属氧化物中,RuO_2、IrO_2 和 RhO_2 等都具有较好的析氧催化活性。ABO_2 型金属氧化物电极,如 $PtCoO_2$,有着较好的析氧催化活性,但由于这些氧化物在碱性介质中耐腐蚀性较差,因此更适用于酸性介质,且价格昂贵[27]。

(3)Co_3O_4 氧化物

具有尖晶石结构的 Co_3O_4 具有很好的电催化活性。Co_3O_4 属于反尖晶石结构,是氧化亚钴和三氧化二钴的混合物[28-30]。

(4)AB_2O_4 尖晶石型氧化物

这里 A、B 代表两种金属。例如 $NiCo_2O_4$,由于其析氧催化活性高、在碱性介质中耐腐蚀以及成本相对廉价等优点,目前被认为是最具前景的碱性水电解阳极材料。

(5)ABO_3 钙钛矿型氧化物

在 ABO_3 钙钛矿型氧化物中,关于 $LaNiO_3$ 的研究最为广泛。$LaNiO_3$ 是一种非化学计量的化合物,三价、二价镍离子和氧空穴共存,高密度的氧空穴使 $LaNiO_3$ 具有导电性。采用冻干真空热分解法和有机酸辅助法可以在相对低的温度下制备出有较高比表面积的、均相的钙钛矿型氧化物,可大大提高阳极材料的催化活性[31]。

(6)复合镀层电极

金属、氧化物粉末复合镀层电极主要用来制备性能优异的电极材料。

3.4.2 聚合物薄膜电解槽

碱性电解槽结构简单,操作方便,价格较便宜,比较适合用于大规模的制氢,但缺点是效率只有 70%~80%。为了进一步提高电解槽的效率,开发出了聚合物薄膜(proton exchange membrane,PEM)电解槽(简称 SPE)和固体氧化物电解槽(solid oxide electrolyzer,SOEC)。

聚合物具有良好的化学和机械稳定性,并且电极与隔膜之间的距离为零,提高了电解效率。聚合物薄膜电解槽是基于离子交换技术的高效电解槽。聚合物薄膜电解槽的工作原理如图 3.8 所示。

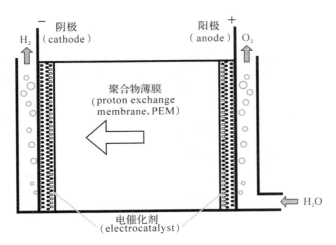

图 3.8　聚合物薄膜电解槽[14]

PEM 电解槽主要是由两个电极和聚合物薄膜组成,聚合物薄膜通常与电极催化剂成一体化结构。在这种结构中,以多孔的铂材料作为催化剂电极是紧贴在质子交换膜表面的。薄膜由 Nafion 组成,包含有 SO_3H。水分子在阳极被分解为氧气和 H^+,而 SO_3H 很容易分解成 SO_3^- 和 H^+。H^+ 和水分子结合成 H_3O^+,在电场作用下穿过薄膜到达阴极,在阴极生成氢气。具体电极反应式为[32]:

$$阳极:H_2O \longrightarrow 2H^+ + \frac{1}{2}O_2 + 2e^- \tag{3.11}$$

$$阴极:2H^+ + 2e^- \longrightarrow H_2 \tag{3.12}$$

PEM 电解槽不需电解液,只需纯水,比碱性电解槽安全、可靠。使用质子交换膜作为电解质,具有良好的化学稳定性、高的质子传导性、良好的气体分离性等优点。由于较高的质子传导性,PEM 电解槽可以在较高的电流下工作,从而增大了电解效率。并且,由于质子交换膜较薄,减少了电阻损失,也提高了系统的效率。目前,PEM 电解槽的效率可以达到 74%～79%,但由于在电极处使用铂等贵重金属,且 Nafion 也是很昂贵的材料,故 PEM 电解槽目前还难以大规模投入使用[33,34]。为了进一步降低成本,目前的研究主要集中在如何降低电极中贵重金属的使用量以及寻找其他的质子交换膜材料。有机材料,比如 poly(bis(3-methyl-phenoxy)phosphazene)已经被证明具有和 Nafion 很接近的特性,但成本却比 Nafion 要低,具有潜在的应用前景。

3.4.3　固体氧化物电解槽

固体氧化物电解槽(SOEC)从 1972 年开始发展起来,目前还处于早期发展阶段。由于该电解槽在高温下工作,部分电能由热能代替,效率很高,并且制作成本也不高,其基本原理如图 3.9 所示。高温水蒸气进入管状电解槽后,在内部的阴极处被分解为 H^+ 和 O^{2-},H^+ 得到电子生成 H_2,而 O^{2-} 则通过电解质 ZrO_2 到达外部的阳极,生成 O_2。具体电极反应式为[35]:

$$阳极:O^{2-} \longrightarrow 2e^- + \frac{1}{2}O_2 \tag{3.13}$$

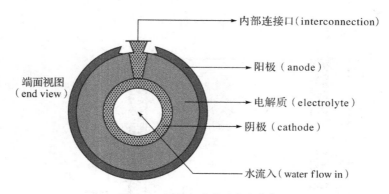

图 3.9　固体氧化物电解槽[14]

阴极：$H_2O + 2e^- \longrightarrow H_2 + O^{2-}$ 　　　　　　　　　　　　　　　　　(3.14)

固体氧化物电解槽目前是三种电解槽中效率最高的，由于反应的废热可以通过汽轮机、制冷系统等被利用起来，使得总效率达到 90%。其缺点是由于工作在高温（1000℃）下，存在对材料的要求高和使用上的问题。适合用作固体氧化物电解槽的材料主要是氧化钇稳定的氧化锆（yttria-stabilized zirconia, YSZ）。这种材料并不昂贵，但由于制造工艺比较复杂，使得固体氧化物电解槽的成本高于碱性电解槽的成本。其他的可降低成本的制造技术，如电化学气相沉淀法（electrochemical vapor deposition, EVD）和喷射气相沉淀法（jet vapor deposition, JVD）正处于研究之中，有望成为以后固体氧化物电解槽的主要制造技术。此外，研究中温（300~500℃）下固体氧化物电解槽以降低温度对材料的限制也是发展趋势。

3.5　电解水制氢系统的效率

电解水制氢系统主要由一次能源系统和电解池系统组成[36]，如图 3.10 所示。碱性电解池与 SPE 电解池的工作温度较低，约 80℃，电解过程所需能量主要为电能，其制氢系统工作原理为：一次能源系统输出电能（ΔG）至电解池系统，在电能的作用下，将水电解而生成氢气和氧气。而 SOEC 电解池工作温度较高（800~950℃），其电解过程与碱性和 SPE 电解池不同，所需能量除电能之外，还需要高温热能。SOEC 电解制氢系统工作原理为：一次能源系统输出电能（ΔG）和高温热能（Q）至 SOEC 电解池系统，在电能和高温热能的共同作用下，将水蒸气电解而生成氢气和氧气。

电解水制氢所需的总能量（ΔH）来源由电能（ΔG）和热能（Q）构成：

$$\Delta H(T) = \Delta G(T) + Q(T)$$ 　　　　　　　　　　　　　　　　(3.15)

图 3.11 给出了不同温度下电解液态水和水蒸气所需的能量[37,38]。由于电解制氢过程本质上是将一次能源（电能、热能）转化为二次能源（氢气）的过程，因此电解水制氢系统的效率定义为：在电解制氢过程中，制备所得二次能源（氢气）的能量含量与制氢过程所消耗的一次能源（电能、热能）的能量含量之比。于是，电解制氢系统总制氢效率模型建立如下。

在电解水制氢过程中，所需的总能量 Q_t（一次能源系统提供）为：

$$Q_t = Q_{th} + Q_{el}$$ 　　　　　　　　　　　　　　　　(3.16)

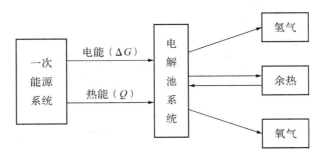

图 3.10　电解水制氢系统组成示意图[36]

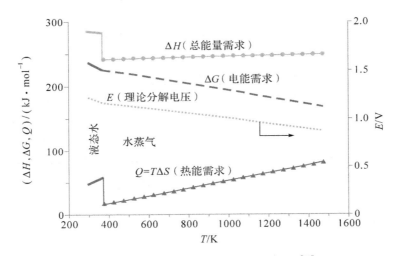

图 3.11　电解液态水与水蒸气所需能量[38]

式中:Q_{th} 为电解池所需的热能;Q_{el} 为产生电解池所需电能所消耗的热能。由此可得,电解水制氢系统的总制氢效率为:

$$\eta_t = \frac{\Delta H_H}{Q_{th} + Q_{el}} \qquad (3.17)$$

式中:ΔH_H 为氢的焓值。

　　由于碱性电解池与 SPE 电解池在电解过程中所消耗的能量均由电能提供,则其总制氢效率为:

$$\eta_t = \frac{\Delta H_H}{\Delta G(T)/(\eta_{el}\eta_{es})} \qquad (3.18)$$

式中:η_{el} 为一次能源系统的发电效率;

$$\eta_{es} = \frac{E(T)}{V_{op}(i,T)} \qquad (3.19)$$

为电解池系统的电解效率;$E(T)$ 为在温度 T 时水的理论分解电压;$V_{op}(i,T)$ 为在电流 i 和温度 T 时的实际电解电压。

　　SOEC 电解池在电解过程中所消耗的能量由电能和高温热能两部分组成,其总制氢效率为:

$$\eta_t = \frac{\Delta H_H}{\dfrac{\Delta G(T)}{\eta_{el}\eta_{es}} + \dfrac{Q_{th}(T)}{\eta_{th}} - \dfrac{\Delta G(T)}{\eta_{el}\eta_{th}}(1-\eta_{es})} \tag{3.20}$$

式中:η_{th} 为 SOEC 电解制氢系统热效率,它包括一次能源系统与电解池系统之间的热损失、电解池系统本身的热损失,以及电解池系统热循环利用效率等[38]。表 3.1 比较了三种不同类型电解水制氢系统的总制氢效率。

表 3.1　三种不同类型电解水制氢系统总制氢效率比较[7]

制氢系统类型	$T/℃$	$\eta_{es}/\%$	$\eta_t/\%$
碱性	≈80	51~62	≈25
SPE	≈80	74~79	≈35
SOEC	≈850	90~100	≈35

总结以上三种电解槽,以碱性电解槽技术最为成熟,成本也比较低,但效率只有 51%~62%;聚合物薄膜电解槽的效率提高到 74%~79%,但由于采用了较贵重的材料,成本比较高,目前只在小规模使用;固体氧化物电解槽目前还处于早期的发展阶段,从目前的实验来看,这种电解槽的效率可达 90% 以上,但由于反应需在 800~950℃ 高温下进行,对材料等有一定特殊的要求。电解水制氢技术的发展方向是进一步提高聚合物薄膜电解槽和固体氧化物电解槽的效率,大幅度降低成本,使这两种电解槽能够得到大规模的使用。

3.6　电解水制氢的发展

电解水制氢不仅自动化程度高,而且效率高,制得的氢气纯度高。制氢的成本很大程度上是所消耗的电力的费用,故而与发电方式有直接关系。采用低成本的电能,即发展核能和各种可再生自然能,例如太阳能、风能、潮汐能、地热能等是一个趋势。除了采用低成本的电力,利用海水电解制氢以及等离子体电解水制氢也是目前电解水制氢研究和发展的两个方向。

3.6.1　电解海水制氢

海水是世界上最为丰富的资源,也是通过电解水制氢的理想资源。海水中含有氯化钠,使得在电解过程中氯气会在阳极析出,而抑制了氧气的产生。由于氯气的毒性大,所以研究析氧性能好且能抑制氯气析出的电极材料非常必要。在所有适合做电极的金属材料中,只有锰的氧化物可以在反应中在阳极主要生成氧气而只有少量的氯气析出,并且掺杂的电极更有利于提高氧气的生成率。2000 年,Ghany 等人用 $Mn_{1-x}Mo_xO_{2+x}/IrO_2/Ti$ 作为电极,使氧气的生成率达到了 100%,完全避免了氯气的产生,使得电解海水制氢变得可行[39]。

3.6.2　接触辉光等离子体电解水制氢[6]

接触辉光等离子体是指电极及其周围电解质之间通过辉光放电产生的与周围介质直接接触的等离子体,它是一种常压低温等离子体。低温等离子体的一个重要特点是非平衡性,即其电子温度远高于体系温度,可高达数万至数十万摄氏度。低温等离子体的这种非平衡性对离子体的化学工艺过程非常重要。一方面,它使电子有足够高的能量激发,从而离解和电离反应物分子;另一方面,它使反应体系得以保持低温乃至接近室温。采用这种制氢技术,不仅能减少设备投资、节省能源,而且所进行的反应具有非平衡态的特性。

1. 接触辉光等离子体电解水制氢的化学反应机理

辉光放电电解时,电流产生的焦耳热使电极周围的溶液汽化,形成气体鞘屑层。在电压足够高的条件下,气体鞘屑层产生辉光等离子体。等离子体层中有水蒸气、电子、离子、活性粒子和原子。其中,高能分子对辉光等离子体电解过程中的非法拉第特性具有决定作用。电极周围等离子体反应区内的 H_2O 蒸气分子分解成 H_2 和 O_2,该过程遵循下述机理:

$$H_2O \longrightarrow H\cdot + OH\cdot \tag{3.21}$$

$$H\cdot + H\cdot \longrightarrow H_2 \tag{3.22}$$

$$OH\cdot + OH\cdot \longrightarrow H_2O + \frac{1}{2}O_2 \tag{3.23}$$

$$H\cdot + OH\cdot \longrightarrow H_2O \tag{3.24}$$

与此同时,等离子体中生成的每个带正电的气相离子在等离子体-电解液界面附近被强电场加速,进入电解液后把水分子分解成 $H\cdot$ 和 $OH\cdot$ 等活性粒子。$H_2O_{gas}^+$ 能量可高达 100eV,一个高能 $H_2O_{gas}^+$ 分子能激发几个 H_2O 而把它们分解成 H_2 和 H_2O_2。总反应式可表示为:

$$H_2O_{gas}^+ + nH_2O \longrightarrow H_3O^+ + (n-1)H\cdot + nOH\cdot \tag{3.25}$$

后续反应过程为:

$$H\cdot + H\cdot \longrightarrow H_2 \tag{3.26}$$

$$OH\cdot + OH\cdot \longrightarrow H_2O_2 \tag{3.27}$$

$$OH\cdot + H_2O_2 \longrightarrow HO_2\cdot + H_2O \tag{3.28}$$

$$HO_2\cdot + OH\cdot \longrightarrow H_2O + O_2 \tag{3.29}$$

$$H\cdot + OH\cdot \longrightarrow H_2O \tag{3.28}$$

以水为电解质时,电极周围的部分 H_2O 在辉光等离子体作用下分解,生成 H_2 和 O_2。同时,等离子体中的高能 $H_2O_{gas}^+$ 又与部分 H_2O 碰撞产生一系列反应后生成 H_2 和 O_2,因此,接触辉光等离子体电解的氢气产量比水溶液电解高很多。

2. 接触辉光等离子体电解水制氢的特点

接触辉光等离子体电解水制氢,就是以水或其他富氢物质的溶液作为电解介质,施加足够高的电压,击穿两电极之间由于焦耳热引起的溶液蒸发而形成的气体鞘屑层,产生辉光等离子体。辉光等离子体分解溶剂和溶质分子产生各种活性种,其中的 $H\cdot$ 与 $H\cdot$ 结合生成氢气。电极周围溶剂蒸发形成气体鞘屑层是接触辉光等离子体电解的前提条件,两极间电压高于气体鞘屑层的击穿电压是产生接触辉光等离子体的必要条件。气体鞘屑层和电解介质的界面处于一种不稳定状态,是接触辉光等离子体产生的场所。产生辉光放电的临界电压受电解介质种类、电极形状和溶液温度等因素的影响。在阳极附近产生的辉光等离子体称为阳极接触辉光等离子体,反之称为阴极接触辉光等离子体。一般情况下,辉光等离子体在电流密度大的电极附近产生。

常规电解水制氢能耗高、消耗电量大，电能利用率只有 $75\%\sim85\%$，一般每立方米氢气电耗为 $4.5\sim5.5\mathrm{kW\cdot h}$，因此其水应用受到一定的限制。接触辉光等离子体电解水制氢具有常规电解水制氢的优点。由于接触辉光等离子体电解具有非法拉第特性，因此可以大大提高电能的利用效率，降低电能的消耗，如按接触辉光等离子体电解产量为法拉第规定产量的两倍来计算，电能消耗可以降到常规电解的1/3。目前，接触辉光等离子体电解制氢技术尚处于起步阶段，相关的研究报道很少。

参考文献

[1] 陈进富.制氢技术[J].新能源,1999(2):10-14.

[2] Hart D. Hydrogen power—the commercial future of the ultimate fuel[M]. LUK: Financial Times Energy Publishing,1997.

[3] Wendt H. Electrochemical hydrogen technologies: electrochemical production and combustion of hydrogen[R]. Elsevier Science Ltd,1990.

[4] 邹仁鋆,王小曼.氢技术——研究、开发及工业应用展望[J].化工进展,1992,3(2):20-25.

[5] 陈霖新.氢气生产与纯化[M].哈尔滨:黑龙江科学技术出版社,1983.

[6] 丁福臣,易玉峰.制氢储氢技术[M].北京:化学工业出版社,2006.

[7] 刘明义,于波,徐景明.固体氧化物电解水制氢系统效率[J].清华大学学报(自然科学版),2009,49(6):868-871.

[8] 王璐,牟佳琪,侯建平,等.电解水制氢的电极选择问题研究进展[J].化工进展,2009,28(增刊):512-515.

[9] 朱同清,朱宇.水电解制氢的现状和发展趋势[J].中国气体,2006(氢能专刊):86-90.

[10] 宋刚祥.水电解电极的研究[D].天津:天津大学,2008.

[11] Schiller G, Henne R, Mohr P, et al. High performance electrodes for an advanced intermittently operated 10-kW alkaline water electrolyzer[J]. Int J Hydrogen Energ, 1998, 23(9):761-765.

[12] Hu W, Cao X, Wang F, et al. A novel cathode for alkaline water electrolysis[J]. Int J Hydrogen Energ,1997, 22(6):621-623.

[13] Nagai N, Takeuchi M, Kimura T, et al. Existence of optimum space between electrodes on hydrogen production by water electrolysis[J]. Int J Hydrogen Energ,2003,28(1):35-41.

[14] 倪萌,Leung M K H,Sumathy K.电解水制氢技术进展[J].能源环境保护,2005,18(5):5-9.

[15] Schleisner L. Hydrogen as an energy carrier[R]. Risö National Laboratory,1993.

[16] Kerres J, Eigenberger G, Reichle S, et al. Advanced alkaline electrolysis with porous polymeric diaphragms[J]. Desalination, 1996, 104(1):47-57.

[17] Stojić D L, Marčeta M P, Sovilj S P, et al. Hydrogen generation from water electrolysis—possibilities of energy saving[J]. J Power Sources, 2003, 118:315-319.

[18] 李荻.电化学原理[M].3版.北京:北京航空航天大学出版社,2008.

[19] 庞志成,罗震宁.碱性电解水制氢镍合金阴极材料的研究进展[J].能源技术,2004,25(1):19-21.

[20] 钱文鲲.电化学铝-水制氢体系析氢阴极的制备[D].天津:天津大学,2005.

[21] 胡伟康,张允什.碱性电解水制氢的活性阴极材料[J].高技术通讯,1995,5(8):55-60.

[22] 王迪.水电解过程中的节能与降耗[J].中国钼业,1998,22(3):46-48.

[23] 刘业翔.功能电极材料及其应用[M].长沙:中南工业大学出版社,1996.

[24] 杨绮琴,方北龙,童叶翔.应用电化学[M].广州:中山大学出版社,2005.

［25］ Balej J，Divisek J，Schmitz H，et al. Preparation and properties of Raney nickel electrodes on Ni-Zn base for H₂ and O₂ evolution from alkaline solutions，Part Ⅱ：leaching（activation）of the Ni-Zn electrodeposits in concentrated KOH solutions and H₂ and O₂ overvoltage on activated Ni-Zn Raney electrodes［J］. J Appl Electrochem，1992，22（8）：711-716.

［26］ Hartnig C，Koper M. Molecular dynamics simulation of the first electron transfer step in the oxygen reduction reaction［J］. J Electroanal Chem，2002，532（1）：165-170.

［27］ 王鹏，姚立广，王明贤，等. 碱性水电解阳极材料研究进展［J］. 化学进展，1999，11（3）：254-264.

［28］ Singh N K，Singh J P，Singh R N. Sol-gel-derived spinel Co₃O₄ films and oxygen evolution，Part Ⅱ：optimization of preparation conditions and influence of the nature of the metal salt precursor［J］. Int J Hydrogen Energ，2002，27（9）：895-903.

［29］ Rios E，Gautier J，Poillerat G，et al. Mixed valency spinel oxides of transition metals and electrocatalysis：case of the MnₓCo₃₋ₓO₄ system［J］. Electrochim Acta，1998，44（8）：1491-1497.

［30］ Bocca C，Barbucci A，Delucchi M，et al. Nickel-Cobalt oxide-coated electrodes：influence of the preparation technique on oxygen evolution reaction（OER）in an alkaline solution［J］. Int J Hydrogen Energ，1999，24（1）：21-26.

［31］ Bockris J O，Otagawa T. The electrocatalysis of oxygen evolution on perovskites［J］. J Electrochem Soc，1984，131（2）：290-302.

［32］ 郭淑萍，白松. SPE 水电解制氢技术的发展［J］. 舰船防化，2009，2：43-47.

［33］ Yerramalla S，Davari A，Feliachi A，et al. Modeling and simulation of the dynamic behavior of a polymer electrolyte membrane fuel cell［J］. J Power Sources，2003，124（1）：104-113.

［34］ Tanaka Y，Uchinashi S，Saihara Y，et al. Dissolution of hydrogen and the ratio of the dissolved hydrogen content to the produced hydrogen in electrolyzed water using SPE water electrolyzer［J］. Electrochim Acta，2003，48（27）：4013-4019.

［35］ 张文强，于波，陈靖，等. 高温固体氧化物电解水制氢技术［J］. 化学进展，2008，20（5）：778-787.

［36］ 张祥春. 水电解制氢技术的现状和研究方向［J］. 气体分离，2006（6）：39-44.

［37］ Jensen S H，Larsen P H，Mogensen M. Hydrogen and synthetic fuel production from renewable energy sources［J］. Int J Hydrogen Energ，2007，32（15）：3253-3257.

［38］ Mingyi L，Bo Y，Jingming X，et al. Thermodynamic analysis of the efficiency of high-temperature steam electrolysis system for hydrogen production［J］. J Power Sources，2008，177（2）：493-499.

［39］ Fujimura K，Matsui T，Habazaki H. et al. The durability of manganese-molybdenum oxide anodes for oxygen evolution in seawater electrolysis［J］. Electrochimica Acta，2000，45：2297-2303.

第4章 甲烷水蒸气重整制氢

甲烷是结构最简单的碳氢化合物，自然界甲烷作为天然气、页岩气、瓦斯、沼气、可燃冰的主要成分而存在，它是优质的气体燃料，也是制造合成气和许多化工产品的重要原料。工业用甲烷主要来自天然气、烃类裂解气、炼焦时副产的焦炉煤气及炼油时副产的炼厂气。此外，煤气化产生的煤气也提供一定量的甲烷。表4.1列出了部分气体的甲烷含量。

表4.1　各种气体的甲烷含量[1]　　　　　　　　　单位：%

气体类别	天然气	焦炉煤气	烃类裂解气
甲烷体积含量	30～99	23～28	4～34.3
气体类别	炼厂气	煤气	沼气
甲烷体积含量	4.4	1～12	50～55

目前一般说的甲烷制氢指利用天然气中的甲烷制氢。天然气指天然蕴藏在地下的烃和非烃气体的混合物，一般指存在于岩石圈、水圈、地幔以及地核中的以烃类（甲烷、乙烷）为主的混合气体。据 BP 世界能源 2013 年的统计报告[2]，世界天然气探明存量为 208.4 万亿立方米，天然气总产量预计每年增长 2%，到 2030 年将达到 $4.7 \times 10^8 \mathrm{m^3/a}$，因此利用天然气（甲烷）制氢具有远大的前景。

甲烷制氢方法[3]主要有甲烷水蒸气重整（steam methane reforming，SMR）、甲烷部分氧化（partial oxidation of methane，POM）、甲烷自热重整（auto thermal reforming of methane，ATRM）、甲烷二氧化碳重整（carbondioxide reforming of methane，CRM）等。[4]甲烷水蒸气重整制氢自 1926 年第一次应用至今，经过 90 多年的工艺改进，已成为目前工业上最成熟的制氢技术，被广泛用于氢气的工业生产，因此本书对其做重点介绍。

4.1 甲烷水蒸气重整反应的热力学分析

甲烷在水蒸气重整转化反应的过程中主要发生的反应有：

$$CH_4 + H_2O \Longrightarrow 3H_2 + CO \qquad \Delta H_{298K}^{\ominus} = 206.29 \mathrm{kJ \cdot mol^{-1}} \tag{4.1}$$

$$CO + H_2O \Longrightarrow CO_2 + H_2 \qquad \Delta H_{298K}^{\ominus} = -41.19 \mathrm{kJ \cdot mol^{-1}} \tag{4.2}$$

反应式(4.1)和反应式(4.2)均为可逆反应,前者是强吸热反应,后者是放热反应。因此,由于两步反应的温度不同,需要在不同的反应器中分开进行。在一定的条件下,在重整转化反应过程中,在催化剂表面可能进行产生积炭的反应式为:

$$2CO \longrightarrow CO_2 + C \quad \Delta H_{298K}^{\ominus} = -172.5 kJ \cdot mol^{-1} \tag{4.3}$$

$$CH_4 \longrightarrow 2H_2 + C \quad \Delta H_{298K}^{\ominus} = 74.9 kJ \cdot mol^{-1} \tag{4.4}$$

$$CO + H_2 \longrightarrow H_2O + C \quad \Delta H_{298K}^{\ominus} = -131.47 kJ \cdot mol^{-1} \tag{4.5}$$

产生积炭的副反应,是催化剂失活的重要原因。

4.1.1　反应平衡常数

根据甲烷水蒸气重整转化的两个可逆反应式(4.1)和反应式(4.2),其平衡常数分别为 K_{p_1} 和 K_{p_2},平衡常数的表达式如下:

$$K_{p_1} = \frac{p_{CO} p_{H_2}^3}{p_{CH_4} p_{H_2O}} \tag{4.6}$$

$$K_{p_2} = \frac{p_{CO_2} p_{H_2}}{p_{CO} p_{H_2O}} \tag{4.7}$$

式中:p_i 表示系统处于反应平衡时 i 组分的分压,MPa。甲烷水蒸气重整转化是在加压和高温下进行的,但是压力不太高,故可以忽略压力对平衡常数的影响。K_{p_1} 和 K_{p_2} 与温度的关系可用以下经验公式分别计算[5]:

$$\lg K_{p_1} = \frac{-9864.75}{T} + 8.366 \lg T - 2.0814 \times 10^{-3} T + 1.8737 \times 10^{-7} T^2 - 11.894 \tag{4.8}$$

$$\lg K_{p_2} = \frac{2183}{T} - 0.0936 \lg T + 0.632 \times 10^{-3} T - 1.08 \times 10^{-7} T^2 - 2.298 \tag{4.9}$$

式中:T 为温度,K。

表 4.2 列出了计算得到不同温度下的反应式(4.1)和反应式(4.2)的平衡常数和热效应。

表 4.2　不同温度下反应式(4.1)和反应式(4.2)的平衡常数和热效应[5]

温度/K	反应式(4.1)		反应式(4.2)	
	$\Delta H/(kJ \cdot mol^{-1})$	K_{p_1}	$\Delta H/(kJ \cdot mol^{-1})$	K_{p_2}
300	206.37	2.107×10^{-23}	-41.19	8.975×10^4
400	210.82	2.447×10^{-16}	-40.65	1.479×10^3
500	214.72	8.732×10^{-11}	-39.96	1.260×10^2
600	217.97	5.058×10^{-7}	-38.91	2.703×10
700	220.66	2.687×10^{-4}	-37.89	9.017
800	222.80	3.120×10^{-2}	-36.85	4.038
900	224.45	1.306	-35.81	2.204
1000	225.68	2.656×10	-34.80	1.374

续表

温度/K	反应式(4.1)		反应式(4.2)	
	$\Delta H/(kJ \cdot mol^{-1})$	K_{p_1}	$\Delta H/(kJ \cdot mol^{-1})$	K_{p_2}
1100	226.60	3.133×10^2	-33.80	0.944
1200	227.16	2.473×10^3	-32.84	0.697
1300	227.43	14.28×10^4	-31.90	0.544
1400	227.53	64.02×10^4	-31.00	0.441
1500	227.45	2.354×10^4	-30.14	0.370

由表 4.2 可见,在 900K 及以下的相同温度条件下,反应式(4.2)的反应速度比反应式(4.1)快;相反,当反应温度高于 900K 时,则反应式(4.1)的反应速度比反应式(4.2)快。对于吸热反应式(4.1),反应温度升高,反应平衡常数增大;对于放热反应式(4.2),反应温度升高,反应平衡常数降低。

4.1.2 反应平衡组成的计算

考虑甲烷水蒸气重整反应(4.1)进行的同时,可能发生 CO 变换反应(4.2)的串联反应,故计算反应平衡组成时,需同时考虑反应式(4.1)与反应式(4.2)的进行对平衡组分的影响。由于反应式(4.1)和反应式(4.2)是可逆反应,在某一反应温度条件下,反应各组分的含量会达到一个平衡值。因此,可以利用反应平衡常数进行热力学计算而得到一定条件下理论上各组分的平衡含量。

若进气中只含有甲烷和水蒸气,设水碳摩尔比为 m,系统压力为 p(单位:MPa),转化温度为 T(单位:℃),假定没有其他副产物产生,计算的基准为 1mol CH_4。在甲烷转化反应达到平衡时,设 x_1 为甲烷重整转化反应式(4.1)中甲烷的转化率,x_2 为变换反应式(4.2)中一氧化碳的转化率,则达到平衡时各组分及分压如表 4.3 所示。

表 4.3 各组分的平衡组成及分压[5]

组分	气体组成		平衡分压/MPa
	反应前	平衡时	
CH_4	1	$1-x_1$	$p_{CH_4} = \dfrac{1-x_1}{1+m+2x_1}p$
H_2O	m	$m-x_1-x_2$	$p_{H_2O} = \dfrac{m-x_1-x_2}{1+m+2x_1}p$
CO	—	x_1-x_2	$p_{CO} = \dfrac{x_1-x_2}{1+m+2x_1}p$
H_2	—	$3x_1+x_2$	$p_{H_2} = \dfrac{3x_1+x_2}{1+m+2x_1}p$
CO_2	—	x_2	$p_{CO_2} = \dfrac{x_2}{1+m+2x_1}p$
总计	$1+m$	$1+m+2x_1$	p

将表 4.3 中各组分的分压分别代入式(4.6)和式(4.7),得:

$$K_{p_1} = \frac{p_{CO} p_{H_2}^3}{p_{CH_4} p_{H_2O}} = \left[\frac{(x_1 - x_2)(3x_1 + x_2)^3}{(1 - x_1)(m - x_1 - x_2)} \right] \left(\frac{p}{1 + m + 2x_1} \right)^2 \qquad (4.10)$$

$$K_{p_2} = \frac{p_{CO_2} p_{H_2}}{p_{CO} p_{H_2O}} = \frac{x_2(3x_1 + x_2)}{(x_1 - x_2)(m - x_1 - x_2)} \qquad (4.11)$$

给定温度后,可根据式(4.8)和式(4.9)计算出 K_{p_1} 和 K_{p_2},两个方程有 x_1、x_2 两个未知数,利用式(4.10)和式(4.11)联立求解非线性方程组,即可求得平衡条件下平衡气体的组成。表 4.4 列出了操作压力为 3.0MPa、水碳摩尔比为 3.0 时,不同温度下的平衡气体的组成。

表 4.4　不同温度下的平衡气体的组成[5]

温度/℃	平衡常数		各组分浓度/%				
	K_{p_1}	K_{p_2}	CH_4	H_2O	H_2	CO_2	CO
400	5.737×10^{-5}	11.70	20.85	74.42	3.78	0.94	0.00
500	9.433×10^{-3}	4.878	19.15	70.27	8.45	2.07	0.05
600	0.5023	2.527	16.54	64.13	15.39	3.59	0.34
700	1.213×10	1.519	13.00	56.48	24.13	4.98	1.40
800	1.645×10^2	1.015	8.74	48.37	33.56	5.55	3.79
900	1.440×10^3	0.7329	4.55	41.38	41.84	5.14	7.09
1000	8.982×10^4	0.5612	1.69	37.09	47.00	4.36	9.85
1100	4.276×10^5	0.4497	0.49	35.61	48.85	3.71	11.33

由表 4.4 可见,随着温度的升高,K_{p_1} 数值增加明显,CH_4 浓度不断降低,说明 CH_4 转化率随温度增加而提高。H_2 浓度和 CO 浓度随反应温度的升高而增大。因此,CO_2 浓度随着反应温度升高,K_{p_2} 数值减小,由于 CO_2 浓度是反应式(4.1)和反应式(4.2)的综合结果,因此,CO_2 浓度表现为先增加后降低的趋势。

4.1.3　影响反应平衡组成的因素[5]

从反应式(4.1)的平衡常数表达式分析,影响甲烷水蒸气转化平衡组成的因素有温度、压力和原料气中水蒸气对甲烷的摩尔比(即水碳摩尔比),影响关系如图 4.1 所示。

1. 温度

甲烷水蒸气重整反应转化是吸热的可逆反应,从图 4.1(a)中可以明显看出温度对整个反应的影响——反应温度增加,甲烷平衡含量下降。因此,从降低残余甲烷含量考虑,操作中的转化温度应该高一些。但实际操作中由于受到反应管材质的限制,温度的选择一般在 650~1000℃。

2. 压力

甲烷水蒸气转化是体积增大的反应,提高反应压力不利于反应向生成氢气方向进行。由图 4.1(b)可见,增加反应压力,甲烷平衡含量也随之增大。在实际操作中,一般采用

2.0～2.5MPa 的压力,这主要是为了减小反应器体积,并且减少在氢气输送过程中的能耗。

3. 水碳摩尔比

水碳摩尔比简称水碳比(steam/carbon ratio,S/C),是指进口气体中水蒸气摩尔数与含烃原料中碳分子总摩尔数之比。当原料都为甲烷时,水碳比即为水蒸气和甲烷摩尔数之比。这个指标表示在转化操作条件下工艺的蒸汽量。由图 4.1(c)可见,随着水碳比的增大,甲烷平衡含量减小,即甲烷的转化率增高。但是过高的水碳比会增加能耗,降低设备的生产能力。应该在考虑经济的条件下,选择合适的水碳比。工业上通常将水碳比选在 2.8～3.5。

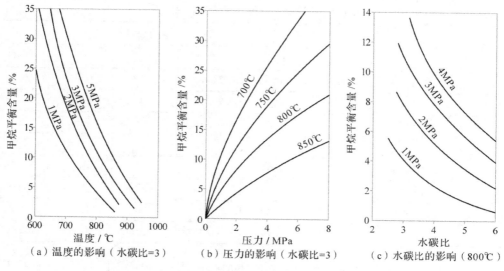

图 4.1　甲烷水蒸气转化中的影响因素[5]

总之,从热力学角度分析,由于存在可逆平衡,甲烷水蒸气转化应尽可能在高温、高水碳比以及低压下进行。但是,在相当高的温度下,反应的速度仍很慢,这需要催化剂来加快反应。为此,下面从动力学方面加以讨论。不同的催化剂决定反应的活化能不同,活化能不同决定了反应速率不同,而反应速率决定了反应器设计。因此,反应动力学的研究能为反应器设计和其他相应的工艺设计提供理论依据。

4.2　甲烷水蒸气重整反应的动力学

4.2.1　反应机理

彼得罗夫等认为,在镍催化剂表面上,甲烷转化速率比甲烷分解速率快得多,中间产物不会生成炭[5]。甲烷和水蒸气解离成次甲基和原子氧,并在催化剂表面吸附,互相作用,最后生成 CO_2、H_2 和 CO。根据有关数据提出如下反应机理:

$$CH_4 + * \Longrightarrow CH_2^* + H_2 \tag{4.12}$$

$$H_2O + CH_2^* \Longrightarrow CO^* + 2H_2 \tag{4.13}$$

$$CO^* \Longrightarrow CO + * \tag{4.14}$$

$$H_2O + * \Longleftrightarrow O^* + H_2 \tag{4.15}$$

$$CO + O^* \Longleftrightarrow CO_2 + * \tag{4.16}$$

式中：*代表催化剂表面反应活性位点；* 表示该组分被活性中心吸附。

另外一种反应机理的解释为：甲烷可以通过多步解离生成 CH 碎片分子，并有可能进一步产生炭。机理分析如下[6]：

$$CH_4 + * \Longleftrightarrow CH_x^* + 0.5(4-x)H_2 \tag{4.17}$$

$$CH_x^* \Longleftrightarrow C^* + 0.5xH_2 \tag{4.18}$$

$$H_2O + * \Longleftrightarrow O^* + H_2 \tag{4.19}$$

$$C^* + O^* \Longleftrightarrow CO + 2* \tag{4.20}$$

以上两种反应机理，后者被更多的研究者支持，因为它可以解释反应积炭的现象。两者的共同点是，甲烷在催化剂下吸附、解离的速率是整个反应过程的控制步骤。

4.2.2　甲烷水蒸气重整反应的本征动力学

根据上述甲烷水蒸气重整反应机理，表面甲烷的吸附为整个反应的速率控制步骤，整个反应的速率是由甲烷的吸附、解离过程控制的，于是甲烷水蒸气转化反应(4.1)的反应速率可以表示为：

$$r = k p_{CH_4} \theta_z \tag{4.21}$$

式中：r 为甲烷转化反应速率，$mol \cdot m^{-2} \cdot h^{-1}$；$k$ 为反应速率常数，$mol \cdot (m^{-2} \cdot h^{-1} \cdot MPa^{-1})$；$p_{CH_4}$ 为甲烷分压，MPa；θ_z 为活性镍表面上的自由空位分率。

当反应远离平衡时，经实验测定，式(4.21)可以简化为一级不可逆反应，则有：

$$r = k p_{CH_4} \tag{4.22}$$

还可以列举出一些其他本征动力学表达式，见表4.5。

表 4.5　甲烷水蒸气转化反应的动力学方程[7]

序号	反应动力学	催化剂	压强/MPa	温度/℃
1	$r = \dfrac{p_{CH_4} \cdot p_{H_2O}}{10 p_{H_2} + p_{H_2O}}$	Ni-Al$_2$O$_3$	0.1	400～700
2	$r = p_{CH_4}$	Ni	0.1	340～640
3	$r = \dfrac{p_{CH_4}}{1 + a\dfrac{p_{H_2O}}{p_{H_2}} + b p_{CO}}$	Ni	0.1	800～900
4	$r = k\dfrac{p_{CH_4}}{p_{H_2}}$	—3*	0.1	400～500
5	$r = k\dfrac{p_{CH_4}}{p_{H_2}^{0.5}}$	—3*	0.1	600
6	$r = k\dfrac{p_{CH_4}}{p_{H_2}^{0.5}}\left[1 - \dfrac{1}{K_p}\dfrac{p_{CO} p_{H_2O}^3}{p_{CH_4} p_{H_2O}}\right]$	—3*	4.1	600～800
8	$r = k \cdot p_{CH_4} p_{H_2O}$	Z-105*	3.0	650～800
9	$r = k \cdot p_{CH_4}$	Z-105*	0.1～2.6	650～850

注：表中带 * 为催化剂型号。

4.2.3　甲烷水蒸气重整反应的宏观动力学

气-固相催化反应除了存在气-固两相之间的质量传递和热量传递过程外,还涉及反应组分在催化剂内的扩散和催化剂颗粒的导热性能的影响,所以要用宏观动力学来表示。

在气-固相催化反应中,气体的扩散速率对反应速率有显著的影响。在工业生产条件下,由于反应器内流速很大,故普遍认为,在甲烷转化的过程中外扩散造成的阻力的影响可以忽略不计,而内扩散则有显著的影响。图4.2表明,随着催化剂粒度增大,反应速率和催化剂内表面利用率都明显降低,这反映了甲烷水蒸气转化反应为内扩散控制。因此,工业生产上采用粒径较小的催化剂颗粒或将催化剂制成环状或带槽沟的圆柱体都能提高转化反应的速率。

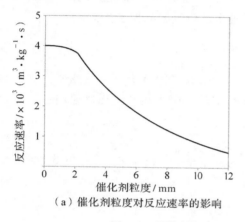
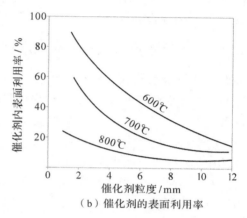

（a）催化剂粒度对反应速率的影响　　　　　（b）催化剂的表面利用率

图4.2　催化剂粒度对甲烷水蒸气重整反应的影响[7]

在排除外部扩散的条件下,反应式(4.21)和反应式(4.22)的幂函数动力学表达式分别表示如下:

$$r_{CO} = A_2 k_2 \exp\left(-\frac{E_2}{RT}\right) p_{CO}(1-\beta_2) \tag{4.23}$$

$$r_{CH_4} = A_1 k_1 \exp\left(-\frac{E_1}{RT}\right) p_{CH_4}^{0.7}(1-\beta_2) \tag{4.24}$$

$$\beta_1 = \frac{p_{CO} p_{H_2}^3}{p_{CH_4} p_{H_2O}} \cdot \frac{1}{K_{p_1}(p^{\ominus})^2} \tag{4.25}$$

$$\beta_2 = \frac{p_{CO_2} p_{H_2}}{p_{CO} p_{H_2O}} \cdot \frac{1}{K_{p_2}} \tag{4.26}$$

式中:r_i 为组分 i 的反应速率,$mol \cdot g^{-1} \cdot h^{-1}$;$p_i$ 为组分 i 的分压,MPa;A_i 为第 i 个反应速率的总校正系数;k_i 为第 i 个反应的频率因子,$kmol \cdot h^{-1} \cdot K^{-1}$;$E_i$ 为第 i 个反应的活化能,$kJ \cdot kmol^{-1}$;R 为摩尔气体常数,$8.314kJ \cdot kmol^{-1} \cdot K^{-1}$;$p^{\ominus}$ 为标准大气压,101.325kPa。

上述介绍的宏观动力学都是在排除外扩散和内扩散的条件下得到的,用这些方程式进行工业反应器数学模拟时,要考虑到催化剂的因素,如催化剂中毒、催化剂寿命、催化剂颗粒内部的温度差异以及其他工业因素等,这些众多因素可用校正系数 A_i 表示。

4.3　甲烷水蒸气重整反应的工业催化剂

甲烷水蒸气重整反应是强吸热的可逆反应,在高温下进行反应是有利的,但是即使在 1000℃下,它的反应速率也是很慢的,因此需要采用催化剂来加快反应。在甲烷蒸汽重整催化反应过程中,催化剂是决定操作条件、设备尺寸的关键因素之一。

重整反应也称为转化反应。由于转化反应的操作温度要求高,工业上通常为了提高甲烷转化率而采用两段转化工艺。第一段转化的工艺温度通常在 600～800℃,而第二段蒸汽转化温度达到了 1000～1200℃[8]。这种高温的操作条件很容易使催化剂的晶粒长大。因此,为了得到高活性的催化剂,需要把活性组分分散在耐热的载体上,同时载体还要有较高的强度。此外,还需要添加助剂以提高催化剂的抗硫、抗积炭性能,进一步改善催化剂的性能。

4.3.1　催化剂的制备方法

转化催化剂分为一段转化催化剂和二段转化催化剂两类。

催化剂的制备有共沉淀法、混合法和浸渍法。其中,共沉淀法可制得镍晶粒小和分散度高的催化剂,因而活性较高,是目前广泛采用的方法。催化剂制备过程都需要高温焙烧过程。目的是使载体与活性组分或载体组分之间更好地结合,以增加催化剂的强度,减少催化剂的收缩并增加耐热性。催化剂大多制成环状,目的是提高活性、降低阻力。

在催化剂的工业开发过程中,镍性价比合适,是首选的主要活性组分。近年来,虽然出现了稀土低镍催化剂,但镍仍是不可缺少的部分。载体由硅酸盐到纯铝酸钙,直至发展到低表面耐火材料——陶瓷。

4.3.2　催化剂的还原

以镍催化剂为例,大多数商业镍催化剂是以氧化态存在的,它没有催化活性,使用前必须进行还原。还原按下述反应过程进行:

$$NiO + H_2 \rightleftharpoons H_2O + Ni \quad \Delta H_{298K}^{\ominus} = -1.26 \text{kJ} \cdot \text{mol}^{-1} \tag{4.27}$$

由于热效应值很小,故实际还原操作中看不出温升,还原反应(4.27)的平衡常数 K_p 与温度 T 的关系为:

$$\lg K_p = \lg \frac{p_{H_2O}}{p_{H_2}} = \frac{98.3}{T} + 2.29 \tag{4.28}$$

式中:T 的单位为 K。根据式(4.28)计算不同温度下的 K_p,结果如表 4.6 所示。

表 4.6　不同温度下的平衡常数

温度/K	500	600	700	800	900	1000	1100	1200
K_p	309	282	278	256	251	245	240	235

在还原反应中起决定作用的是水蒸气浓度与氢气浓度的相对关系:当 $\frac{p_{H_2O}}{p_{H_2}} < K_p$ 时,催化剂被还原;当 $\frac{p_{H_2O}}{p_{H_2}} > K_p$ 时,催化剂被氧化。设定催化剂还原温度为 900K,查表 4.6 可知

$K_p = 251$，所以若 H_2 的压力大于 0.4kPa 时，催化剂就能被还原。

工业中常用氢气和水蒸气，或甲烷(天然气)和水蒸气来还原镍基催化剂。加入水蒸气是为了提高还原气流的流速，促使气流分布均匀，同时也能抑制甲烷的裂解反应。为了保证还原彻底，一般控制在略高于重整转化反应的操作温度。

经过还原后的镍催化剂，在开停车以及发生操作事故时都有可能被氧化剂(水蒸气和氧气)氧化，其反应式如下：

$$Ni + H_2O \Longrightarrow NiO \quad \Delta H_{298K}^{\ominus} = 1.26 kJ \cdot mol^{-1} \tag{4.29}$$

$$Ni + \frac{1}{2}O_2 \Longrightarrow NiO \quad \Delta H_{298K}^{\ominus} = -240.7 kJ \cdot mol^{-1} \tag{4.30}$$

式(4.30)为强放热反应，如果在水蒸气中有 1% O_2，反应就可造成 130℃ 的温升，如果在氢气中含 1% O_2，就可造成 136℃ 的温升。所以催化剂在停车需要氧化时应严格控制氧气的浓度，还原态的镍在高于 200℃ 时不得与空气接触。

4.3.3 甲烷水蒸气重整催化反应过程的积炭和除炭[5]

在工业生产过程中，转化反应的同时会发生 CO 歧化反应(见式(4.3))、甲烷裂解反应(见式(4.4))、CO 还原反应(见式(4.5))等副反应。这些副反应生成的炭黑会覆盖在催化剂表面，堵塞微孔，使甲烷转化率下降，从而使出口气中残余甲烷增多。同时，局部反应区域产生过热而缩短反应管寿命，甚至还会使催化剂粉碎而增大床层阻力。因此，必须要了解转化过程的积炭机理和除炭的方法。

根据反应式(4.3)、式(4.4)和式(4.5)，可以得到三个反应的平衡常数，分别表示为：

$$K_{p_3} = \frac{p_{CO_2}}{p_{CO}^2} \tag{4.31}$$

$$K_{p_4} = \frac{p_{H_2}^2}{p_{CH_4}} \tag{4.32}$$

$$K_{p_5} = \frac{p_{H_2O}}{p_{CO}p_{H_2}} \tag{4.33}$$

平衡常数 K_{p_3}、K_{p_4}、K_{p_5} 与温度的关系如下：

$$\lg K_{p_3} = \frac{8952}{T} - 2.45\lg T + 1.08 \times 10^{-3}T - 1.12 \times 10^{-7}T^2 - 2.77 \tag{4.34}$$

$$\lg K_{p_4} = -\frac{3278}{T} + 5.848\lg T - 1.476 \times 10^{-3}T + 1.439 \times 10^{-7}T^2 - 11.951 \tag{4.35}$$

$$\lg K_{p_5} = -\frac{6350}{T} + 1.75\lg T + 1.5 \tag{4.36}$$

式中：T 为温度，K。

下面从热力学角度分析反应式(4.3)、式(4.4)式(4.5)积炭的可能性。

1. 温度的影响

因为反应式(4.4)为吸热的可逆反应，式(4.3)和式(4.5)为放热的可逆反应，所以随着温度的提高，式(4.4)裂解积炭的可能性增加。

2. 压力的影响

因为反应式(4.4)为体积增大的可逆反应,式(4.3)和式(4.5)为体积缩小的可逆反应,所以随着压力的提高,式(4.4)裂解积炭的可能性降低,而式(4.3)和式(4.5)积炭的可能性会增加。

从上述分析可以知道,温度和压力对上述积炭反应有着不同的影响,但是在转化过程中是否有炭产生,还取决于炭的沉积(正反应)和脱除(逆反应)的速率,即应进行积炭动力学的研究。

从炭的沉积速率看,CO 歧化反应[即式(4.3)]生成炭的速率最快;从炭的脱除速率来看,炭与水蒸气的反应[即式(4.5)]的逆反应最快,要比炭和二氧化碳的反应[即式(4.3)]的逆反应快 2～3 倍,而炭与氢气的反应速率较慢。同时,炭与二氧化碳的反应速率要比其正反应 CO 歧化反应快 10 倍左右,因此从动力学分析,只有使用高活性的催化剂,才能降低积炭的可能性。

综合以上热力学和动力学的分析,为了防止积炭,应使反应过程在热力学不生成炭的条件下进行,当反应必定通过热力学可能积炭的区域(如蒸汽转化的反应管进口部分)时,则应避免进入动力学积炭区域内。工业上主要通过增加水蒸气用量以调整气体组成以及选择适当的温度和压力来解决。防止积炭的主要措施是提高水蒸气的用量、选择适宜的催化剂并保持良好的活性、控制原料的预热温度不要太高等。

4.3.4　催化剂的中毒和再生[7]

硫、卤素和砷等对还原后的活性镍催化剂是非常有害的。硫对镍的中毒属于可逆的暂时性中毒。如果催化剂已中毒,只要使原料中的含硫量降到规定的标准以下,催化剂的活性就可以完全恢复。硫对镍催化剂的毒害随催化剂、反应条件不同而有差异。催化剂的活性愈高,它能允许的硫含量就愈低。温度愈低,硫对镍催化剂的毒害愈大。在低的硫含量以及低温条件下,催化剂容易中毒。硫对镍基催化剂的毒害作用如图 4.3 所示。

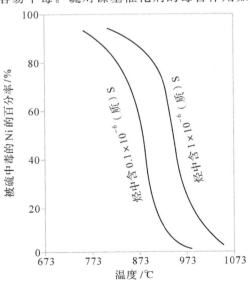

图 4.3　硫对镍基催化剂的毒害作用[7]

4.3.5 甲烷水蒸气重整催化剂的研究

1. 催化剂活性组分的选择

活性组分是催化剂中起主要催化作用的成分,活性组分的选取关系到催化反应的效果、应用的经济性等。目前在烃类水蒸气重整制氢研究中使用的催化剂活性成分有 Ni、Pt、Pd、Rh、Ru、Ir、Co、Fe 等第Ⅷ族元素。第Ⅷ族元素因其含有部分填充的 d 电子层和 f 电子层,具有较好的接受电子和给出电子的能力,能够活化解离甲烷分子和水分子,然后在金属表面脱除 H_2[9]。Ayabe 等[10]以 SiO_2 为载体,研究了负载不同金属的催化剂在甲烷水蒸气重整反应中的活性,证实了不同金属的催化剂具有活性差异,活性大小依次为:Ru=Rh>Ni>Ir>Pd=Pt>Co=Fe。

2. 催化剂载体的研究

在气-固反应体系中,催化剂除了活性组分本身的催化能力外,载体本身也是影响催化剂活性的重要因素[11]。由于工业甲烷水蒸气重整在高温下进行,要求载体不仅耐高温、有高的机械强度,而且要有合适的孔容和孔径。工业上使用的甲烷水蒸气重整制氢的载体以 Al_2O_3 和 MgO 为主[10],但是目前新型载体如 CeO_2、ZrO_2 和各种金属氧化物的稳定结构,如 SBA-15 分子筛钙钛矿结构等仍在不断地研究开发中[12-16]。

3. 催化剂助剂的研究

只含有镍及其载体的催化剂一般活性较低,也易失活、积炭,为了提高活性,延长催化剂寿命,增加催化剂的抗硫、抗积炭能力,通常需要添加助剂。目前对于镍-氧化铝体系(Ni/Al_2O_3)催化剂助剂的研究主要集中在稀土氧化物、碱金属、碱土金属、氧化物等。不同助剂的作用不同,若引入碱土金属氧化物,如 MgO、CaO 等,可以中和氧化铝表面的酸性,使催化剂更易被还原,促进反应生成 CO_2 等。La、Ce、Zr 等稀土氧化物的引入,可以加强镍与氧化铝之间的作用力,提高金属分散性[5,14,17]。

4.4 甲烷水蒸气重整制氢工艺流程

甲烷水蒸气重整制氢的整个工艺流程大致相同,如图 4.4 所示。该流程主要由原料气处理、蒸汽转化(甲烷蒸汽重整)、CO 变换和氢气提纯四大单元组成。

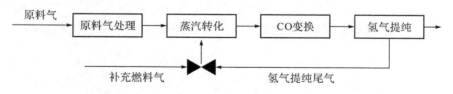

图 4.4　甲烷水蒸气重整制氢工艺流程

原料气经脱硫等预处理后进入转化炉中进行甲烷水蒸气重整反应。该反应是一个强吸热反应,反应所需的热量由天然气的燃烧供给。由于重整反应是强吸热反应,为了达到高的转化率,需要在高温下进行。重整反应条件为温度维持在 750~920℃。由于反应过程是体积增大的过程,因此,反应压力通常为 2~3MPa。同时在反应进料中采用过量的水蒸气来提高反应的速度。工业过程中的水蒸气和甲烷的摩尔比一般为 2.8~3.5。

甲烷水蒸气转化制得的合成气,进入水气变换反应器,经过两段温度的变换反应,使 CO 转化为二氧化碳和氢气,提高了氢气产率。高温变换温度一般在 350~400℃,而中温变换操作温度则不超过 300~350℃。氢气提纯的方法包括物理过程的冷凝-低温吸附法、低温吸收-吸附法、变压吸附法(PSA)、钯膜扩散法和化学过程的甲烷化反应等方法。第 8 章重点介绍变压吸附法。

目前甲烷水蒸气转化采用的工艺流程主要有美国 Kellogg 流程、Braun 流程以及英国帝国化学公司 ICI-AMV 流程[5]。除一段转化炉和烧嘴结构不同之外,其余均类似,包括有一、二段转化炉,原料预热和余热回收。

现在以甲烷水蒸气转化的 Kellogg 流程为例作一介绍。其工艺流程如图 4.5 所示。

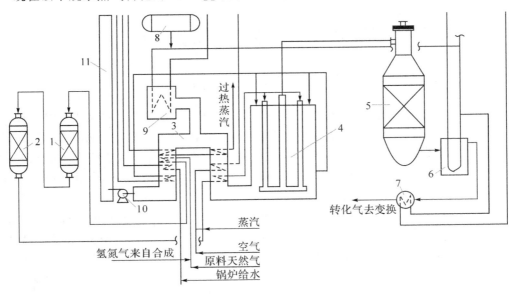

1—钴钼加氢反应器;2—氧化锌脱硫罐;3—对流段;4—辐射段(一段转化炉);5—二段转化炉;
6—第一废热锅炉;7—第二废热锅炉;8—汽包;9—辅助锅炉;10—排风机;11—烟囱。

图 4.5　天然气水蒸气转化工艺流程[5]

天然气经脱硫后,硫含量小于 0.5ppm,然后在压力为 3.6MPa、温度 380℃左右配入中压蒸汽,达到约 3.5 的水碳摩尔比。进入一段转化炉的对流段预热到 500~520℃,然后送到一段转化炉的辐射段顶部,分配进入各反应管,从上而下流经催化剂层,转化管直径一般为 80~150mm,加热段长度为 6~12m。气体在转化管内进行蒸汽转化反应,从各转化管出来的气体由底部汇集到集气管,再沿集气管中间的上升管上升,温度升到 850~860℃时,送到二段转化炉。

空气经过加压到 3.3~3.5MPa,配入少量水蒸气,并在一段转化炉的对流段预热到 450℃左右,进入二段转化炉顶部与一段转化气汇合并燃烧,使温度升至 1200℃左右,经过催化层后出来的二段转化炉的气体温度为 1000℃左右,压力为 3.0MPa,残余甲烷含量在

0.3%左右。

从二段转化炉出来的转化气依顺序送入两台串联的废热锅炉以回收热量,产生蒸汽,从第二废热锅炉出来的气体温度为370℃左右,送往变换工序。

天然气从辐射段顶部喷嘴喷入并燃烧,烟道气的流动方向自上而下,与管内的气体流向一致。离开辐射段的烟道气温度在1000℃以上。进入对流段后,依次流过混合气、空气、蒸汽、原料天然气、锅炉水和燃烧天然气各个盘管,当其温度降到250℃时,用排风机向大气排放。

Braun工艺是在Kellogg工艺的基础发展起来的,其主要特点是深冷分离和较温和的一段转化条件。Braun工艺一段转化炉炉管直径为150mm,相比Kellogg工艺71mm的炉管直径要大得多。Braun工艺一段转化炉的温度690℃、炉管压力降250kPa,相比Kellogg工艺的炉管温度(800℃)、炉管压力降(478kPa)要温和得很多。Braun工艺较低的操作温度降低了对耐火材料的要求,也降低了投资成本和操作成本。

4.5 反应吸附强化甲烷水蒸气重整制氢

4.5.1 吸附强化甲烷水蒸气重整制氢的原理

甲烷水蒸气重整制氢是目前最经济、最常用的制氢方法,在工业制氢技术中有着很重要的地位。但是,该技术由于重整反应本身的限制,存在反应温度高、平衡转化率低、能耗高等不足。为了提高重整反应效率与节能减排,近年来有学者提出了吸附强化甲烷水蒸气重整制氢的新技术。该技术不仅能降低反应温度,缩短流程,一步制取高纯度氢气,而且可以收集CO_2,便于集中利用。

吸附强化甲烷水蒸气重整制氢(sorption enhanced reforming process, SERP)早期由Han等[18]和Carvill等[19]提出。其原理是在甲烷水蒸气重整转化反应中引入高温二氧化碳吸附剂。对于反应式(4.1),根据勒夏特列原理(Le Chatelier principle),由于二氧化碳被吸附剂脱除,平衡向产生氢气的方向移动,能够在一个反应器内同时发生强吸热的重整反应和放热的CO变换反应。重整反应式(4.1)和变换反应式(4.2)合并为一个反应式(4.37)。

$$CH_4 + 2H_2O \Longrightarrow CO_2 + 4H_2 \quad \Delta H_{298K}^{\ominus} = 165.1 kJ \cdot mol^{-1} \tag{4.37}$$

以RO_x代表CO_2吸附剂,CO_2的吸附反应如式(4.38)所示。

$$RO_x + CO_2 \Longrightarrow RCO_{2+x} \tag{4.38}$$

类似的用不同吸附剂脱除CO_2达到强化甲烷水蒸气重整制氢目的的方法,其不同英文名称包括Ding等[20]提出的吸附强化甲烷水蒸气重整(sorption ehanced steam methane reforming, SESMR)、Xiu等[21]提出的吸附强化重整(adsorption enhanced reforming, AER)、Wu等[22]于2010年提出的反应吸附强化水蒸气重整(reactive sorption enhanced reforming, ReSER)等。

最早基于CO_2吸附脱除原理,提出采用水滑石(hydrotalcite)作为CO_2吸附剂,但由于水滑石吸附CO_2的工作容量(working capacity)小而限制了其应用。Wu等[22]基于反应吸附脱除CO_2原理,提出将纳米氧化钙用作高温CO_2反应吸附剂。

氧化钙与CO_2的反应是属于化学计量的反应,反应式如下:

$$CaO + CO_2 \Longrightarrow CaCO_3 \quad D \quad \Delta H^{\ominus}_{298K} = -178.8 \text{kJ} \cdot \text{mol}^{-1} \tag{4.39}$$

根据反应式(4.37)、(4.39)可以看出,甲烷水蒸气重整反应和变换反应合并的结果仍是一个强吸热反应,而 CaO 与 CO_2 的反应则是个强放热反应。两个反应同时在一个反应器内进行,放热反应放出的热量提供了重整反应需要的热量,不仅降低了反应的温度,而且提高了强化反应的效果。[23]

基于氧化钙反应吸附 CO_2 的强化效果,Balasubramanian 等[24]运用自由能计算程序 CHEMQ 对吸附强化甲烷水蒸气重整反应进行了热力学计算,结果如图 4.6 所示。

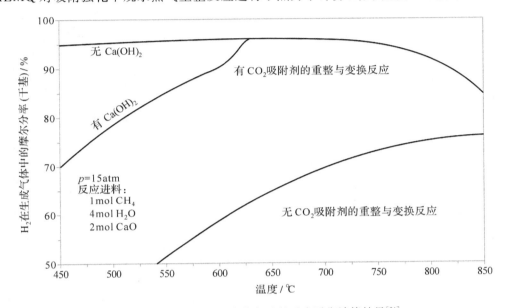

图 4.6　吸附强化甲烷水蒸气重整反应平衡计算结果[24]

由图 4.6 可见,在传统无 CO_2 吸附剂的甲烷水蒸气重整反应中,随着温度增加到 850℃,产物 H_2 的浓度由于平衡限制,最大只能达到 76% 左右。而加入了 $Ca(OH)_2$ 吸附剂后,出现了带两个分支的 H_2 高浓度平衡曲线。低分支曲线表示 $Ca(OH)_2$ 未全部与 CO_2 反应条件下的 H_2 平衡浓度,随着温度升高,H_2 浓度逐渐升高。较高分支曲线表示 $Ca(OH)_2$ 完全与 CO_2 反应后的 H_2 平衡浓度,H_2 浓度基本稳定在 95%。$Ca(OH)_2$ 在 600℃ 以上会分解,于是两条分支曲线在温度 630℃ 时汇合为一条曲线。可以看到,产物 H_2 的平衡浓度在横坐标 650℃ 时达到 96%,在 750℃ 以下,H_2 的平衡浓度保持在 95% 以上,显示出了吸附强化甲烷水蒸气重整制氢技术相对于传统的甲烷水蒸气重整技术在低反应温度和高的 H_2 浓度方面的优势。当反应温度超过 750℃ 时,由于生成的 $CaCO_3$ 分解产生了 CO_2,受平衡限制又使 H_2 浓度降低。

4.5.2　反应吸附强化甲烷水蒸气重整制氢的吸附剂研究

关于吸附强化甲烷水蒸气重整制氢吸附剂的研究基于两种应用情况:一是单独研究高温吸附剂,然后与催化剂进行颗粒间的混合,催化剂可以采用商用的甲烷蒸汽重整反应催化剂;二是直接将催化活性成分和吸附活性成分制备在一颗复合催化剂内。

在反应吸附强化重整制氢过程中,吸附剂的性能对制氢效果具有重要影响。因而,所选用的吸附剂必须具备以下性质:在高温下具有较高的吸附活性、较高的吸附容量、吸附/解吸速度快、良好的机械强度及高温化学稳定性,还需要在碳化反应(carbonation)和再生(calcination)循环使用过程中保持较好的吸附容量稳定性等。在吸附强化重整制氢中,常用的高温吸附剂有 CaO 基吸附剂、类水滑石结构吸附剂和锂基吸附剂[25]。

1. CaO 基 CO$_2$ 吸附剂

CaO 基 CO$_2$ 吸附剂指以 CaO 为主要活性组分,通过 CaO 与 CO$_2$ 进行碳酸化反应除去 CO$_2$ 的一类吸附剂。CO$_2$ 反应量取决于 CaO 与 CO$_2$ 的反应条件,条件合适时其与普通的物理或者化学吸附剂相比吸附容量大得多。因此,目前用于反应吸附强化甲烷水蒸气重整过程的高温 CO$_2$ 吸附剂,主要用的是 CaO 基吸附剂。CaO 基 CO$_2$ 吸附剂包括原料为天然的、经高温煅烧得到的 CaO 基 CO$_2$ 吸附剂,以及经人工合成或经修饰的 CaO 基 CO$_2$ 吸附剂。

对于 CaO 基 CO$_2$ 吸附剂,采用吸附容量、吸附速率、CaO 转化率等方法定义活性:

$$吸附容量=\frac{吸附的 CO_2 摩尔数}{吸附剂初始质量} \quad (mol \cdot kg^{-1}) \tag{4.40}$$

$$吸附速率=\frac{吸附容量}{吸附时间} \quad (mol \cdot kg^{-1} \cdot min^{-1}) \tag{4.41}$$

$$CaO 转化率=\frac{反应的 CaO 摩尔数}{CaO 的总摩尔数}\times100\% \tag{4.42}$$

通常也用衰减率表示 CaO 基 CO$_2$ 吸附剂的循环使用稳定性。

$$衰减率=\frac{首次循环吸附容量-第 m 次循环的吸附容量}{初次循环吸附容量}\times100\% \tag{4.43}$$

天然 CaO 基 CO$_2$ 吸附剂的前驱体主要有石灰石和白云石。石灰石的主要成分为钙镁碳酸盐,另有少量硅铝酸盐类杂质。石灰石中 CaCO$_3$ 含量非常高(通常有 95% 以上)。通常在 900℃ 以上的高温下进行煅烧,即可生成 CaO。新鲜的石灰石为 CO$_2$ 吸附提供了充足的 CaO,所以初始的 CO$_2$ 吸附容量很高。但是,随着循环次数的增加,CO$_2$ 的吸附容量衰减率非常显著。Silaban 等[25]研究发现,在相对温和的条件下,高钙质石灰石在初次循环时的 CaO 转化率为 80%,下个循环会下降 15%～20%。CaO 高温烧结导致表面积和孔隙率减少是造成吸附容量下降的主要原因。

白云石的主要成分也是钙镁碳酸盐。与石灰石不同的是,白云石中的 MgCO$_3$ 含量较大,一般在 20% 左右。白云石在初始 CO$_2$ 吸附容量较低,但在长期使用过程中(20～30 次循环后)吸附容量稳定性相对优于石灰石[25,26]。

石灰石和白云石在循环过程中吸附容量明显衰减这个问题,限制了其在吸附强化甲烷水蒸气重整制氢中的应用,因此,开发高吸附容量和循环吸附稳定的 CaO 基 CO$_2$ 吸附剂成为研究的关键。

人工合成 CaO 基 CO$_2$ 吸附剂多是在吸附剂制备过程中引入一些添加剂,用来改善吸附剂的结构特性,从而提高循环使用过程中吸附容量的稳定性。添加材料有 CsOH[27]、Ce$_x$Zr$_{1-x}$O$_2$、LaAl$_y$Mg$_{1-y}$O$_3$[28]、γ-Al$_2$O$_3$[29]、醋酸钙[30]、Ca$_{12}$Al$_{14}$O$_{33}$[31]和 Al$_2$O$_3$[32]等。

此外,Wu 等[32]研究了以纳米碳酸钙为前驱体制备的纳米氧化钙基 CO$_2$ 吸附剂,该吸附剂因具有吸附速率快、稳定性高及再生温度低等优点而成为吸附剂发展的一个方向。

2. 类水滑石结构吸附剂

理想的水滑石（$Mg_6Al_{12}(OH)_{16}CO_3 \cdot 4H_2O$）是一种阴离子层状结构材料。当水滑石层上的 Mg^{2+}、Al^{3+} 被其他同价离子同晶取代后,其结构与水滑石相似,故称其为类水滑石化合物。水滑石是通过物理吸附和化学吸附方式结合 CO_2 的,因此,其吸附容量比较低。

Ding 等[33]研究发现,类水滑石化合物在 753K 时 CO_2 吸附容量可以达到 $0.58mol \cdot kg^{-1}$。Ficicilar 等[34]在温度范围为 $670 \sim 800K$ 下得到类水滑石化合物的 CO_2 吸附容量为 $1.16mol \cdot kg^{-1}$。这是目前文献报道中同等条件下的最高吸附量。Hutson 等[35]在类水滑石化合物 CO_2 吸附试验中发现,随着吸附-再生吸附循环次数的增加,CO_2 吸附能力下降较为明显。

3. 锂基盐吸附剂

锂的锆酸盐和正硅酸盐是 CO_2 吸附材料的一个新的研究热点。对锆酸锂（Li_2ZrO_3）及硅酸锂（Li_4SiO_4）材料的研究[36]表明,硅酸锂材料可在高温 $500 \sim 750℃$ 下直接吸附 CO_2,而且其吸附容量远远超过锆酸锂。王银杰等人采用高温固相法分别制备了锆酸锂吸附剂[37]和硅酸锂吸附剂[38]。锆酸锂吸附剂在 20% CO_2（80%空气）气氛下于 $500℃$ 下保持 3h,吸附量为 25wt.%;硅酸锂吸附剂于 $700℃$ 下保持约 15min 即可达到吸附平衡,其吸附量约达 43wt.%。

以上三类吸附剂,都有研究将其应用于吸附强化甲烷水蒸气重整制氢过程中[23]。单从一次性转化角度考虑,三类吸附剂在相应的反应条件下都有较强的吸附能力,可以直接制得纯度高（>95%）而且 CO 含量少（ppm 级）的产物气体,并且吸附剂可以直接再生循环利用。

4.5.3　反应吸附强化甲烷水蒸气重整制氢的复合催化剂

反应吸附强化甲烷水蒸气重整制氢的最初以及之后大部分研究常采用镍基重整催化剂颗粒和高温 CO_2 吸附剂颗粒以物理混合的方式装填。而新提出的将吸附剂和催化剂做成单一的复合催化剂颗粒或微球,使催化重整过程中的传质传热达到最佳效果,则提供了全新的理念和研究结果。复合催化剂的优点在于:

①从传热角度考虑,由于重整反应是吸热反应,CaO 吸附反应是放热反应,在同一个微球颗粒内部实现两个反应之间的传热,能使反应热之间的利用达到最佳效果,同时从传质角度考虑,也极大地降低了 CO_2 扩散对反应的不利影响;

②从成本角度考虑,将吸附剂和催化剂做成单一复合颗粒减少了反应器内固体颗粒的总量,可以降低反应器的体积;

③从操作角度考虑,可以避免吸附剂、催化剂颗粒混合带来的操作不便。

目前关于复合催化剂的研究主要有核壳结构复合催化剂、含纳米 CaO 的复合催化剂、$NiO-CaO-Ca_{12}Al_{14}O_{33}$ 复合催化剂、共沉淀 Al_2O_3 基复合催化剂以及 Al_2O_3 改性水滑石的复合催化剂等几类。

1. 核壳结构复合催化剂

核壳结构复合催化剂是 Satrio 等[39]于 2005 年首次提出的,在发表的文章中将这种催化剂称为"combined catalyst and sorbent"。制备方法为通过旋转圆筒造球机,首先将吸附剂加水、造球,作为核壳结构的核,之后在吸附剂的核外面包覆上一层以 Al_2O_3 为主体的壳结构,最后通过浸渍法将活性物质镍引入,干燥煅烧后即得到核壳结构复合催化剂。该复合催化剂应用于 CH_4、C_3H_8[40]和 C_7H_8[41]吸附强化重整制氢,在实验室固定床系统上,反应温度为 600℃,反应压力为 1atm,水碳摩尔比为 3,均得到在吸附强化段 H_2 干基浓度大于 95% 的制氢结果。在后期研究中,Albrecht 等[41,42]考察了循环制氢过程中核壳结构复合催化剂的 CO_2 吸附容量循环稳定性,发现随着循环次数增加吸附强化段时间逐渐减少,这说明吸附剂的吸附容量显著降低。

2. 含纳米 CaO 的复合催化剂

贺隽等[43]2007 年利用混浆法,将纳米 $CaCO_3$、氧化镍粉末、黏结剂搅拌混匀,制备成复合催化剂,在实验室固定床反应器上做 ReSER 制氢评价。在排除内外扩散影响的基础上,优化制氢反应条件为:反应温度 600~640℃,反应压力 1atm,水碳摩尔比 3~4。在该制氢条件下,得到 H_2 浓度范围为 89.8%~95.3%。

Wu 等[22]2010 年在实验室固定流化床上评价了通过混合、喷雾造粒得到的复合催化剂的吸附性能和制氢性能,在反应温度为 600℃、压力为 1atm、水碳摩尔比为 4、空速为 412h^{-1} 的反应条件下,得到吸附强化段最高氢气浓度为 95%。

Wu 等[44]2010 年的研究发现,在复合催化剂 ReSER 的反应体系中,积炭不再是催化剂失活的主要原因。在复合催化剂制备过程中添加 ZrO_2 作为助剂,通过浸渍法得到 NiO 含量为 15% 的复合催化剂,在反应温度为 600℃、压力为 1atm、水碳摩尔比为 4、空速为 340h^{-1} 的反应条件下,该复合催化剂经过 20 次反应-再生循环后保持良好的制氢效果,H_2 浓度保持在 90% 以上。

Feng 等[45]2012 年在复合催化剂体系中添加 La_2O_3 作为助剂,制备了一组 NiO 含量为 15%、La_2O_3 含量为 5% 的 $NiO-La_2O_3-CaO/Al_2O_3$ 复合催化剂。采用等体积浸渍法,首先将含纳米 $CaCO_3$ 和 Al_2O_3 的载体浸渍于硝酸镧溶液中 12h,70℃ 干燥,550℃ 焙烧;得到的材料继续浸渍于硝酸镍溶液中,70℃ 干燥,550℃ 焙烧,得到复合催化剂。该复合催化剂在反应温度为 600℃、压力为 1atm、水碳摩尔比为 4、空速为 340h^{-1} 的反应条件下,稳定性增加到 30 次反应-再生循环。

Feng 等[45]的研究发现,Ni 晶粒长大是复合催化剂失活的主要原因,而 La_2O_3 的加入能够对载体上负载的 Ni 起到分散和隔离的作用,从而抑制反应过程 Ni 晶粒的聚集和长大,从而提高了复合催化剂的反应稳定性。图 4.7 为两种复合催化剂的透射电镜(TEM)图,从图上可以看到有 La_2O_3 改性的复合催化剂上 NiO 晶粒较小。X 射线衍射(XRD)测试结果亦表明 La_2O_3 改性的复合催化剂 NiO 晶粒较小,且 30 次循环后晶粒长大的速度比无 La_2O_3 改性的复合催化剂慢。

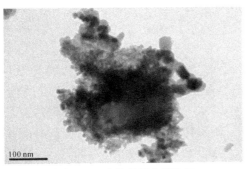

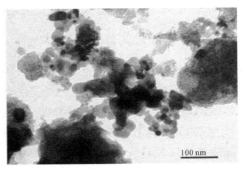

（a）La₂O₃ 改性的复合催化剂　　　　　　　（b）无 La₂O₃ 改性的复合催化剂

图 4.7　La₂O₃ 改性复合催化剂微观形貌[45]

Zhang 等[46]针对复合催化剂适用空速较低的问题,对复合催化剂进行了扩孔改性,使用聚乙二醇、活性炭、碳酸铝铵等高温易分解的物质对复合催化剂的孔结构进行了改性。改性后的复合催化剂比表面和孔径比未改性的增大一倍,介孔孔数明显增加。改性后的复合催化剂应用在 ReSER 制氢过程,空速增加到 $1700h^{-1}$,该反应条件下获得的最大 H_2 浓度为94.2%,CH_4 转化率为 86%,改性后的复合催化剂在高空速下的制氢稳定性需要进一步研究。

3. NiO-CaO-Ca₁₂Al₁₄O₃₃ 复合催化剂

2010 年 Martavaltzi 等[47]通过混合硝酸钙、硝酸镍和硝酸铝,干燥,900℃煅烧,得到 $Ca/Al/Ni$ 比例不同的复合催化剂 $NiO\text{-}CaO\text{-}Ca_{12}Al_{14}O_{33}$。采用热重分析仪（TGA）测定循环吸附容量,其结果显示,45 次循环后,吸附容量无明显衰减。在固定床反应器上对该复合催化剂进行了制氢评价,反应条件为温度 650℃、反应压力 1atm、水碳摩尔比 3.4,进料气 CH_4 和惰性报体 He 的总体积 $34ml \cdot min^{-1}$、催化剂使用量 5g,吸附强化段的最高 H_2 浓度为 90%。

Kim 等[48]考察了该复合催化剂循环使用中的制氢效果,发现该复合催化剂在 4 次循环制氢过程中制氢能力无明显衰减,并将此现象解释为是由于 $Ca_{12}Al_{14}O_{33}$ 结构的存在,使得复合催化剂的吸附稳定性增加。

4. 共沉淀 Al₂O₃ 基复合催化剂

Wu 等[49]通过共沉淀法得到一组复合催化剂前驱体,其做法是将 $Al(NO_3)_3 \cdot 9H_2O$、$Ni(NO_3)_2 \cdot 6H_2O$、$Ca(NO_3)_2 \cdot 4H_2O$ 溶解水中并混合,加入 NaOH 或者 Na_2CO_3 作为沉淀剂,800℃煅烧,形成 $Ni\text{-}Al_2O_3\text{-}CaO$ 复合催化剂,称为双功能催化吸附剂（multifunctional catalyst）,其中 NiO 含量 15%。通过对比该复合催化剂、CaO 与 Ni/Al_2O_3 物理混合两种情况下吸附强化甲烷水蒸气重整制氢的效果,发现用复合催化剂得到的 H_2 浓度较高,而 CO_2 浓度较低。

Broda 等[50]采用共沉淀方法得到一组 Ni 负载量为 45% 的复合催化剂,称为双功能催化吸附剂（bifunctional catalyst sorbent）。其做法是配置 $Al(NO_3)_3$、$Ni(NO_3)_2$、$Mg(NO_3)_2$ 和 $Ca(NO_3)_2$ 溶液,并保证 Mg^{2+}、Al^{3+} 摩尔比为 2：1;以 NaOH 和 Na_2CO_3 混合溶液为沉淀剂,煅烧得到复合催化剂。该研究对比了复合催化剂 10 次循环前后的微观性质,与单纯

Ni/Al_2O_3 催化剂相比,发现 Ni 晶粒长大不明显,Ni 金属分散度下降不大。

5.改性水滑石的复合催化剂

Chanburanasiri 等[51]直接用 CO_2 吸附剂 CaO 或 K_2CO_3 改性水滑石(MG30-K)替代 Al_2O_3 作为 Ni 催化剂的载体,通过浸渍法制备复合催化剂。研究表明,直接使用 CaO 作为载体得到的复合催化剂比表面积仅为 $4.1m^2 \cdot g^{-1}$,Ni 金属分散度仅为 0.325%,但是 Ni/CaO 催化剂能够得到的 H_2 浓度最高仅为 80%。而使用 K_2CO_3 改性水滑石(MK30-K)作为载体的复合催化剂比表面积能达到 $69.2m^2 \cdot g^{-1}$,Ni 金属分散度为 12.41%。

4.5.4 反应吸附强化甲烷水蒸气重整制氢的实验研究

目前,研究反应吸附强化甲烷水蒸气重整制氢过程主要采用催化剂和高温 CO_2 吸附剂混合填装的形式,对复合催化剂的研究并不多见,只有在 ReSER 制氢中复合催化剂研究是一个重点。表 4.7 列出了吸附强化重整制氢的研究现状。

表 4.7　反应吸附强化重整制氢研究现状

研究者	所用催化剂	实验条件	制氢结果	年份
Carvill 等[19]	Ni 基催化剂和球形的水滑石颗粒吸附剂混合	固定床反应器 $T=450°C$ $p=445.8kPa$ $S/C=6$	H_2 浓度$>95\%$ CH_4 转化率$>80\%$ CO 浓度$=50ppm$	1996
Balasubramanian 等[24]	Ni 基催化剂和高纯 $CaCO_3$ 分解后的 CaO 吸附剂混合	固定床反应器 $T=450\sim750°C$ $p=15atm$ $S/C=3\sim5$	H_2 浓度$>95\%$ CH_4 浓度$\leqslant5\%$ CO 浓度$\leqslant1\%$ CO_2 浓度$\leqslant1\%$	1999
Ding 等[33]	Ni 基催化剂和水滑石吸附剂混合	固定床反应器 $T=428\sim467.5°C$ $p=308\sim721.5kPa$ $S/C=2\sim6$	吸附强化时 CH_4 转化率提高 反应所需温度比无吸附剂时低	2000
Ortiz 等[52]	Ni 基催化剂和商用白云石吸附剂混合	固定床反应器 $T=650°C$ $p=15atm$ $S/C=4$	单次循环制得氢气浓度可达到 95% 在 25 次循环后催化剂活性略微下降,这仅仅是由吸附剂性能下降引起的	2001
Satrio 等[39]	具有核壳结构的复合催化剂,内部为煅烧后的白云石,外部为负载镍的氧化铝	固定床反应器 $T=520\sim650°C$ $p=1atm$ $S/C=3$ 催化剂装载 6g $V_{CH_4}=45ml/min$	H_2 浓度为 $94\%\sim96\%$ CO、CO_2 含量很少	2005
Hildenbrand 等[53]	$Ni/NiAl_2O_4$ 催化剂和白云石吸附剂混合	流化床反应器 $T=600°C$ $S/C=2\sim4$	H_2 浓度$>95\%$	2006

续表

研究者	所用催化剂	实验条件	制氢结果	年份
Johnsen 等[54]	Ni 基催化剂和白云石吸附剂混合	流化床反应器 催化剂/吸附剂=2.5 $T=600℃$ $S/C=3$ $u=0.032m \cdot s^{-1}$	H_2 浓度=98% CO_2 浓度=0.3% 吸附强化持续时间 150～180min 4 次制氢循环后,吸附段时间缩短,吸附剂性能下降	2006
李振山等[55]	商业 Ni 基催化剂和纯 CaO 吸附剂混合	固定床反应器 $T=600～700℃$ $p=0.1～2MPa$	H_2 浓度=95% CO、CO_2 含量很少	2007
贺隽等[43]	Ni 基纳米 CaO 复合催化剂	固定床反应器 $T=600℃$ $p=200kPa$ $S/C=6$ 催化剂装载 7.5g $V_{CH_4}=30ml/min$	H_2 浓度=97.4%	2007
Di Carlo 等[56]	Ni 基催化剂和煅烧后的白云石吸附剂混合	循环流化床 $T=870～940℃$ 白云石/催化剂体积比=0～5	在 $T=900K$,白云石/催化剂体积比≥2 下,可得到含量大于 93%的 H_2	2010
Wu 等[44]	氧化锆改性的 Ni 基纳米 CaO 复合催化剂	固定床反应器 $T=600℃$ 常压 $S/C=4$ 空速=340h^{-1}	H_2 浓度=97.3% CH_4 转化率=93.7% 20 次制氢循环,出口 H_2 浓度达到 90%以上	2010
Zhang 等[46]	PEG 扩孔改性的 Ni 基纳米 CaO 复合催化剂	固定床反应器 $T=600℃$ $p=0.1MPa$ $S/C=4$ 空速=1700h^{-1}	出口 H_2 浓度仍达到 90%	2013
冯红贞[57]	氧化镧改性的 Ni 基纳米 CaO 复合催化剂	固定床反应器 $T=600℃$ 常压 $S/C=4$ 空速=340h^{-1}	H_2 浓度=95% CH_4 转化率=94.7% 30 次制氢循环后,出口 H_2 浓度达到 90%以上	2012
张帆[58]	水热沉淀制备的 Ni 基纳米 CaO 复合催化剂	固定床反应器 $T=600℃$ 常压 $S/C=4$ 空速=2376h^{-1}	H_2 浓度=94.4% CH_4 转化率=98.4% H_2 浓度和 CH_4 转化率保持在 90%以上	2013

1.固定床制氢研究

甲烷水蒸气重整制氢为气-固催化反应,故研究者一般采用固定床反应器。将催化剂和吸附剂填装在反应管中部,用加热炉控制反应温度,在反应器底部通入原料气体 CH_4 和 H_2O,顶部出口气体浓度用气相色谱测定,以此来获得实验需要的数据。这个方法的特点是催化剂和吸附剂用量少,反应的温度、压力、水碳比等工艺参数能稳定控制,比较适合催化剂吸附剂性能的评价和研究。

Balasubramanian 等[24]将钙基 CO_2 吸附剂与商品催化剂混合填装在固定床反应器中,在出口直接得到浓度95%以上的 H_2。吸附剂采用高纯度(99.97%)的 $CaCO_3$,在750℃、1atm的氮气气氛下煅烧4h制得,颗粒大小为 $45\sim210\mu m$。采用 NiO 负载在 Al_2O_3 上的商品重整催化剂,NiO 含量大约为22%,催化剂破碎筛分为 $150\mu m$ 颗粒。将吸附剂 CaO 6.56g 和催化剂 7.00g 混合填装在反应器中,在650℃、15atm、水碳摩尔比为4的条件下,反应产物随时间的浓度变化如图4.8所示。

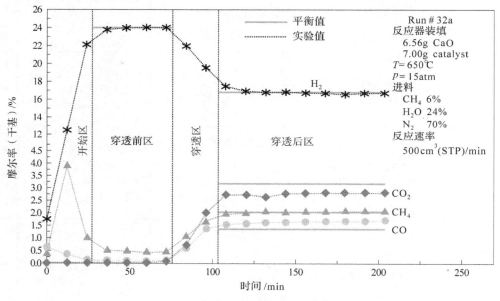

图4.8 吸附强化反应曲线[24]

由图4.8可见,整个反应吸附强化反应划分为四个区:开始区(start-up)、穿透前区(prebreakthrough)、穿透区(breakthrough)、穿透后区(postbreakthrough)。较长时间的开始区的存在,主要是由于催化剂与吸附剂混合装填。在穿透前区,重整反应、变换反应和 CO_2 吸附反应同时达到最大效率,H_2 浓度达到最高值23.9%,十分接近反应条件的理论平衡值24.1%,CH_4、CO_2 和 CO 浓度降到最低值,其余为不参与反应的 N_2。到达穿透区后,由于 CO_2 吸附效率的下降,吸附剂对重整反应和变换反应的促进作用下降,H_2 浓度逐渐下降,相应地 CH_4、CO_2 和 CO 浓度开始上升。最后,由于吸附剂逐渐趋于饱和,CO_2 吸附能力消失,对重整反应和变换反应的促进作用相应消失,反应达到只有重整催化剂作用的穿透后区,H_2 浓度比穿透前区降低30%。

贺隽等[43]将氧化镍粉末和纳米碳酸钙用黏结剂均匀混合在一起,然后通过焙烧制成复合催化剂,在固定床反应器中得到 97.4% 的 H_2 浓度。实验研究了 Ni 含量、反应温度、水碳比等参数对复合催化剂制氢反应活性的影响,优化了工艺条件。其实验使用的固定床反应器如图 4.9 所示。

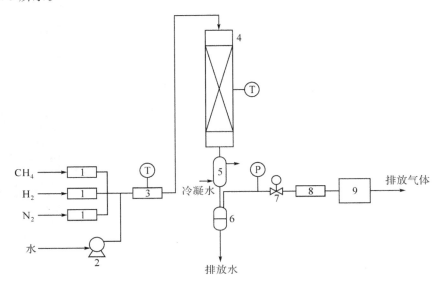

1—质量流量计;2—水泵;3—预热器;4—反应器;5—冷凝器;
6—气、液分离器;7—背压阀;8—流量计;9—色谱分析仪。

图 4.9　吸附强化甲烷重整制氢装置[43]

(1)温度对吸附强化反应的影响

定义强化因子 E 为:

$$E = \frac{\text{吸附强化段 } H_2 \text{ 体积含量}}{\text{热力学计算反应平衡 } H_2 \text{ 体积含量}} \tag{4.44}$$

在反应压力为 0.2MPa、水碳比为 4、温度为 560~680℃ 的条件下,考查了温度对吸附强化甲烷水蒸气重整制氢反应的影响,实验结果如表 4.8 和图 4.10 所示。从图 4.10 可以看出,随着反应温度从 560℃ 提高到 680℃,反应吸附强化段的 H_2 含量从 77.75% 提高到 92.04%,说明提高温度可以得到更高含量的 H_2。因为提高温度,重整反应的理论平衡 H_2 含量提高,而且二氧化碳吸附剂的吸附率随着温度升高也升高,促使重整反应平衡向有利于 H_2 含量提高的方向进行。根据强化因子定义计算的结果请见表 4.8。从表 4.8 的吸附强化因子可以看到,温度从 560℃ 提高到 680℃,强化因子从 1.115 提高到 1.225 又下降到 1.196 的过程。这可能是因为在 600~640℃ 时吸附剂的吸附容量最高,进一步升温后吸附产物碳酸钙将开始分解,导致吸附容量下降。因此适宜的反应温度为 600~640℃。

表 4.8　不同温度下吸附强化甲烷水蒸气重整制氢反应的平衡结果[43]

反应温度/℃	吸附强化 H_2 含量/%	实验平衡 H_2 含量/%	吸附强化 CH_4 转化率/%	平衡 CH_4 转化率/%	理论平衡 H_2 含量/%	强化因子 E
560	77.75	73.58	41.37	49.80	69.73	1.115
600	89.82	74.81	64.81	53.61	73.29	1.225

续表

反应温度/℃	吸附强化 H_2 含量/%	实验平衡 H_2 含量/%	吸附强化 CH_4 转化率/%	平衡 CH_4 转化率/%	理论平衡 H_2 含量/%	强化因子 E
640	90.96	76.89	69.68	60.01	75.64	1.202
680	92.04	79.36	78.78	69.92	76.91	1.196

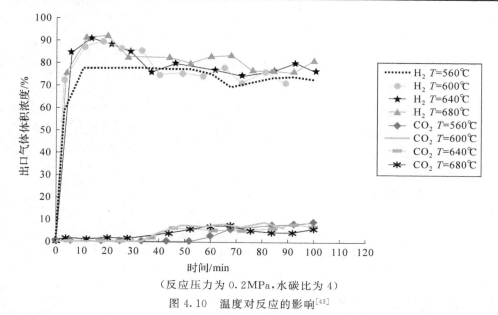

（反应压力为 0.2MPa，水碳比为 4）

图 4.10　温度对反应的影响[43]

（2）压力对吸附强化反应的影响

在温度为 600℃、水碳比为 4、压力为 0.2～0.5MPa 的条件下，考察了系统压力对吸附强化甲烷水蒸气重整制氢反应的影响，实验结果如表 4.9 和图 4.11 所示。从表 4.9 和图 4.11 中可以看到，压力从 0.2MPa 上升到 0.4MPa 时，H_2 含量以及 CH_4 转化率均下降，表现为强化因子也下降。显然，选择较低的压力对反应有利，结果与分子数增加的化学平衡规律的特点相符。实验结果显示，反应压力从 0.4MPa 升高到 0.5MPa 后，H_2 含量反而有所升高，原因可能是 0.5MPa 条件下 CaO 吸附 CO_2 的量大于 0.4MPa 条件下 CaO 吸附 CO_2 的量。

表 4.9　不同压力下吸附强化甲烷水蒸气重整制氢反应的平衡结果[43]

反应压力/MPa	吸附强化 H_2 含量/%	实验平衡 H_2 含量/%	吸附强化 CH_4 转化率/%	平衡 CH_4 转化率/%	理论平衡 H_2 含量/%	强化因子 E
0.2	89.82	74.81	64.81	53.61	73.29	1.225
0.3	86.74	72.51	57.42	48.23	71.12	1.219
0.4	83.14	67.34	50.01	38.83	69.35	1.199
0.5	84.16	66.81	52.01	37.58	67.87	1.240

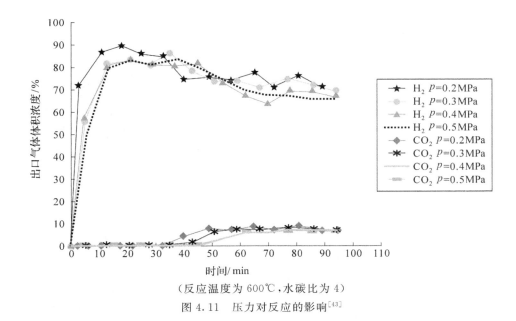

（反应温度为 600℃，水碳比为 4）

图 4.11　压力对反应的影响[43]

（3）水碳比对吸附强化反应的影响

在温度为 600℃、压力为 0.2MPa、水碳比为 3～6 的条件下，考查了水碳比对吸附强化甲烷水蒸气重整制氢反应的影响，实验结果如表 4.10 和图 4.12 所示。从表 4.10 和图 4.12 可以得出，随着水碳比的提高，H_2 含量和 CH_4 转化率均明显提高，表现为强化因子也升高。但高水碳比需要更多的能量用于水汽化而造成高能耗，故合适的水碳比应在 4～5。

表 4.10　水碳比对吸附强化甲烷水蒸气重整制氢反应的影响[43]

水碳比	吸附强化 H_2 含量/%	实验平衡 H_2 含量/%	吸附强化 CH_4 转化率/%	平衡 CH_4 转化率/%	理论平衡 H_2 含量/%	强化因子 E
6	95.70	83.04	88.42	81.22	76.55	1.250
5	95.39	82.48	81.37	79.70	75.25	1.267
4	89.82	74.81	64.81	53.61	73.29	1.225
3	85.36	70.01	54.97	49.77	70.23	1.215

此外，李振山等[55]利用固定床反应器，采用催化剂与 CaO 基 CO_2 吸附剂混合的装填方式，对吸附强化甲烷水蒸气重整制氢反应进行了考察，研究了温度、甲烷流量、颗粒粒径和吸附剂种类等参数对反应过程的影响。

2. 流化床制氢研究

为了追求更好的传质、传热效果，以及适应工业化大规模生产的需要，许多学者开始尝试在流化床上对强化制氢反应进行研究。

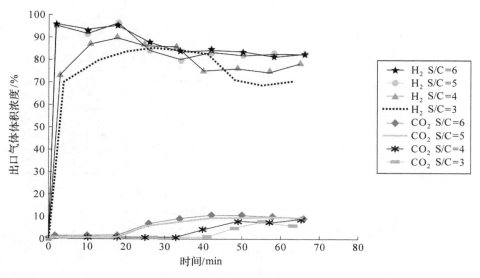

（反应温度为 600℃，反应压力为 0.2MPa）

图 4.12　水碳比（S/C）对反应的影响[43]

　　Johnsen 等[54]设计了一个内径为 0.1m 的鼓泡床反应（BFBR），并研究了常压下的反应性能。反应器结构见图 4.13。反应器包括原料气预热段、反应段（高 0.66m）、过滤器以及气体冷却器。天然气通过气体进口 1 与 2 被输送到预热器上端，与水蒸气混合，并通过气体分布器进入反应段，催化剂和吸附剂按一定比例填装在反应段。反应器的三个部分分别由三个电加热器进行加热，可单独控温，整个过程采用间歇式操作。

　　催化剂采用商用镍基催化剂，吸附剂采用白云石吸附剂，在常压、600℃、气速为 0.032m·s⁻¹、水碳摩尔比为 3 的条件下，得到的氢气干基浓度大于 98%。吸附强化持续时间 150～180min，结果如图 4.14 所示。在重整反应、白云石再生的 4 次循环后，吸附段时间缩短，吸附剂性能下降。

　　Hildenbrand 等[53]设计了一个内径为 25mm 的石英流化床反应器，该装置可用于加压条件下的研究。

3. 循环流化床制氢研究

　　吴素芳等[59]首先提出了循环流化床的反应吸附强化甲烷水蒸气重整制氢工艺。整个工艺采用微球颗粒的复合催化剂、循环流化床反应器和再生系统，从催化剂、工艺和设备等方面最大可能符合反应强化甲烷水蒸气制氢的特点和要求，实现反应吸附强化的甲烷水蒸气重整反应制氢和吸附剂再生的循环过程。该反应能直接连续生产纯度高于 90% 的氢气，具有操作稳定、连续等特点。

　　循环流化床的装置如图 4.15 所示。整个装置包括流化床反应器、流化床再生器、预热器、脱气罐、汽提罐、还原罐以及两个内旋风分离器等。首先将复合催化剂装入流化床再生器中，通入空气、甲烷等气体燃料，升温至 800℃左右，进行再生预处理。再生完成后的复合催化剂从流化床再生器上部通过卸料管经脱气罐和还原罐进入流化床反应器底部。复合催化剂在脱气罐中用水蒸气汽提，以进一步脱除夹带的二氧化碳和其他燃烧尾气，并在还

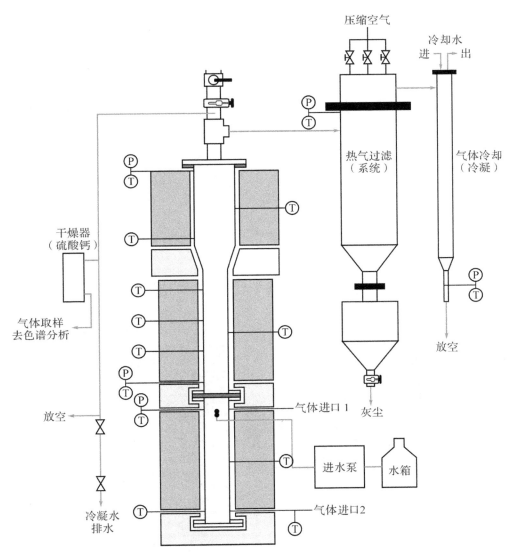

图 4.13　流化床反应器制氢流程[54]

原罐中通入氢气加以还原。甲烷和水蒸气经混合预热后进入流化床反应器底部与流化态的复合催化剂进行重整制氢反应。反应产生的氢气及未反应的少量甲烷、一氧化碳、二氧化碳气体和通入的汽提蒸汽一起从流化床反应器顶部输出,进行热回收和净化过程。反应后的复合催化剂的氧化钙已经转化为碳酸钙,从流化床反应器的上部经过卸料管至流化床再生器底部,进行一个循环的再生。

Wang 等[60] 根据吸附强化甲烷水蒸气重整反应和吸附剂再生反应的特点设计了两个单独的反应器,并对其进行循环流化床制氢计算机模拟研究。

由计算机模拟得到,在 $T = 848K$、$u_0 = 0.3m \cdot s^{-1}$ 条件下,研究压力为 0.1MPa 和 1MPa 以及水碳比为 3 和 5 下的反应,在 210s 后,H_2 出口浓度在 99% 以上(见表 4.11)。

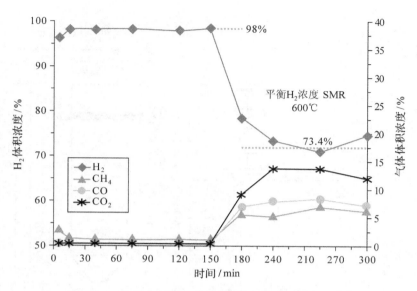

图 4.14　流化床吸附强化重整制氢的氢气浓度变化[54]

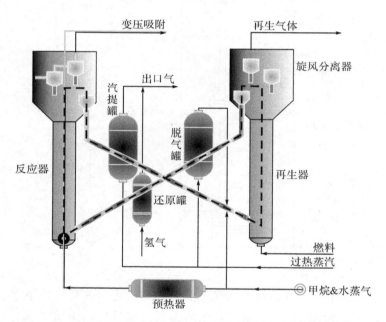

图 4.15　循环流化床吸附强化甲烷水蒸气重整制氢[59]

表 4.11　不同条件下的气体浓度[60]

条件	S/C=5	S/C=5	S/C=3
	$p=1MPa$	$p=0.1MPa$	$p=0.1MPa$
CH_4 体积浓度/%	0.2885	2.5102	3.2949
H_2 体积浓度/%	99.2181	97.4286	96.1411
CO_2 体积浓度/%	0.3351	0.0361	0.2422

研究结果认为,甲烷重整反应和 CO_2 吸附反应可以在流化床中同时进行,但反应需要充分的接触时间,因此可以在低气速下采用鼓泡床的形式。而 CO_2 脱附是个快速的过程,可以采用快速提升管的形式。

参考文献

[1] http://www. baike. com/wikdoc/sp/qr/history/version. do? ver = 29&hisiden = L, HQdcWgJBBAhUAHcRAVpZBA.

[2] BP. BP 世界能源统计 2011 数据[R]. 2012.

[3] 丁福臣,易玉峰. 制氢储氢技术[M]. 北京:化学工业出版社,2006.

[4] 杨修春,韦亚南. 甲烷重整制氢用催化剂的研究进展[J]. 材料导报,2007,21(5):49-52.

[5] 汪寿建. 天然气综合利用技术[M]. 北京:化学工业出版社,2003.

[6] Trimm D L. Catalysts for the control of coking during steam reforming[J]. Catalysis Today, 1999, 49(1):3-10.

[7] 薛荣书,谭世语. 化工工艺学[M]. 3 版. 重庆:重庆大学出版社,1998.

[8] 朱洪法. 催化剂手册[M]. 北京:金盾出版社,2008.

[9] 贺黎明,沈召军. 甲烷的转化和利用[M]. 北京:化学工业出版社,2005.

[10] Ayabe S, Omoto H, Utaka T, et al. Catalytic autothermal reforming of methane and propane over supported metal catalysts[J]. Applied Catalysis A:General,2003, 241(1):261-269.

[11] 朱洪法. 催化剂载体制备及应用技术[M]. 北京:石油工业出版社,2002.

[12] Laosiripojana N, Assabumrungrat S. Methane steam reforming over Ni/Ce-ZrO₂ catalyst:influences of CeZrO₂ support on reactivity, resistance toward carbon formation, and intrinsic reaction kinetics[J]. Applied Catalysis A:General,2005, 290(1):200-211.

[13] Matsumura Y, Nakamori T. Steam reforming of methane over nickel catalysts at low reaction temperature[J]. Applied Catalysis A:General,2004, 258(1):107-114.

[14] Liu S, Guan L, Li J, et al. CO₂ reforming of CH₄ over stabilized mesoporous Ni-CaO-ZrO₂ composites[J]. Fuel,2008, 87(12):2477-2481.

[15] Wan H, Li X, Ji S, et al. Effect of Ni loading and Ceₓ Zr₁₋ₓ O₂ promoter on Ni-Based SBA-15 catalysts for steam reforming of methane[J]. Journal of natural gas chemistry,2007, 16(2):139-147.

[16] Urasaki K, Sekine Y, Kawabe S, et al. Catalytic activities and coking resistance of Ni/perovskites in steam reforming of methane[J]. Applied Catalysis A:General, 2005, 286(1):23-29.

[17] Alessandra F, Elisabete M A. Production of the hydrogen by methane steam reforming over nickel catelysts prepared from hydrotalcite precursors[J]. J Power Sources,2005,142:154-159.

[18] Han C, Harrison D P. Simultaneous shift reaction and carbon dioxide separation for the direct production of hydrogen[J]. Chem Eng Sci, 1994, 49(24):5875-5883.

[19] Carvill B T, Hufton J R, Anand M, et al. Sorption-enhanced reaction process[J]. AIChE J, 1996, 42(10):2765-2772.

[20] Ding Y, Alpay E. Adsorption-enhanced steam-methane reforming[J]. Chem Eng Sci, 2000, 55(18):3929-3940.

[21] Xiu G, Li P, Rodrigues A E. Adsorption-enhanced steam-methane reforming with intraparticle-diffusion limitations[J]. Chem Eng J, 2003, 95(1):83-93.

[22] Wu S F, Li L B, Zhu Y Q, et al. A micro-sphere catalyst complex with nano CaCO₃ precursor for hydrogen production used in ReSER process[J]. Eng Sci,2010,8(1):22-26.

[23] Harrison D P. Sorption-enhanced hydrogen production：a review[J]. Ind Eng Chem Res，2008，47(17)：6486-6501.

[24] Balasubramanian B，Lopez Ortiz A，Kaytakoglu S，et al. Hydrogen from methane in a single-step process[J]. Chem Eng Sci,1999，54(15)：3543-3552.

[25] Silaban A，Harrison D P. High temperature capture of carbon dioxide：characteristics of the reversible reaction between CaO(s) and CO_2(g)[J]. Chem Eng Commun，1995，137(1)：177-190.

[26] Dobner S，Sterns L，Graff R A，et al. Cyclic calcination and recarbonation of calcined dolomite[J]. Ind Eng Chem Proc Des Develop,1977，16(4)：479-486.

[27] Roesch A，Reddy E P，Smirniotis P G. Parametric study of Cs/CaO sorbents with respect to simulated flue gas at high temperatures[J]. Ind Eng Chem Res,2005，44(16)：6485-6490.

[28] Yi K B，Ko C H，Park J，et al. Improvement of the cyclic stability of high temperature CO_2 absorbent by the addition of oxygen vacancy possessing material[J]. Catal Today,2009，146(1)：241-247.

[29] Belova A A G，Yegulalp T M，Yee C T. Feasibility study of In Situ CO_2 capture on an integrated catalytic CO_2 sorbent for hydrogen production from methane[J]. Energy Procedia，2009，1(1)：749-755.

[30] Sun P，Grace J R，Lim C J，et al. Investigation of attempts to improve cyclic CO_2 capture by sorbent hydration and modification[J]. Ind Eng Chem Res，2008，47(6)：2024-2032.

[31] Li Z S，Cai N S，Huang Y Y，et al. Synthesis, experimental studies, and analysis of a new calcium-based carbon dioxide absorbent[J]. Energy Fuels，2005，19(4)：1447-1452.

[32] Wu S F，Li Q H，Kim J N，et al. Properties of a nano CaO/Al_2O_3 CO_2 sorbent[J]. Ind Eng Chem Res，2008，47(1)：180-184.

[33] Ding Y，Alpay E. Equilibria and kinetics of CO_2 adsorption on hydrotalcite adsorbent[J]. Chem Eng Sci,2000，55(17)：3461-3474.

[34] Ficicilar B，Dogu T. Breakthrough analysis for CO_2 removal by activated hydrotalcite and soda ash [J]. Catal Today，2006，115(1)：274-278.

[35] Hutson N D，Attwood B C. High temperature adsorption of CO_2 on various hydrotalcite-like compounds[J]. Adsorption,2008，14(6)：781-789.

[36] Kato M，Nakagawa K. New series of lithium containing complex oxides, lithium silicates, for application as a high temperature CO_2 absorbent[J]. Nippon Sramikkusu Kyokai Gakujutsu Ronbunshi，2001，109(11)：911-914.

[37] 王银杰,其鲁,王祥云.高温下锆酸锂吸收二氧化碳的研究[J].无机化学学报,2003,19(5)：531-534.

[38] 王银杰,其鲁,江卫军.高温下硅酸锂吸收 CO_2 的研究[J].无机化学学报,2006,22(2)：268-272.

[39] Satrio J A，Shanks B H，Wheelock T D. Development of a novel combined catalyst and sorbent for hydrocarbon reforming[J]. Ind Eng Chem Res，2005，44(11)：3901-3911.

[40] Satrio J A，Shanks B H，Wheelock T D. A combined catalyst and sorbent for enhancing hydrogen production from coal or biomass[J]. Energy Fuels，2007，21(1)：322-326.

[41] Albrecht K O，Wagenbach K S，Satrio J A，et al. Development of a CaO-based CO_2 sorbent with improved cyclic stability[J]. Ind Eng Chem Res，2008,47(2)：7841-7848.

[42] Albrecht K O，Satrio J A，Shanks B H，et al. Application of a combined catalyst and sorbent for steam reforming of methane[J]. Ind Eng Chem Res，2010，49(9)：4091-4098.

[43] 贺隽,吴素芳.吸附强化的甲烷水蒸气重整制氢反应特性[J].化学反应工程与工艺,2007,23(5)：470-473.

[44] Wu S F，Wang L L. Improvement of the stability of a ZrO_2-modified Ni-nano-CaO sorption complex catalyst for ReSER hydrogen production[J]. Int J Hydrogem Energy，2010,35(3)：6518-6524.

[45] Feng H Z，Lan P Q，Wu S F. A study on the stability of a NiO-CaO/Al$_2$O$_3$ complex catalyst by La$_2$O$_3$ modification for hydrogen production[J]. Int J Hydrogen Energy，2012，37(19)：14161-14166.

[46] Zhang F，Tang Q，Wu S F，Preparation of a mesoporous sorption complex catalyst and its evaluation in reactive sorption enhanced reforming[J]. J Zhejiang Univ Sci(A)，2013，14(2)：915-922.

[47] Martavaltzi C S，Lemonidou A A. Hydrogen production via sorption enhanced reforming of methane：development of a novel hybrid material—reforming catalyst and CO$_2$ sorbent[J]. Chem Eng Sci，2010，65(14)：4134-4140.

[48] Kim J，Ko C H，Yi K B. Sorption enhanced hydrogen production using one-body CaO-Ca$_{12}$Al$_{14}$O$_{33}$-Ni composite as catalytic absorbent[J]. Int J Hydrogen Energy，2013，38(14)：6072-6078.

[49] Wu G，Zhang C，Li S，et al. Sorption enhanced steam reforming of ethanol on Ni-CaO-Al$_2$O$_3$ multifunctional catalysts derived from hydrotalcite-like compounds[J]. Energy Environ Sci，2012，5(10)：8942-8949.

[50] Broda M，Kierzkowska A M，Baudouin D，et al. Sorbent-enhanced methane reforming over a Ni-Ca-based，bifunctional catalyst sorbent[J]. ACS Catalysis，2012，2(8)：1635-1646.

[51] Chanburanasiri N，Ribeiro A M，Rodrigues A E，et al. Hydrogen production via sorption enhanced steam methane reforming process using Ni/CaO multifunctional catalyst[J]. Ind Eng Chem Res，2011，50(24)：13662-13671.

[52] Ortiz A L，Harrison D P. Hydrogen production using sorption-enhanced reaction[J]. Ind Eng Chem Res，2001，40(23)：5102-5109.

[53] Hildenbrand N，Readman J，Dahl I M，et al. Sorbent enhanced steam reforming(SESR) of methane using dolomite as internal carbon dioxide absorbent：limitations due to Ca(OH)$_2$ formation[J]. Applied Catalysis A：General，2006，303(1)：131-137.

[54] Johnsen K，Ryu H J，Grace J R，et al. Sorption-enhanced steam reforming of methane in a fluidized bed reactor with dolomite as CO$_2$-acceptor[J]. Chem Eng Sci，2006，61(4)：1195-1202.

[55] 李振山，蔡宁生. 吸收增强式甲烷水蒸气重整制氢实验研究[J]. 燃料化学学报，2007，35(1)：79-84.

[56] Di Carlo A，Bocci E，Zuccari F，et al. Numerical investigation of sorption enhanced steam methane reforming process using computational fluid dynamics Eulerian-Eulerian code[J]. Ind Eng Chem Res，2010，49(4)：1561-1576.

[57] 冯红贞. La$_2$O$_3$ 改性 NiO-CaO/Al$_2$O$_3$ 复合催化剂对 ReSER 制氢稳定性影响研究[D]. 杭州：浙江大学，2012.

[58] 张帆. 水热沉淀法制备 Ni-CaO/Al$_2$O$_3$ 复合催化剂及其在 ReSER 制氢上的应用[D]. 杭州：浙江大学，2013.

[59] 吴素芳，汪燮卿，王樟茂. 采用循环流化床的吸附强化甲烷水蒸气重整制氢工艺及装置：ZL200610053567.0[P]. 2007-03-28.

[60] Wang Y F，Chao Z X，Chen D，et al. SE-SMR process performance in CFB reactors：simulation of the CO$_2$ adsorption/desorption processes with CaO based sorbents[J]. International Journal of Greenhouse Gas Control，2011，5(3)：489-497.

第5章 煤制氢

　　煤是世界上最重要的能源之一,也是人们很早就熟知的一种能源。明代李时珍的《本草纲目》首次使用煤这一名称。希腊和古罗马也是用煤较早的国家。希腊学者泰奥弗拉斯托斯在公元前约 300 年著有《石史》,其中记载有煤的性质和产地;古罗马大约在 2000 年前就已开始用煤加热。

　　煤是由植物残骸经过复杂的生物化学作用和物理化学作用转变而成的。在地表常温、常压下,由堆积在停滞水体中的枯植物经泥炭化作用或腐泥化作用,转变成泥炭或腐泥;泥炭或腐泥被埋藏后,由于盆地基底下降而沉至地下深部,经成岩作用而转变成褐煤;当温度和压力逐渐增高,再经变质作用转变成烟煤至无烟煤。其中,泥炭化作用是指堆积在沼泽中的高等枯植物经生物化学变化转变成泥炭的过程;腐泥化作用是指堆积在沼泽中的低等生物残体经生物化学变化转变成腐泥的过程。

　　目前,世界上已有 80 多个国家发现了煤炭资源,全世界煤炭地质总储量为 107500 亿吨标准煤,其中技术经济可采储量为 10400 亿吨,90%的技术经济可采储量集中在美国、独联体、中国和澳大利亚等。我国常规能源探明总资源量约 9000 亿吨标准煤,约占世界已探明储量的 10%,仅次于独联体和美国,居世界第 3 位;探明剩余可采用总量 1500 亿吨标准煤,约占世界探明剩余可采用总量的 10%(见表 5.1)。

表5.1　世界和中国化石能源探明可采储量与可采年限[1]

化石能源	世界			中国		
	可采储量/10^{10} t	年递增/%	可采年数/a	可采储量/10^9 t	年递增/%	可采年数/a
煤炭	104.4	1.2	112	114.5	3.3	43
石油	19.7	1.5	34	4.72	1.5	20
天然气	18.7	1.8	44	2.26	6.0	33

　　由表 5.1 可见,与石油、天然气相比,我国的煤炭资源十分丰富而且价格相对低廉。以煤炭为原料大规模制氢在未来一段时间内将成为我国获得价廉氢气的一条可行之路。

5.1 煤的组成

煤的化学组成很复杂,但归纳起来可以分为两类,即有机质和无机质。前者是煤的主要组分,也是加工利用的对象;后者包括无机矿物和水分,其中绝大多数是煤中的有害成分,对煤的加工利用起着不良的影响[2]。

煤中的有机质是由各种复杂的高分子有机化合物所组成的混合物。它们主要是由碳、氢、氧、氮和有机硫等元素构成的,此外还有极少量的磷和其他元素。碳和氢是煤有机质的主要组成元素,两者和氧加在一起占煤有机质的 95% 以上。煤中的有机质至今还无法直接测定,目前主要是依据元素分析、各种官能团的测定及化合物组分的分离等方法加以研究。生产上主要是应用元素分析、工业分析等数据来研究煤质和进行煤的分类、计算煤的热加工化学产品的产率等。煤的元素分析结果见表 5.2。

表 5.2　煤的元素分析[3]　　　　　　　　　　单位:%

元素分析			焦油产率
C	H	O	
83.45	5.14	10.19	7.09
83.36	5.17	10.23	10.12

通常来说,煤的分子结构的基本单元是大分子芳香族稠环化合物的六碳环平面网格,在大分子稠环周围,连接许多烃类的侧链结构、氧键和各种官能团。煤的分子结构模型如图 5.1 所示。从图 5.1 中可以看出,平均 3~5 个芳环或氢化芳环单位由较短的脂链和醚键相连,形成大分子的聚集体。小分子镶嵌于聚集体空洞或者空穴中,可以通过溶剂抽提溶解出来。

煤的有机质中各种元素的含量,因煤的种类、煤岩成分和变质程度的不同而异。对同一煤田的煤来说,煤中有机质的元素组成往往随着煤化程度加深而呈现有规律的变化。其中,碳含量随着煤化程度加深而不断地增加,氢和氧的含量则趋于减少,至少氮含量的变化一般是略为减少,但其规律不甚明显。我国煤的碳、氢含量的变化范围如表 5.3 所示。

表 5.3　我国煤的碳、氢含量的一般变化范围[3]　　　　　　　　单位:%

牌号	弱黏结煤	不黏结煤	褐煤	长焰煤	气煤	肥煤	焦煤	瘦煤	贫煤	无烟煤
C 含量	75~85	68~88	60~77	74~80	79~85	80~89	87~90	88~92	88~92	90~98
H 含量	4.4~5.3	3.5~5.0	4.5~6.4	5.0~5.8	5.0~6.4	5.4~6.4	4.8~5.5	4.4~5.0	4~4.6	0.9~4

传统的煤制氢过程分为直接制氢和间接制氢两类。其中,煤的间接制氢过程,是指将煤首先转化为甲醇,再由甲醇重整制氢,其内容将在第 6 章甲醇制氢中介绍。本章介绍煤的直接制氢,包括煤焦化制氢和煤气化制氢[4]。

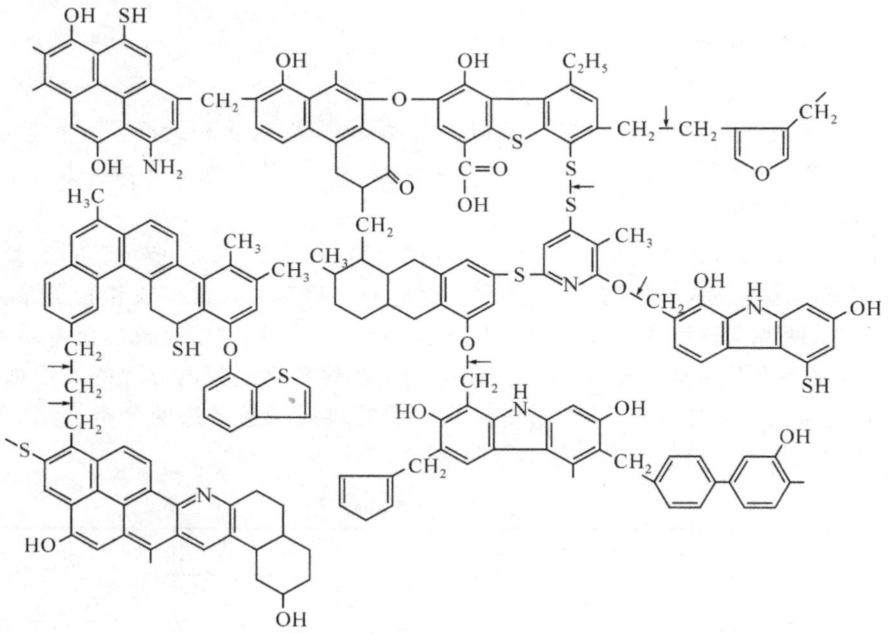

图 5.1　煤的分子结构模型[1]

5.2　煤焦化制氢

煤的炼焦过程是煤在炭化室高温下进行热解和焦化,发生复杂的物理和化学变化的过程。

$$煤 \xrightarrow[\text{隔绝空气}]{900\sim1000℃} H_2 + CH_4 + CO + 其他气体$$

煤经过干燥、预热、软化、膨胀、熔融、固化和收缩而被炼制成焦炭。煤的炼焦过程就是高温热分解过程,即高温干馏过程。煤在隔绝空气的条件下,在温度 900~1000℃ 条件下制焦炭,其副产的焦炉煤气中含氢气 55%~60%、甲烷 23%~27%、一氧化碳 6%~8% 以及少量其他气体。焦炉煤气可作为城市生活用煤气,亦是制取氢气的原料。一般 1t 干煤可制0.65~0.75t 焦炭,副产 300~420m³ 焦炉煤气[4],焦炉煤气通过变压吸附即可得到纯度很高的氢气。

在煤的热分解过程中,煤中连接烃类的侧链不断断裂,生成小分子的气态和液态,断掉侧链和氢的碳原子网格逐渐缩合加大,在高温下生成焦炭。煤结构中侧链的含氧官能团含量越高,就越容易分解和断裂。如果煤的侧链较少,碳网平面热稳定性就较强,在煤的热解过程中,煤的结构很难分解[3,5]。

焦炉及其附属机械如图 5.2 所示。

炼焦过程包括以下几个步骤。

(1)干燥和预热。湿煤装炉后,炭化室中煤料温度升到 100℃ 以上所需的时间约为结焦时间的一半,这是因为水的汽化潜热大而煤的导热系数小。又因在结焦过程中湿煤层始终被夹在两个塑性层之间,水汽不可能透过塑性层向两侧炭化室墙的外层流出,导致大部分

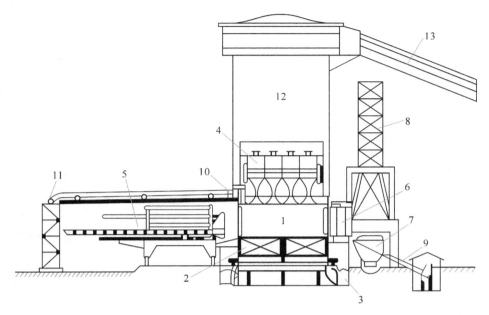

1—焦炉;2—蓄热室;3—烟道;4—装煤车;5—推焦车;6—导焦车;7—熄焦车;8—熄焦塔;9—焦台;10—煤气集气管;11—煤气吸气管;12—储煤室;13—煤料带运机。

图 5.2　焦炉及其附属机械[4]

水汽窜入内层湿煤中,由于内层温度低而冷凝下来,使得内层湿煤水分含量加大,炭化室中煤料长时间停留在约 110℃ 以下。煤料的水分含量越高,结焦时间越长,炼焦所耗热量也越大。将温度保持在 100℃ 左右,使煤料干燥,然后温度持续上升,在 100~200℃ 析出煤中吸附的二氧化碳和甲烷等气体。

(2)温度升至 200~350℃,煤开始分解。此刻,煤结构中的侧链开始断裂和分解,主要产生热解水、二氧化碳、一氧化碳和甲烷等气体,并有焦油物产生。

(3)温度升至 350~480℃,煤大分子中的侧链继续分解,生成大量黏稠液体。此种液体里还有煤气等构成的气泡及没有完全分解的煤粒残留物。这个以液相为主的包括气、液、固三相的胶体系统即胶质体,它具有黏结性。煤粉能变成大块焦炭正是胶质体作用的结果。由于胶质体缺乏透气性而产生膨胀压力,此时,有大量气态和液态产物——焦油产生。所以,能生成胶质体的煤都有黏结性。

(4)胶质体固化。当煤温升高到 480~550℃ 时,胶质体中的液体继续分解,有的以气态析出,有的固化生成半焦。这一阶段继续产生大量气态产物,焦油逸出量却逐渐减少。

(5)半焦收缩,形成焦炭。当温度升到 550℃ 后,焦油停止逸出,半焦收缩,产生裂纹。当温度升至 800℃ 以上时,气态产物的逸出也很少了。当温度达到 1000℃ 左右时,半焦继续析出气体,这时碳原子网格周围的氢气析出,半焦继续收缩变紧,直至生成焦炭。

5.3　煤气化制氢

煤的气化制氢技术发展已经有 200 年历史,工艺非常成熟。

5.3.1 煤气化制氢原理

所谓煤气化,是指煤与气化剂(氧气和水蒸气等)在一定的温度、压力等条件下发生化学反应而转化为煤气的工艺过程。其主要反应如下:

$$C+H_2O \longrightarrow CO+H_2 \quad \Delta H_{298K}^{\ominus}=131.6kJ \cdot mol^{-1} \tag{5.1}$$

$$CO+H_2O \longrightarrow CO_2+H_2 \quad \Delta H_{298K}^{\ominus}=-41.19kJ \cdot mol^{-1} \tag{5.2}$$

5.3.2 煤气化制氢工艺及流程

煤气化制氢是先将煤炭气化得到以氢气和一氧化碳为主要成分的气态产品。煤气化制氢技术的工艺过程一般包括煤的气化、煤气净化、CO变换以及H_2提纯等主要生产过程。与天然气制氢工艺流程相比,煤气化制氢的主要区别在于合成气的生产工艺,其后的CO变换及H_2分离装置类似于天然气制氢。煤气化制合成气的主要生产设备是煤气化炉。在煤气化炉中,原料为煤炭和气化剂(氧气、水蒸气等),产出为粗合成气。

典型的带有CO_2收集的煤气化制氢工艺流程如图5.3所示。首先是煤气化过程。煤在气化炉中与经过空分装置得到的氧气及水蒸气反应,经气化制取煤气,煤气中含有H_2、CO、CO_2以及其他含硫气体等。其次是煤气净化过程,脱硫,然后是CO变换过程。煤气经过脱硫净化之后,进入CO变换器与水蒸气发生反应,产生氢气和二氧化碳。最后是H_2提纯过程。采用湿法(低温甲醇洗、氨水或者乙醇胺等)或者干法(碱性氧化物、纳米碳吸附、变压吸附等)将CO_2脱除后,采用变压吸附技术将H_2纯度提高到99.9%以上[6-9]。

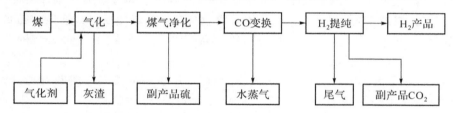

图5.3 传统煤气化制氢工艺流程[9]

通常煤气化又按以下几种方式进一步分类[10]。

按煤料与气化剂在气化炉内流动过程中的接触方式不同,分为移动床气化、流化床气化、气流床气化及熔融床气化(又称熔浴床气化)等工艺。熔融床气化是将粉煤和气化剂以切线方向高速喷入温度较高且高度稳定的熔池内,把一部分动能传给熔渣,使池内熔融物做螺旋状的旋转运动并气化。目前此气化工艺已不再发展。

按原料煤进入气化炉时的粒度不同,分为块煤(13~100mm)气化、碎煤(0.5~6mm)气化及煤粉(<0.1mm)气化等工艺。

按气化过程所用气化剂的种类不同,分为空气气化、空气/水蒸气气化、富氧空气/水蒸气气化及氧气/水蒸气气化等工艺。

按煤气化后产生灰渣排出气化炉时的形态不同,分为固态排渣气化、灰团聚气化及液态排渣气化等工艺。

不同的气化工艺对原料性质的要求不同,因此在选择煤气化工艺时,考虑气化用煤的特性及其影响就显得极为重要。气化用煤的性质主要包括煤的反应性、黏结性、结渣性、热稳定性、机械强度、粒度组成，以及水分、灰分和硫分含量等。下面按照气化炉流动过程分类介绍固定床气化、流化床气化、气流床气化及熔融床气化工艺。表5.4列出了一些典型煤气化工艺及其主要特征。

表5.4　一些典型煤气化工艺及其主要特征[9]

气化技术	床型	煤料	气化剂	排渣	压力	温度
煤气发生炉	固定床	块煤	空气/水蒸气	固态	常压	<ST
水煤气炉	固定床	块煤	空气/水蒸气	固态	常压	<ST
Lurgi	固定床	块煤	氧气/水蒸气	固态	加压	<ST
BG/L	固定床	块煤	氧气/水蒸气	液态	加压	>ST
Winkler	流化床	碎煤	空气/水蒸气	固态	常压	<ST
HTW	流化床	碎煤	空气/水蒸气	固态	加压	<ST
U-Gas	流化床	碎煤	空气/水蒸气	团聚	加压	>ST
KRW	流化床	碎煤	空气/水蒸气	团聚	加压	>ST
K-T	气流床	煤粉	氧气/水蒸气	液态	常压	>ST
Texaco	气流床	水煤浆	氧气/水蒸气	液态	加压	>ST
Shell	气流床	煤粉	氧气/水蒸气	液态	加压	>ST
Destec	气流床	水煤浆	氧气/水蒸气	液态	加压	>ST
Pronflo	气流床	煤粉	氧气/水蒸气	液态	加压	>ST
DSP	气流床	煤粉	氧气/水蒸气	液态	加压	>ST

注：ST 为煤灰熔融性软化温度。

1. 固定床气化[4]

在固定床气化工艺的气化过程中，煤由气化炉顶部加入，气化剂由气化炉底部加入，煤料与气化剂逆流接触，相对于气体的上升速度而言，煤料下降速度很慢，甚至可视为固定不动，因此称为固定床。而实际上，煤料在气化过程中是以很慢的速度向下移动的，故也称为移动床气化。固定床气化以块煤、焦炭块或型煤（煤球）为入炉原料（颗粒度为 5～80mm），固定床煤气化炉内自然形成了两个热交换区（即上部入口冷煤与出口煤气；下部热灰渣与气化剂逆流交换的结果），从而提高了气化效率。固定床气化要求原料煤的热稳定性高、反应活性好、煤灰熔融性软化温度高、机械强度高等，对煤的灰分含量也有所限制。固定床气化形式多样，通常按照压力等级可分为常压和加压两种。

（1）常压固定床水煤气炉

常压固定床水煤气炉以无烟块煤或焦炭块为入炉原料，要求原料煤的热稳定性高、反应活性好、煤灰熔融性软化温度高等，采用间歇操作技术。从水煤气组成分析，H_2 含量大于 50%。若考虑完成 CO 变换反应，则 H_2 含量为 84%～88%。加之技术成熟、投资低，因此该工艺在我国煤气化制氢用于合成氨中占有非常重要的地位。

（2）加压固定床气化炉

在加压固定床气化炉中，煤的加压气化压力通常为 1.0～3.0MPa 或者更高，以褐煤和次烟煤为原料,代表性的炉型为鲁奇炉(Lurgi)。鲁奇炉加压固定床气化炉以黏结性不强的次烟煤块、褐煤块为原料,以氧气/水蒸气为气化剂,加压操作,连续运行。加压固定床气化煤气中 H_2 和 CO 含量较高,一般为 55%~64%,而且煤气中含量约 8%的甲烷可以经蒸汽催化重整转换成氢气。

2. 流化床气化

流化床气化以粒度为 0.5~5mm 的小颗粒煤(碎煤)为气化原料,在气化炉内使其悬浮分散在垂直上升的气流中,煤粒在沸腾状态下进行气化反应,使得煤料层内温度均匀,易于控制,从而提高气化效率。同时,反应温度一般低于煤灰熔融性软化温度(900~1050℃)。当气流速度较高时,整个床层就会像液体一样形成明显的界面,煤粒与流体之间的摩擦力和它本身的重力相平衡,这时的床层状态叫流化床。流化床气化技术的反应动力学条件好,气-固两相间紊动强烈,气化强度大,不仅适合于活性较高的低价煤及褐煤,还适合于含灰较高的劣质煤。其净化系统简单,污染少,总造价低。但流化床的热损大,灰渣与飞灰含量高。

图 5.4 将固定床气化炉与流化床气化炉进行了比较,主要关注温度对气化炉效率的影响。

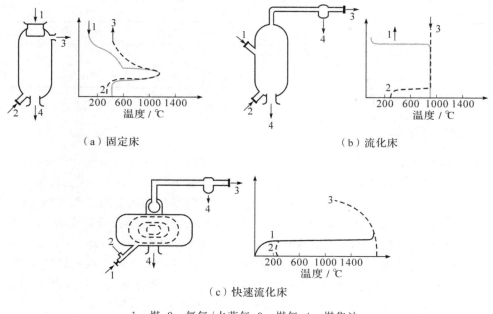

（a）固定床　　　　　　　　　　　　　　（b）流化床

（c）快速流化床

1—煤;2—氧气/水蒸气;3—煤气;4—煤焦油。

图 5.4　煤的气化方法[7]

3. 气流床气化

这是一种并流气化,可用气化剂将粒度为 100μm 以下的煤粉带入气化炉内(干法进料),也可以将煤粉先制成水煤浆,然后用泵打入气化炉内(湿法进料)。煤料在高于其煤灰熔融性软化温度下与气化剂发生燃烧反应和气化反应,灰渣以液态形式排出气化炉。当气体速度大于煤粒的终端速度时,煤粒不能再维持层状,因而随气流一起向上流动。这种床属于气流夹带床或者气流输送床,称为气流床。气流床属于同向气化,煤粉(干粉或者水煤浆)与气化剂掺混后,高速喷入气化炉。煤粒在炉内停留时间短,气化过程瞬间完成,操作温度一般为 1200~1600℃,压力为 2~8MPa,因而具有处理量比较大,但要求煤进行粉化,而且具有煤种适应性较广、不产生煤焦油和酚水、煤气化处理系统简单等特点。表 5.5 列出了两种典型气流床煤气化的技术指标。

表 5.5　两种典型气流床煤气化技术指标[10]

指标内容	湿法料浆气化技术	干法粉煤气化技术
气化原料	次烟煤、烟煤、含碳有机物	次烟煤、烟煤、褐煤、含碳干粉
气化压力/MPa	0.1~7.0	2.0~4.0
气化温度/℃	1250~1400	1400~1700
气化剂	氧气	氧气+蒸汽
进料方式	料浆	干煤粉
单炉最大处理量/$(t \cdot d^{-1})$	2000	2000
有效气($CO+H_2$)含量/%	72~82	92~95
碳转化率/%	96~98	98~99
冷煤气效率/%	72	82
比氧耗/$(Nm^3 \cdot kNm^{-3})$	400	320
比煤耗/$(kg \cdot kNm^{-3})$	600	520
比汽耗/$(kg \cdot kNm^{-3})$	0	120
工业应用	已有 20 多套工业化装置在运行	工业化装置试运行

注:湿法料浆气化技术指标为多元料浆气化技术的代表性数据;干法粉煤气化技术指标为 Shell 气化技术的代表性数据。

表 5.5 说明,干法气化技术与湿法气化技术相比较在气化指标如氧耗、煤耗、煤气中的有效成分($CO+H_2$)含量、冷煤气效率、转化效率等方面存在明显差异。但从气体组成方面分析,干法气化生成的粗煤气组成中 CO 组分含量高而 H_2 组分含量低,使得后续变换过程规模相应变大。现有的干法气化中粗煤气的降温、净化多采用废锅流程,系统流程长,投资大。湿法气化多采用激冷流程,出系统的煤气为高温饱和气,其水气比为 1.2~1.5,携带的蒸汽足以满足变换过程所需蒸汽量[10]。

此外,德古士(Texaco)加压气流床气化炉,以水煤浆为原料,以氧气/水蒸气为气化剂,可实现连续操作。其工艺流程如图 5.5 所示。

壳牌(Shell)干煤粉加压气化装置工艺流程、Shell 炉内流场和温度分布分别如图 5.6、图 5.7 所示。Shell 加压气流床气化炉是下置多喷嘴式干煤粉气化工艺,它以干煤粉为原料,以氧气和少量水蒸气为气化剂,在约 3.0MPa 的压力下连续操作。在 Shell 气化炉出口煤气中有效成分($CO+H_2$)含量可达 90% 以上,且其气化效率高于 Texaco 气化炉。为了让

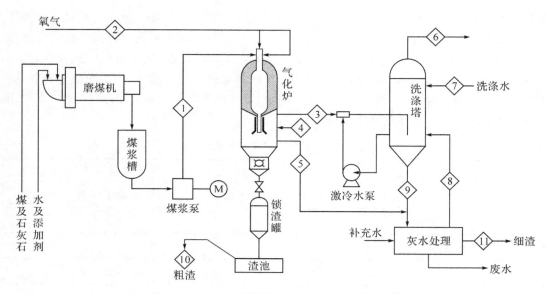

图 5.5　Texaco 水煤浆加压气化装置工艺流程[7]

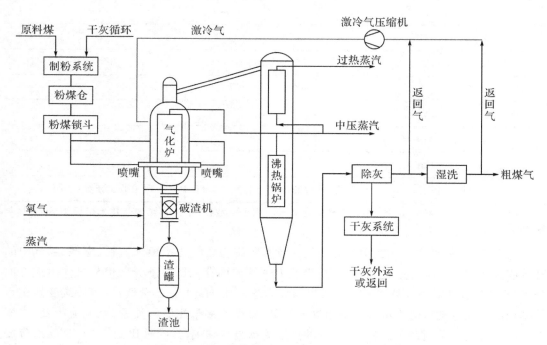

图 5.6　Shell 干煤粉加压气化装置工艺流程[7]

高温煤气中的熔融态灰渣凝固以免使煤气冷却器(废热锅炉,简称废锅)堵塞,后续工艺中采用大量的冷煤气对高温煤气进行急冷,可使高温煤气由 1400℃ 冷却到 900℃。

5.3.3　国内主要的煤气化工艺流程

　　根据文献资料,国内几种主要的煤气化技术包括多喷嘴对置式水煤浆气化技术、两段式干煤粉气化技术、灰熔岩聚流化床粉煤气化技术、非熔渣-熔渣分级气化技术、航天煤气化

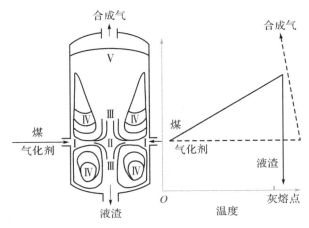

Ⅰ—射流区；Ⅱ—撞击区；Ⅲ—撞击扩散流区；Ⅳ—回流区；Ⅴ—管流区。

图 5.7　Shell 炉内流场和温度分布[7]

技术。本书重点介绍多喷嘴对置式水煤浆气化技术和两段式干煤粉气化技术。

1. 多喷嘴对置式水煤浆气化技术

多喷嘴对置式水煤浆加压气流床的气化技术运行指标如表 5.6 所列。

表 5.6　水煤浆气化技术运行指标[11]

技术种类	有效气(CO+H$_2$)含量/%	碳转化率/%	生产有效气的比煤耗/(kg·kNm^{-3})	生产有效气的比氧耗/(m^3·kNm^{-3})
多喷嘴对置式水煤浆气化	84.9	98.8	535	309
单喷嘴水煤浆气化	82.0～83.0	96.0～97.0	547	336

图 5.8 所示为多喷嘴对置式水煤浆气化炉工艺流程,其可分为以下几个部分。

(1)气化

煤与水、煤浆添加剂进入煤磨机,制得质量浓度为 60%～65% 的水煤浆,经水煤浆给料泵加压后,进入四只工艺烧嘴;来自空分装置的纯氧分四路经氧气流量调节后进入工艺烧嘴;水煤浆与氧气一起通过工艺烧嘴喷入气化炉,在气化炉内形成撞击反应区,进行部分氧化反应,生成的粗合成气主要含 CO 和 H$_2$ 及杂质。粗合成气出气化炉,通过加湿混合后送入水洗塔进行洗涤除尘,含尘量 <1mg·m^{-3} 的合成气送合成气净化系统。液体废料是来自气化炉激冷室、水洗塔底部的黑水,分别经过减压送入高温热水塔,然后送入真空闪蒸器进行真空闪蒸。闪蒸后的黑水进入澄清槽,加入絮凝剂以强化沉降。浓缩的黑水经澄清槽底部被泵送入压滤机,澄清的灰水大部分经闪蒸气加热,回收热量后返回系统,其余去废水处理工序。固体废料熔渣一起向下进入气化炉激冷室,大部分熔渣在水浴中经激冷固化后落入激冷室底部,然后进入锁斗收集,定期排放。

(2)合成气变换

出水煤浆气化炉的水煤气具有压力高、温度高、水气比高、含硫量高和含碳量高等特

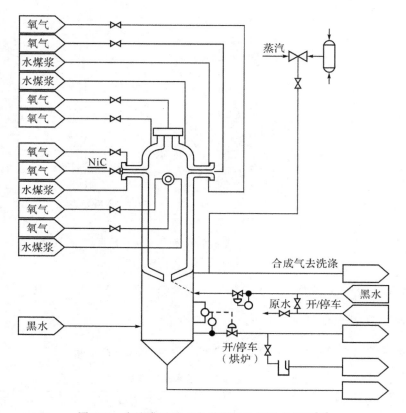

图 5.8　多喷嘴对置式水煤浆气化炉工艺流程[11]

点,因此,选择高温耐硫变换流程,煤气不必先冷却脱硫,而是先变换后脱硫。其中,温度范围为 350～500℃,采用耐硫 Co-Mo 系催化剂,经过变换后不含水的氢气含量最大为 57%。

(3)合成气净化

合成气净化采用有机硫水解、耐硫变换、NHD 脱硫和脱碳、氧化铁精脱硫技术[9]。

水煤浆气化本身的缺点,如效率低下、氧耗高、对煤质要求高、耐火砖寿命短、喷嘴寿命短等,不会有根本性的改变,多喷嘴多路控制系统还增加了设备投资和维修工作量。

2. 两段式干煤粉气化技术

两段式干煤粉的气流床加压气化炉技术[4,7]的思路是,用干煤粉后就可以采用冷壁炉结构,避免了采用耐火材料的问题。同时,又可达到两段给料热效率较高的效果。运行时,向下炉膛内喷入粉煤、水蒸气和氧气,向上炉膛喷入少量粉煤和水蒸气。利用下炉膛的煤气显热进行上炉膛煤的热解和气化反应,以提高总的冷煤气效率,同时显著降低热煤气温度,使得炉膛出口的煤气降温至煤灰熔融性软化温度以下,从而省去冷煤气激冷流程。

两段式气化炉煤制氢工艺流程如图 5.9 所示。该气化工艺包括煤粉的制备、气化制氢、废热回收和洗涤冷却等部分。

(1)煤粉制备

从煤厂来的原料,破碎后再经球磨机、棒磨机等粉碎,同时在 420℃下对煤粉进行干燥,然后通过热烟道气夹带并送入分级器,通过气动输送系统送入煤斗。螺旋给料机将煤粉由

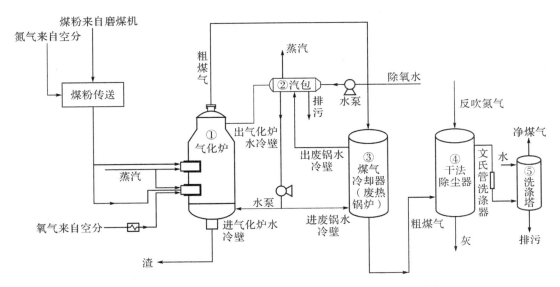

图 5.9　两段式气化炉制氢工艺流程(带废热锅炉的工艺)[12]

煤斗以一定的速度送入炉头,同时空分车间来的工业氧气和过热的工艺水蒸气混合后送入炉头,混合气将煤粉夹带一起由喷嘴喷入气化炉内。

(2)气化制氢

从烧嘴喷出的氧气、水蒸气和煤粉并流入高温炉头,粉状燃料和气化介质(氧气和水蒸气)均匀混合,发生强烈的氧化反应。

(3)废热回收

气体出气炉的温度为 1400~1500℃,在出口处用饱和水蒸气急冷以固化气体中夹带的熔渣小滴,以防止熔渣黏附在高压蒸汽锅炉的炉管上。采用辐射式废热锅炉,可回收约 70% 的显热。

(4)除尘洗涤冷却

粗煤气通过干法除尘,然后通入洗涤冷却系统。此系统可根据炉煤气的灰含量、回收利用的要求、煤气的具体用途等进行不同的组合。传统的柯柏斯(Koppers)除尘流程、干湿法联合除尘流程以及湿法文丘里流程等都可供选择。

两段式气化炉结构如图 5.10 所示。下炉膛是第一段,占总煤量约 80% 的煤粉喷入下炉膛,与同时喷入的水蒸气和氧气发生气化与不完全氧化反应,使炉膛内温度维持在 1300~1600℃,生成高温煤气。高温煤气进入上炉膛,熔渣沿水冷壁面流至气化炉底部,水浴凝结成固状颗粒。

上炉膛为第二段,占总煤量约 20% 的煤粉被喷入该反应区,同时也喷入过热蒸汽,利用一段炉膛生成的高温煤气的显热进行热裂解和部分气化(未气化的煤粉经过除尘收集后返回到磨煤机)。由于没有注入氧气,本段发生的是吸热反应,降低了炉内的高温煤气温度。在水冷壁的作用下,气化炉出口的高温煤气温度进一步降低到约 900℃(煤灰熔融性软化温度以下),这样就避免了高温煤气中携带的灰渣在废热锅炉中凝结堵塞管道。

第二段炉膛的设置省去了冷煤气循环流程,降低了废热锅炉与除尘器内的煤气流量,从而减小了其尺寸。利用下炉膛的煤气显热进行煤的热裂解和部分气化,较大幅度地提高

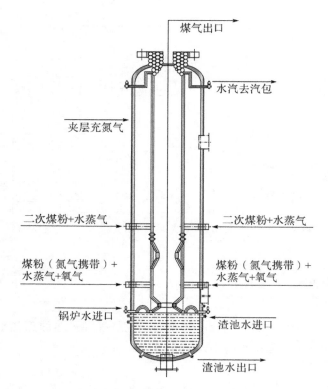

图 5.10 两段式气化炉结构[12]

了总的冷煤气效率和热效率,其中冷煤气效率比 Shell 气化工艺提高了 2～3 个百分点[10]。

各种气化炉的技术特性指标比较如表 5.7 所列。

表 5.7 各种气化炉的技术特性指标[7]

气化炉类型	工艺类型	气化炉压力/MPa	有效气(CO+H_2)含量/%	碳转化率/%	冷煤气效率/%
Texaco	水煤浆加压气化	2.6～8.5	80	94～96	70～76
E-Gas	水煤浆加压气化	0.5～4.0	90	≈99	80～83
Shell	粉煤加压气化	2.0～4.0	89	≈99	78～83
GSP	粉煤加压气化	2.5～4.0	86	≈99	71～73
Lurgi	固定床加压气化	2.0～3.2	65(另含 CH_4:8～12)	≈99	85～89
HT-L	粉煤加压气化	2.0～4.0	89～91	≈99	80～83
CAGG	流化床常压粉煤气化	0.03～0.5	70～73(另含 CH_4:1.2～2.2)	>90	79～83
华东理工	水煤浆加压气化	1.0～4.0	82	≈98	—
西北化工院	多元料浆加压气化	1.3～6.5	80～86	—	76

5.4　煤气化集成循环(IGCC)制氢

煤气化集成循环(integrated gasification combined cycle,IGCC)发电技术是将煤气化技术与高效的联合循环有机结合的先进动力系统。随着环境和能源的需求,煤气化制氢需要满足新的发展要求,因此煤气化集成制氢技术得到迅速的发展。煤气化集成制氢技术即将化工生产过程和动力系统热力过程有机集成,在完成发电、供热、制冷等功能的同时,还可以利用各种能源资源生产出清洁燃料——氢气和其他化工产品等,从而满足多领域功能需求和实现能源资源高增值。

5.4.1　IGCC 原理

IGCC 由两大部分组成,即煤的气化与煤气净化系统部分、燃气-蒸汽联合循环发电系统部分。第一部分的主要设备有气化炉、空分装置、煤气冷却净化系统;第二部分的主要设备有燃气轮机发电系统、余热锅炉、汽轮机发电系统。IGCC 的工艺流程如图 5.11所示。

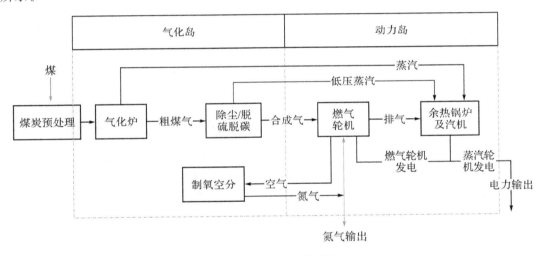

图 5.11　IGCC 工艺流程

IGCC 联产系统中能流、物流的优化配置如图 5.12 所示,由于煤基物质生产和煤炭发电的有机集成,从而实现电能和液体燃料、化工品多产品联合生产,达到能源高效利用。

IGCC 系统示例如图 5.13 所示。IGCC 不仅是传统意义上的提高能量转换效率或利用余热的热电联产,而是通过联合发电、生产气体产品(氢气)或液体燃料产品(如甲醇)及化工品(如硫酸、硫黄)而大幅度降低能源和物质消耗的新型生产系统。其特点是污染物的排放是在工艺过程中控制的,而非末端控制,进一步增加了经济性。它弥补了单项洁净煤技术难以同时满足效率、成本和环境多方面要求的不足,并与氢能利用、CO_2 减排的长远可持续发展目标兼容,是煤的清洁利用技术的一个主要发展方向。

如图 5.13 所示,煤经过气化成为中低热值煤气,经过净化,除去煤气中的硫化物、氮化

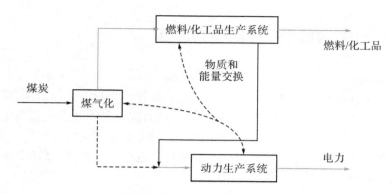

图 5.12 联产系统中能流、物流的优化配置[13]

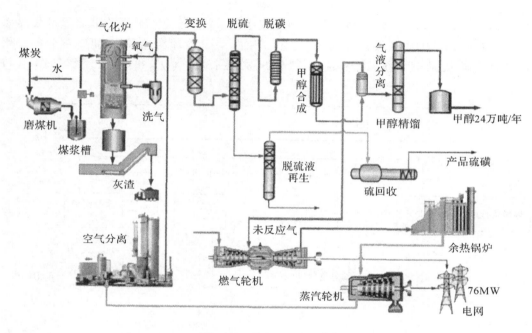

图 5.13 联产系统示例[13]

物、粉尘等污染物,成为清洁的气体燃料,然后送入燃气轮机的燃烧室中燃烧,加热燃气工质以驱动燃气透平做功。燃气轮机排气进入余热锅炉加热给水,产生过热蒸汽驱动汽轮机做功。煤气化集成循环(IGCC)动力岛较常规的联合循环系统工质和能量的交换与转换利用更为复杂[14]。

IGCC 系统具有以下优点。

(1)高效率且具有提高效率的最大潜力。IGCC 的高效率主要来自联合循环燃气轮机技术的不断发展,又使它具有了提高效率的最大潜力。现在用天然气或油的集成循环发电系统的净效率已达到 58%,并可望超过 60%。随着燃气初温的进一步提高,IGCC 的净效率能达到 50%或更高。

(2)煤洁净转化与非直接燃煤技术使它有极好的环保性能。先将煤转化为煤气,净化后燃烧克服了由于煤的直接燃烧造成的环境污染问题,同时也解决了内燃式的燃气轮机难以直接燃烧固体燃料的问题,其 NO_x 和 SO_2 的排放远低于环境污染物排放标准,处理后的少量副产品还可销售利用,能更好地适应 21 世纪火电发展的需要。

(3)耗水量比常规汽轮机电站少 30%～50%,这使它更有利于在水资源紧缺的地区发挥优势,也适于在矿区建设坑口电站。

(4)易大型化,单机功率可达到 300～600MW 或以上。

(5)能够利用多种先进技术使之不断完善。IGCC 是一个由多种技术集成的煤的气化净化系统。燃气轮机技术以及汽轮机技术等的发展都为它的发展提供了强有力的支撑。

(6)能充分综合利用煤炭资源,适用煤种广,能和煤化工结合成多联产系统,能同时生产电热燃料气和化工产品。

(7)能广泛共享相关科技成果,有广阔的高新科技产业发展前景,如亚临界或超临界蒸汽参数的 IGCC 整体煤气化、湿空气透平循环(IGHAT)整体煤气化、燃料电池联合循环(IGFC-CC)等。

IGCC 的缺点也即制约 IGCC 走向商业化的另一因素是,其投资费用和发电成本过高,即存在经济性问题。此外,煤气化与煤气净化系统使得 IGCC 系统成为洁净的发电装置,但煤产气的转化环节与净化过程都不可避免地带来了能量的损失。因此,如何提高碳转化率和冷煤气效率以及减少相应的能量损失,是值得研究的课题。

5.4.2　IGCC 新技术简介

1. 化学链气化工艺[15]

图 5.14 分析了煤化学链气化制氢工艺。还原床与氧化床的反应如下:

$$还原床:C+0.395Fe_3O_4+0.21O_2 \longrightarrow 1.185Fe+CO_2 \tag{5.3}$$

$$氧化床:3Fe+4H_2O \longrightarrow Fe_3O_4+4H_2 \tag{5.4}$$

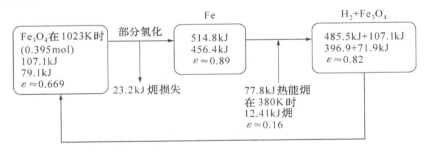

图 5.14　煤化学链气化过程中的㶲分析[15]

还原床内的氧气用于补充反应所需的热量。与传统气化过程相比,还原阶段的㶲损失大大降低,从 48.8kJ 降至 23.2kJ。这是由于该过程采用了低㶲损率的 Fe_3O_4 与碳反应生成中㶲损率的还原铁。在氧化床内,水蒸气与铁的反应只需要很少量的低品位热量,因而该过程的㶲损失极低。通过氧载体的循环,化学链气化工艺的㶲损为 14.7kJ/mol H_2。化学链气化工艺大大改善了煤制氢工艺中的能源管理问题。

2. 合成气化学链工艺[15]

俄亥俄州立大学的合成气化学链(SCL)工艺可以将煤气化所得合成气分成三步转化,进行制氢气和电力联产。

步骤1:$Fe_2O_3 + CO/H_2 \longrightarrow Fe/FeO + CO_2/H_2O$ (5.5)

步骤2:$Fe/FeO + H_2O \longrightarrow H_2 + Fe_3O_4$ (5.6)

步骤3:$Fe_3O_4 + O_2 \longrightarrow Fe_2O_3$ (5.7)

三个步骤依次在还原床、氧化床及燃烧反应器内完成,从而分别得到高纯度氢气、高纯度二氧化碳及高热值烟道气,避免了传统工艺中复杂的二氧化碳分离步骤。

3. 吸附强化煤气化工艺[16]

CO_2吸附法强化煤气化是Conoco煤炭发展公司于1977年开发的针对褐煤和亚烟煤的一种气化方式。该系统主要包括气化炉和再生炉。在气化炉内,利用水与煤的气化反应产生H_2和CO,如式(5.8)所示。气相中的CO则通过水煤气变换反应转化为H_2和CO_2,如式(5.9)所示。所产生的CO_2与CO_2吸附剂(CaO)进行碳酸化反应,如式(5.10)所示。可以看出,反应(5.10)释放的热量正好和反应(5.8)需要的热量相近,在一个反应器中反应,所以反应(5.10)能够直接给反应(5.8)提供能量。将式(5.8)、式(5.9)、式(5.10)三个反应放在一个反应器中进行,重复利用反应热。

反应式:

$C + H_2O \Longleftrightarrow CO + H_2 \quad \Delta H^{\ominus}_{298K} = 131.6 kJ \cdot mol^{-1}$ (5.8)

$H_2O + CO \Longleftrightarrow CO_2 + H_2 \quad \Delta H^{\ominus}_{298K} = -41.5 kJ \cdot mol^{-1}$ (5.9)

$CaO + CO_2 \Longleftrightarrow CaCO_3 \quad \Delta H^{\ominus}_{298K} = -178.1 kJ \cdot mol^{-1}$ (5.10)

总反应式:

$C + 2H_2O + CaO \Longleftrightarrow CaCO_3 + 2H_2 \quad \Delta H^{\ominus}_{298K} = -88.0 kJ \cdot mol^{-1}$ (5.11)

气化炉出口气体为高纯度的氢气,CH_4含量为1%~5%。煤中的硫气化时大部分转化成H_2S,被CO_2吸附剂固定生成CaS。未被气化的半焦及接收体吸收CO_2的生成物(如$CaCO_3$)被送到再生炉。在再生炉内,由外界提供的热量及半焦与空气发生燃烧反应放出的大量热量,使得$CaCO_3$受热分解并生成CaO。再生后的吸附剂被重新送回到气化炉内循环利用。在循环过程中考虑到吸附剂活性下降及数量损失,因此在循环回路中应适当补充部分吸附剂。

从图5.15中给出的各个反应平衡曲线可以看出,在干基反应中,气相中CO和CO_2的浓度低于1000ppm并且反应高压(20MPa)是必需的。图5.16所示则是温度为700℃时各个组分随压力增大的变化,可以看出,压力增大不利于反应的进行,但是,为了让CaO基吸附剂完全吸附CO_2,CO_2压力至少要高于3MPa。并且加入了CaO基吸附剂,提高了重整的反应平衡和氢气浓度,并且提供了能量。

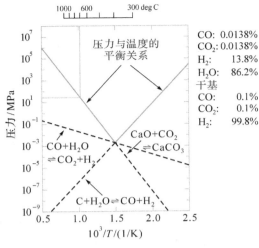

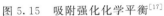

图 5.15　吸附强化化学平衡[17]

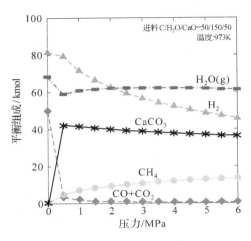

图 5.16　气体产品组分

这个过程的优点是，H_2 是唯一的气相产物，放热和催化反应能够在 900℃ 以下进行，高的 H_2O 分压能增强碳的转化率，实现了 CO_2 的捕集，降低了温室气体 CO_2 的排放。

在正常的 IGCC 中，煤气化后得到了合成气，而合成气经过变换得到 H_2 和 CO_2 的混合气体。因此，吸附强化水气变换制氢系统能够实现减排和能量利用。有关反应式：

$$H_2O+CO \Longrightarrow CO_2+H_2 \quad \Delta H_{298K}^{\ominus}=-41.5 \text{kJ} \cdot \text{mol}^{-1} \tag{5.12}$$

$$CaO+CO_2 \Longrightarrow CaCO_3 \quad \Delta H_{298K}^{\ominus}=-178.1 \text{kJ} \cdot \text{mol}^{-1} \tag{5.13}$$

总反应式：

$$H_2O+CO+CaO \Longrightarrow CaCO_3+H_2 \quad \Delta H_{298K}^{\ominus}=-219.6 \text{kJ} \cdot \text{mol}^{-1} \tag{5.14}$$

利用 CaO 基吸附剂作为 CO_2 吸附剂时，反应吸附强化水气变换反应。变换反应催化剂和 CO_2 吸附剂颗粒混合在一起放置在变换反应器中，合成气进入变换器后同时发生变换反应和碳酸化反应。当工作温度在 500～650℃ 范围内时，仅利用一个流化床反应器即可直接生成纯度为 95% 以上的 H_2。吸附剂饱和后被输送到再生反应器中通过煅烧方式再生，以便循环利用。天然 CaO 基吸附剂的煅烧是吸热反应，所需要的热量由煤、生物质燃料或者石油焦燃烧产生。这样就实现了固体吸附剂在两个反应器内的循环过程。并且，变换反应器中的 CaO 基吸附剂还能同时脱除气体中的 H_2S 和 HCl。

与传统的水气变换相比，采用吸附强化水气变换反应的优点在于：

(1)简化制氢过程，将两级水气变换反应以及脱除 CO_2、H_2S 和 HCl 等反应单元整合在一个反应器内，减少了反应器单元，降低了系统复杂性，同时降低了成本。

(2)在高温条件下消除水气变换平衡限制，提高了 H_2 产量。由于结合水气变换和碳酸化反应，减少了对水蒸气的需求，在高温条件下，有可能取消催化剂的使用。

(3)虽然在煅烧反应器中需要加入燃料，通过燃烧提供热量，但碳酸化反应和水气变换反应均为放热反应，因此可以利用布置受热面将这部分热量利用起来，用于发电或者供热，因此提高了整个制氢反应过程的经济性。

(4)煅烧反应可以在高浓度 CO_2 氛围下进行，可以获得高浓度的 CO_2，有利于埋存和进一步利用。

4. HyPr-RING 系统[17]

HyPr-RING 是一个集合了煤-水蒸气反应和 CO_2 吸附的制氢过程。HyPr-RING 基本思路如图 5.17 所示。图 5.18 所示为此工艺流程。

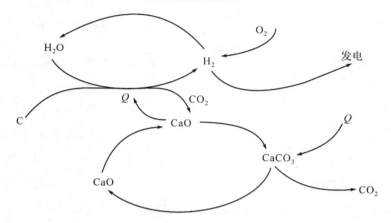

图 5.17 HyPr-RING 过程[17]

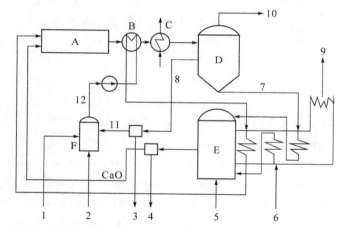

A—主反应器;B—热回收换热器;C—后冷器;D—三相分离器;E—再生反应器;F—制浆;1—煤;
2—补给水;3—废水;4—固体废弃物;5—石灰石补充;6—空气;7—固体;8—液体;9—排气;
10—燃料气;11—水;12—浆。

图 5.18 HyPr-RING 计划中煤制氢系统[18]

参考文献

[1] 陈军,陶占良.能源化学[M].北京:化学工业出版社,2004.

[2] 尹忠辉.煤及天然气两种制氢路线的比较[J].石油化工技术与经济,2009,25(3):60-62.

[3] 李增学,魏久传,刘莹.煤地质学[M].北京:地质出版社,2005.

[4] 肖钢,常乐.低碳经济与氢能开发[M].武汉:武汉理工大学出版社,2011.

[5] 马艳.煤炭焦化过程及结焦机理分析[J].科技风,2011,20(2):274-274.

[6] 毛宗强.氢能:21 世纪的绿色能源[M].北京:化学工业出版社,2005.

[7]　许祥静.煤气化生产技术[M].2 版.北京:化学工业出版社,2010.

[8]　王林山,李瑛.燃料电池[M].北京:冶金工业出版社,2005.

[9]　徐振刚,王东飞,宇黎亮.煤气化制氢技术在我国的发展[J].煤,2001,10(4):3-6.

[10]　贺根良,门长贵.制氢技术的思考[J].山东化工,2009,38(2):19-21.

[11]　路文学.新型多喷嘴对置式水煤浆气化技术工业化应用[J].现代化工,2006,26(8):52-54.

[12]　许世森,王保民.两段式干煤粉加压气化技术及工程应用[J].化工进展,2010,29(1):290-294.

[13]　徐祥.IGCC 和联产的系统研究[D].北京:中国科学院研究生院,2007.

[14]　Descamps C,Bouallou C,Kanniche M. Efficiency of an integrated gasification combined cycle (IGCC) power plant including CO_2 removal[J]. Energy,2008,33(6):874-881.

[15]　曾亮,罗四维,李繁星,等.化学链技术及其在化石能源转化与二氧化碳捕集领域的应用[J].中国科学:化学,2012,42(3):260-281.

[16]　Ordorica-Garcia G,Douglas P,Croiset E,et al. Technoeconomic evaluation of IGCC power plants for CO_2 avoidance[J]. Energy Convers Manage,2006,47(15):2250-2259.

[17]　Lin S,Suzuki Y,Hatano H,et al. Innovative hydrogen production by reaction integrated novel gasification process (HyPr-RING) [J]. Joural South African Institute of Mining and Metallurgy,2001,101(1):53-59.

[18]　谢继东,李文华,陈亚飞.煤制氢发展现状[J].洁净煤技术,2007,13(2):77-81.

第6章 甲醇制氢

甲醇是由氢气和一氧化碳加压催化合成的。同样,甲醇也可以根据需要催化分解产生氢气。甲醇制氢可以采用甲醇水蒸气重整制氢、甲醇裂解制氢、甲醇部分氧化制氢以及甲醇部分氧化重整制氢等工艺。甲醇水蒸气重整制氢是甲醇和水蒸气在催化剂存在的条件下重整产生 H_2 和 CO_2 以及少量 CO 的过程。甲醇裂解制氢也称热分解制氢,指甲醇和水蒸气在催化剂作用下直接热分解为 H_2 和 CO 的过程。甲醇部分氧化制氢是甲醇、水蒸气和氧气反应生成 H_2 和 CO_2 的过程,而甲醇部分氧化重整制氢则是甲醇蒸气与水蒸气和氧气重整生成 H_2 和 CO_2 的过程。以上各制氢工艺产生的气体,都需经过变压吸附(PSA)进一步分离和提纯得到氢气。氢气的分离提纯方法将在第8章详细介绍。

6.1 甲醇水蒸气重整制氢

早在 20 世纪 70 年代,Johnson-Matthey 公司[1]就开始在实验室中利用甲醇、水蒸气制备氢气,目前甲醇水蒸气重整制氢技术已经趋于成熟。与其他制氢方法相比,甲醇水蒸气重整制氢具有以下特点[2]。

(1)以一次能源为原料的大规模的制氢工艺,必须在高温(约 800℃)下进行。这使得所采用的反应器等设备需要特殊材质而使投资增大,同时要考虑转化用的蒸汽、燃烧空气预热、氢气纯化所需的热源,还必须考虑副产蒸汽的回收利用等问题。甲醇是来源于一次能源的二次能源产品。甲醇水蒸气重整制氢由于反应温度低(200~300℃),因而燃料消耗也低,而且不需要考虑废热回收。与同等规模的天然气或轻油转化制氢装置相比,甲醇水蒸气重整制氢的能耗仅是前者的 50%,适合中小规模制氢。

(2)与电解水制氢相比,甲醇水蒸气重整制氢的单位氢气成本较低。电解水制氢一般规模小于 $200Nm^3 \cdot h^{-1}$,但由于它的电耗高($5\sim8kW \cdot h \cdot Nm^{-3}$),因此,一套规模为 $1000m^3 \cdot h^{-1}$(标准)的甲醇水蒸气重整制氢装置的单位氢气成本比电解水制氢要低得多。

(3)由于所用的甲醇原料纯度高,不需要再进行净化处理,反应条件温和,流程简单,易于操作。

(4)甲醇原料易得,运输、贮存方便。

(5)其制氢的装置可做成组装式或可移动式的装置,操作方便,搬运灵活。

6.1.1 甲醇水蒸气重整反应热力学分析

对于甲醇水蒸气重整（methanol steam reforming，MSR）制氢，目前的研究认为主要包括三个可能发生的反应：甲醇水蒸气重整、甲醇裂解、逆水气变换反应。其化学反应式和相应的平衡常数与温度的关系式分别为：

甲醇水蒸气重整反应式：
$$CH_3OH(g) + H_2O(g) \rightleftharpoons CO_2 + 3H_2 \quad \Delta H_{298K}^\ominus = 49kJ \cdot mol^{-1} \tag{6.1}$$
其平衡常数与温度的关系式为：
$$K_{MSR} = \exp\Big(-\frac{4421.82}{T} + 3.57\ln T + 8.99 \times 10^{-3} T - 8.22 \times 10^{-6} T^2 +$$
$$3.35 \times 10^{-9} T^3 - 5.41 \times 10^{-13} T^4 - 6.13 \Big) \tag{6.2}$$

甲醇裂解（methanol decomoposition，MD）反应式：
$$CH_3OH(g) \rightleftharpoons CO + 2H_2 \quad \Delta H_{298K}^\ominus = 91kJ \cdot mol^{-1} \tag{6.3}$$
其平衡常数与温度关系式为：
$$K_{MD} = \exp\Big(-\frac{9305.38}{T} + 4.85\ln T + 4.33 \times 10^{-3} T - 6.01 \times 10^{-6} T^2 +$$
$$2.69 \times 10^{-9} T^3 - 4.51 \times 10^{-13} T^4 - 7.39 \Big) \tag{6.4}$$

逆水气变换（reverse water-gas shift，r-WGS）反应式：
$$CO_2 + H_2 \rightleftharpoons CO + H_2O(g) \quad \Delta H_{298K}^\ominus = 41.19kJ \cdot mol^{-1} \tag{6.5}$$
其平衡常数与温度的关系式为：
$$K_{r\text{-}WGS} = \exp\Big(-\frac{4883.56}{T} + 1.28\ln T - 4.66 \times 10^{-3} T + 2.21 \times 10^{-6} T^2 -$$
$$6.61 \times 10^{-10} T^3 + 9.02 \times 10^{-14} T^4 - 1.26 \Big) \tag{6.6}$$

根据反应等温方程式和基本的热力学数据，可以计算上述制氢工艺对应的化学反应的平衡常数与温度的关系式，结果如表 6.1 所示。

表 6.1 甲醇水蒸气重整反应体系化学反应的平衡常数

温度/K	300	400	500	600	700
K_{MSR}	4.648	801.375	22866.961	249103.878	1505788.112
K_{MD}	0.00123	0.515	165.778	8805.51	161107.081
$K_{r\text{-}WGS}$	4.9×10^{-5}	0.0132	0.0514	0.124	0.226

注：MSR 指甲醇水蒸气重整（methanol steam reforming）；MD 指甲醇裂解（methanol decomposition）；r-WGS指逆水气变换（reverse-water gas shift）。

由表 6.1 可以看出，在甲醇水蒸气重整反应中，随着温度的增加，三种反应的速率常数均增加，其中甲醇裂解反应的速率常数增加最快，从 400K 下的 0.515 增加到 700K 下的 161107.081，增加的倍数远远大于主反应甲醇水蒸气重整反应的平衡常数增加倍数。同时，从表 6.1 还可以看出，裂解反应平衡常数增大，即产物气体中将含有更多的 CO，而在低温下，甲醇水蒸气重整反应的平衡常数也较低。综合考虑催化剂的活性以及反应的特点，在工业生产中反应一般在 250~300℃ 下进行。

此外，Faungnawakij 等[3] 采用了体系吉布斯自由能最小原理对甲醇水蒸气重整反应体系进行热力学分析。研究的反应条件范围是水碳摩尔比（S/C）为 0~10，温度为 25~1000℃ 以及反应压力为 0.5~3atm。计算体系包含的化学组分除了甲醇、水、二氧化碳、一氧化碳外，还考虑了碳以及二甲醚、甲烷、乙烷等烷烃和烯烃类。计算发现，在温度超过 200℃、水碳摩尔比超过 3 后，它们对甲醇的转化率基本无影响，如图 6.1 所示。

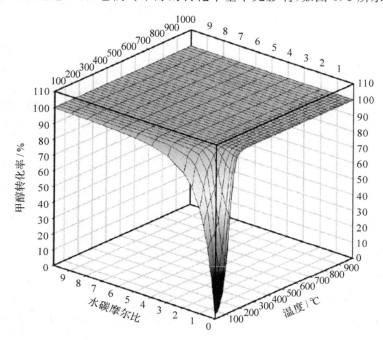

图 6.1　温度、水碳摩尔比对甲醇转化率的影响[3]

对于体系中的 CO 含量，理论计算表明[3]，在水碳摩尔比超过 3 以及温度低于 300℃ 时，可以大大降低产物气体中的 CO 含量。但是，在工业生产中考虑到生产效率以及能量消耗，水碳摩尔比要低于热力学计算的最优值，温度应高于热力学计算的最优值。图 6.2 表明了水碳摩尔比与反应温度对产物气体中 CO 含量的影响。

6.1.2　甲醇水蒸气重整反应机理

甲醇水蒸气重整制氢多采用铜基催化剂，对反应历程的研究基于以铜作催化剂。最初，捷克学者 Pour 等[4] 根据实验现象发现，反应中始终存在 CO，因此，提出了类似甲烷水蒸气重整的机理，即甲醇首先裂解生成 CO 和 H_2，然后 CO 同水蒸气发生变换反应而生成 CO_2 和 H_2。反应式如下：

$$CH_3OH \Longrightarrow CO + 2H_2 \quad \Delta H_{298K}^{\ominus} = 91kJ \cdot mol^{-1} \tag{6.7}$$

$$CO + H_2O \Longrightarrow CO_2 + H_2 \quad \Delta H_{298K}^{\ominus} = -41kJ \cdot mol^{-1} \tag{6.8}$$

这一机理合理解释了 CO 始终存在于产物中这一现象。Santacesaria 等[5] 研究了在 $Cu/ZnO/Al_2O_3$ 催化剂上甲醇水蒸气反应的动力学，也将产物中出现的少量 CO 归因于甲醇裂解反应后的水气变换反应的化学平衡。

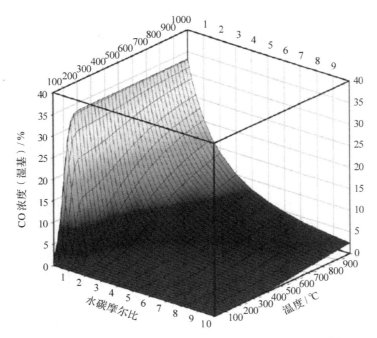

图 6.2 温度、水碳摩尔比与产物气体中 CO 浓度的关系[3]

后续研究提出的机理还有：一步甲醇水蒸气重整反应历程、水蒸气重整-甲醇裂解-逆水气变换反应历程和甲酸甲酯中间体历程。Geissler 等[6]研究甲醇在商业用 Cu/ZnO/Al$_2$O$_3$催化剂上的反应，发现产物 CO 中的浓度低于水气变换的理论 CO 平衡浓度，因此提出了一步甲醇水蒸气重整反应机理，也即甲醇和水蒸气一步反应产生 CO$_2$ 和 H$_2$O。

但是，一步甲醇水蒸气重整反应历程不能解释随着接触时间和甲醇转化率的增加，CO浓度增加的实验现象。Breen 等[7]研究了 ZrO$_2$ 改性的 Cu/ZnO/Al$_2$O$_3$ 催化剂上甲醇水蒸气重整反应，发现甲醇在 345℃ 左右完全反应，而 CO 只是在 300℃ 下才开始出现，虽然按热力学理论，CO 可以在更低的温度下反应生成。而且，当甲醇完全转化时，CO 浓度开始增大。此外，实验也证明，在短的接触时间下产物中没有生成 CO。Agrell 等[8]提出，CO 可能是由于水气逆反应生成的，即甲醇水蒸气重整反应生成 H$_2$ 和 CO$_2$，高浓度的 H$_2$ 和 CO$_2$ 发生逆水气变换生成 CO。他们在实验中也证明了随着接触时间的缩短，产物中 CO 浓度也降低。这表明较短的停留时间可以降低产物中 CO 的含量。

Peppley 等[9]研究了在 Cu/ZnO/Al$_2$O$_3$ 催化剂上的甲醇-水蒸气的反应网络，认为甲醇裂解-水气变换历程和一步直接反应都不能描述甲醇水蒸气反应体系，而应该用甲醇裂解、水蒸气重整和逆水气变换三个反应来描述整个反应体系。在该反应体系中，甲醇水蒸气重整和甲醇裂解是平行反应，逆水气变换是串联反应。该作者同时根据 CO 和 CO$_2$ 产生的速度曲线，即根据 CO$_2$ 生成速率下降、CO 生成速率反而上升的结果，认为甲醇水蒸气重整和逆水气变换在催化剂上的反应活性位和甲醇裂解的活性位不是同一种，即认为催化剂表面有两种不同的活性位点：一种活性位点催化甲醇水蒸气重整和逆水气变换，另一种活性位点催化甲醇裂解。这一历程得到了很多研究者[10]的支持和证明，同时也建立了完整的动力学模型[11]并符合实验结果。

也有研究者[12]提出了甲酸甲酯(methyl formate)中间体历程。他们认为,在铜基催化剂上,甲醇脱氢形成甲酸甲酯中间体,然后水解形成甲酸。甲酸分解生成反应体系的初级产物 CO_2 和 H_2。该反应历程包括如下三个串联反应:

$$2CH_3OH \longrightarrow HCOOCH_3 + 2H_2 \tag{6.9}$$

$$HCOOCH_3 + H_2O \longrightarrow CH_3OH + HCOOH \tag{6.10}$$

$$HCOOH \longrightarrow CO_2 + H_2 \tag{6.11}$$

甲醇脱氢生成甲酸甲酯被认为是反应体系中的速率控制步骤。支持这一历程的研究者考虑体系中 CO 浓度远远低于水气变换反应热力学平衡浓度,提出了可以排除甲醇热裂解-水气变换反应。他们认为体系中存在的 CO 是初级产物,是由甲酸甲酯直接分解得到的,即有以下反应式:

$$HCOOCH_3 \longrightarrow CH_3OH + CO \tag{6.12}$$

6.1.3　甲醇水蒸气重整反应动力学研究

初期,关于甲醇水蒸气重整反应的动力学研究多为经验或半经验方程。Santacesaris 等[5]采用两步反应机理,即甲醇裂解-水气变换反应机理。根据 Langmuir-Hinshelwood 反应模型,计算了基于甲醇转化率的方程。该方程根据实验结果的数据直接拟合得到相关宏观动力学。该方程未涉及反应的表面机理,因此,并不能反映重整反应的内在因素。

Jiang 等[13]在常压及 $443 \sim 533K$ 温度范围内,共沉淀生成的 $Cu/ZnO/Al_2O_3$ 催化剂上,考察了反应温度、反应压力和反应物分压对甲醇水蒸气重整反应的影响,得出了反应的动力学表达式:

$$r_{MSR} = k p_{CH_3OH}^{0.26} p_{H_2O}^{0.03} p_{H_2}^{-0.2} \tag{6.13}$$

式中:$k = 531 e^{-\frac{E_a}{RT}}$ $(E_a = 10^5 kJ \cdot mol^{-1})$;$p_{H_2O}$、$p_{CH_3OH}$、$p_{H_2}$ 分别表示 H_2O、CH_3OH、H_2 的分压。

由上述反应速率表达式(6.13)可以看出,产物中的 CO_2 对反应动力学无影响。对于产物气体中少量的 CO,Jiang 等[13]认为其对反应速率的影响很小,因此其动力学方程式中不含有 CO 作用项。

Idem 等[14]研究了 Mn 改性的铜基催化剂上的动力学模型,其温度范围在 $170 \sim 250℃$。根据实验结果,该作者提出重整反应体系中对应不同反应温度有两个反应动力学方程式,并提出在低温段体系中 CH_3OH 的 O—H 键的断裂即甲醇的脱附是反应的速率控制步骤,而在高温段速率控制步骤变为甲酸甲酯中间体的水解。根据经验公式以及 Langmuir-Hinshelwood 反应模型,考虑两个温度段的速率控制步骤建立了反应的动力学模型。

低温段动力学方程:

$$r_A = \frac{k_0 e^{-\frac{E}{RT}} \left[p_A - \dfrac{p_C p_D^3}{K_p p_B} \right]}{1 + K_a p_A} \tag{6.14}$$

高温段动力学方程:

$$r_A = \frac{k_0 e^{-\frac{E}{RT}} \left[\dfrac{p_A p_B}{p_D} - \dfrac{p_C p_D^2}{K_p} \right]}{(1 + K_a p_A)^4} \tag{6.15}$$

式中：r_A 是以甲醇表示的反应速率；k_0 为指前因子；A、B、C、D 分别表示甲醇、水蒸气、二氧化碳和氢气；K_a 为吸附常数；K_p 为甲醇水蒸气重整反应的平衡常数。

Patel 等[15]在 $Cu/ZnO/Al_2O_3$ 催化剂上研究甲醇水蒸气重整反应动力学。实验发现出口 CO 体积分数小于 1%，因此认为反应体系是由甲醇水蒸气重整和逆水气变换反应构成的。通过建立反应的机理模型，根据 Langmuir-Hinshelwood 反应模型，建立不同速率控制步骤下的速率模型，然后对实验数据进行拟合，得出更为接近实验结果的动力学模型。结果表明：在甲醇水蒸气重整反应中，中间体甲醛变为甲酸为速率控制步骤；而在逆水气变换反应中，从甲酸甲酯分解为 CO 以及 CO 在催化剂上的吸附是速率控制步骤。其建立的动力学方程如下：

$$r_{SMR}=\dfrac{k_r K_{CH_3O^{(1)}}\left(\dfrac{p_{CH_3OH}}{p_{H_2}^{\frac{1}{2}}}\right)\left[1-\left(\dfrac{p_{H_2}^3 p_{CO_2}}{K_r^* p_{CH_3OH} p_{H_2O}}\right)\right]}{\left[1+\dfrac{K_{CH_3O^{(1)}} p_{CH_3OH}}{p_{H_2}^{\frac{1}{2}}}+\dfrac{K_{OH^{(1)}} p_{H_2O}}{p_{H_2}^{\frac{1}{2}}}+\dfrac{K_{O^{(1)}} p_{H_2O}}{p_{H_2}}+K_{HCOO^{(1)}} p_{H_2}^{\frac{1}{2}} p_{CO_2}\right]^2} \tag{6.16}$$

$$r_{r\text{-}WGS}=\dfrac{k_{rw} K_{HCOO^{(1)}}\left(p_{H_2}^{\frac{1}{2}} p_{CO_2}\right)\left[1-\left(\dfrac{p_{H_2O} p_{CO}}{K_{rw}^* p_{H_2} p_{CO_2}}\right)\right]}{\left[1+\dfrac{K_{CH_3O^{(1)}} p_{CH_3OH}}{p_{H_2}^{\frac{1}{2}}}+\dfrac{K_{OH^{(1)}} p_{H_2O}}{p_{H_2}}+\dfrac{K_{OH^{(1)}} p_{H_2O}}{p_{H_2}}+K_{HCOO^{(1)}} p_{H_2}^{\frac{1}{2}} p_{CO_2}\right]^2} \tag{6.17}$$

式中：k_r、k_{rw} 分别表示重整反应和逆水气变换反应速率常数；K_r^*、K_{rw}^* 分别表示重整反应和逆水气变换反应平衡常数；$K_{A^{(1)}}$ 表示物种 A 在催化剂表面的吸附因子；p_A 表示物种 A 在体系中的分压。

6.1.4　甲醇水蒸气重整反应催化剂

目前，甲醇水蒸气重整反应的催化剂主要包括三类，分别是铜基催化剂、镍基催化剂和贵金属催化剂。

1. 铜基催化剂

研究最早的甲醇水蒸气重整反应的催化剂是铜基催化剂，其主催化剂是 CuO，载体为 Al_2O_3 或 SiO_2。为了降低产物气体中的 CO 含量，一般还需加入 ZnO，也即其基本组成为 $CuO/ZnO/Al_2O_3$[16,17] 或 $CuO/ZnO/SiO_2$[18,19]。

经过 X 射线光电子能谱（X-ray photoelectron spectroscopy，XPS）和程序升温还原（temperature program reduction，TPR）发现添加 ZnO 的作用是使催化剂表面 Cu 分散程度增大，并且认为 ZnO 和 Cu 形成 $Cu^+\text{-}O\text{-}Zn^{2+}$，从而稳定了甲醇水蒸气重整制氢反应中的 Cu^+。而 Cu^+ 被认为是甲醇水蒸气重整反应的催化剂活性中心[19]。

此外，有很多研究者在研究中直接以某些特殊氧化物作为载体，其中包括 Cu/ZrO_2[20]、Cu-Ni[21]、$Cu\text{-}CeO_2$[22]、Cu-Mn 尖晶石[24]、$Cu\text{-}CeZrYO_x$[24]、Cu-Zr-La（Y）[25]、Cu-Ce-Ga[26] 等。

不同的制备方法对铜基催化剂的性能有不同的影响。Sanches 等[27]的研究采用共沉淀法、连续沉淀法和均相沉淀法制备 Cu/ZnO 催化剂，发现均相沉淀法制备的催化剂具有最大的比表面积和 Cu 表面积,而共沉淀法得到的催化剂具有最大的平均孔径。XRD 测试结果显示,均相沉淀法得到的催化剂具有最小的 CuO 和 ZnO 粒径,而且均相沉淀法得到的催化剂具有更高的甲醇转化率,但是其产物中 CO 浓度明显高于其他两种方法制备的催化剂中 CO 的浓度。

此外,研究采用水滑石型层状前驱体制备催化剂[28-30]以及利用微乳液技术(microemulsion technique)[31]制备了 CuO/ZrO_2 催化剂,并采用并流共沉淀法[32]制备了 CeO_2 改性的铜基催化剂。研究者还通过添加助催化剂 CeO_2[10,32,33],研究了 Au[34]、In[35] 等一系列过渡金属对 $Cu/ZnO/Al_2O_3$ 活性的影响。

2. 镍基催化剂

镍基催化剂的基本组成为 NiO/Al_2O_3,其中 NiO 是催化剂的活性组分,Al_2O_3 作为催化剂的载体。其工业制备方法同工业甲烷水蒸气重整制氢反应中的催化剂相同。镍基催化剂具有稳定性好、适用范围广和不易中毒等优点。其缺点是要求反应温度较高,一般在用镍基催化剂时,反应温度要高于 300℃,反应压力一般不超过 3MPa,而当反应温度升高时,体系中的 CO 含量增加,并存在一定量的副产甲烷。反应式如下:

$$CO + 3H_2 \rightleftharpoons CH_4 + H_2O \qquad \Delta H_{298K}^{\ominus} = -206.29 kJ \cdot mol^{-1} \tag{6.18}$$

3. 贵金属催化剂

贵金属催化剂具有的特点是高活性、较好的选择性和稳定性。催化甲醇水蒸气重整反应的贵金属催化剂一般为 Pt 和 Pd,其中载体一般为 Al_2O_3、SiO_2、TiO_2 或 ZrO_2。在温度为 220℃、停留时间为 0.47s,水与甲醇分压为 0.024MPa 的反应条件下,Pd 分别负载在 SiO_2、Al_2O_3、ZrO_2 等金属氧化物上,得出相应的产氢速率和选择性如表 6.2 所列。

表 6.2 不同载体 Pd 催化剂上的甲醇水蒸气转化反应性质[36]

催化剂	产氢速率/$(cm^3 \cdot g^{-1} \cdot h^{-1})$	TOF/s^{-1}	选择性/%	Pd 的分散度/%
Pd/SiO_2	0.17	0.019	0	7.2
Pd/Al_2O_3	2.5	0.015	1.4	13.0
Pd/La_2O_3	4.1	0.66	8.0	5.0
Pd/Nd_2O_3	5.0	0.16	7.0	25.0
Pd/Nb_2O_3	2.1	0.084	4.2	20.0
Pd/ZrO_2	5.4	0.15	20.0	29.0
Pd/ZnO	11.2	0.83	97.0	11.0
Pd	2.7	0.01	0.1	2.1

注:TOF 为产氢周转率(turnover frequency of hydrogen production)。

以贵金属铂、钯、铑、钌、铱中的一种或几种作为活性组分,以镧系稀土元素镧、铈、钇、钐和过渡金属如钛、铬、锆、钼、钒、锰、镍等的复合氧化物作为高温稳定剂和载体,其中贵金属质量含量在 0.6% 以下。在 350~450℃ 的较高反应温度下进行甲醇水蒸气重整反应,产物气体中氢气含量大于 70%(以摩尔计),甲醇转化率在 90% 以上[37]。

6.1.5　甲醇水蒸气重整制氢工艺流程

甲醇水蒸气重整制氢的工艺流程如图 6.3 所示。甲醇和脱盐水按照一定比例混合后经换热器预热后进入汽化器,汽化后的甲醇水蒸气经过换热器后进入反应器,在催化剂床层进行催化裂解和变换反应,从反应器出来的混合气中约含 74％氢气和 24％二氧化碳,混合气经换热、冷却冷凝后进入水洗塔,塔釜收集未转化的甲醇和水供循环使用,塔顶气送变压吸附(PSA)装置提纯氢气。根据对产品氢气纯度和微量杂质组分的不同要求,采用四塔或者四塔以上变压吸附流程,氢气纯度根据需要可达到 99.9％～99.999％。

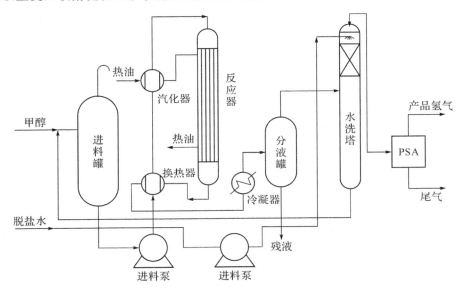

图 6.3　甲醇水蒸气重整制氢工艺流程[2]

甲醇水蒸气重整时发生如下反应:

$$CH_3OH(g) + H_2O(g) \longrightarrow CO_2(g) + 3H_2(g) \quad \Delta H_{298K}^{\ominus} = 49kJ \cdot mol^{-1} \quad (6.19)$$

该反应为吸热反应,1mol 甲醇重整需要 131kJ 的能量,其中 82kJ 用于液态反应物的气化。而在实际操作中,为了提高甲醇的转化率与降低产物气体中杂质 CO 的含量,一般采用超过化学计量的水醇比。在工业操作中,水醇比一般为 2,甚至更高。

将甲醇水蒸气重整制氢作为质子交换膜燃料电池(PEMFC)的氢源时,由于 PEMFC 电极材料一般为 Pt,而微量的 CO 可使 Pt 电极发生中毒,因此,制氢工艺流程中必须有 CO 脱除的部分。CO 的脱除一般有 CO 的选择氧化法、CO 和 H_2 的甲烷化法和水气变换除 CO等几种方法。

1.CO 的选择氧化法

CO 的氧化反应即 CO 与 O_2 反应生成 CO_2 的过程。用这种方法除去 CO 具有较好的效果,催化剂采用 Cu/MO$_x$/M'O$_y$(M, M' = Al, Cr, Mg, Mn, Zn; M/M' = 1)[38]。在 Cu/Al$_2$O$_3$/MO$_x$ 中,不同的金属 M 的催化活性依次为 Zn＞Cr＞Mn＞Mg;在 Cu/ZnO/M'O$_y$ 中,金属 M' 的催化活性依次为 Al＞Mn＞Cr＞Mg。以贵金属(Pt、Pd、Rh、Ru,含量 0.5％)和

金属（5%Co/5%Cu、3%Ni/3%Co/3%Fe、4%Ag、8%Cr、14%Fe、1.5%Mn）为主催化剂，以 Al_2O_3 为载体，选择性催化氧化除去富氢气体中的 CO[39,40]。

2. CO 和 H_2 的甲烷化

甲烷化反应是通过 CO 和 H_2 生成 CH_4 达到除去 CO 的目的。反应式如下：

$$CO + 3H_2 \rightleftharpoons CH_4 + H_2O \qquad \Delta H_{298K}^{\ominus} = -206.29 \text{kJ} \cdot \text{mol}^{-1} \qquad (6.20)$$

常用的甲烷化镍基催化剂有 Ni-MCM-41、Ni-ZrO_2、Ni-Al_2O_3、Ni-SiO_2、Ni-Fe 合金、Ni-Al 合金、Ni-La_2O_3-Rh-Ru 等[41]，此类催化剂对于一氧化碳甲烷化均表现出较高活性。Al_2O_3 是甲烷化反应中镍基催化剂的常用载体，其表面酸碱性可以灵活调控，加之其热稳定性较佳、机械强度较高、成型后不易变形而得到广泛使用。选 ZrO_2 作为载体是因为它可以提高催化剂的热稳定性，NaY 分子筛则由于其良好的孔结构和高达 $900 \text{m}^2 \cdot \text{g}^{-1}$ 的比表面积而得到研究者的关注。

3. 水气变换除 CO

反应式：

$$CO + H_2O \rightleftharpoons CO_2 + H_2 \qquad \Delta H_{298K}^{\ominus} = -41 \text{kJ} \cdot \text{mol}^{-1} \qquad (6.21)$$

即通过加入水蒸气，使 CO 与 H_2O 发生水气变换反应，从而除去 CO。但是为了使 CO 降低到足够低的浓度，一般需要加入大量的水，从而增加了系统的热量消耗。

6.2　甲醇裂解制氢

甲醇裂解制氢是甲醇的几种制氢方式之一。甲醇在催化剂的作用下直接分解为 CO 和 H_2，裂解气中 H_2 约占 60%，CO 占 30% 以上，其中 CO 可采用低温水气变换进一步转变为 H_2，然后再经过低温选择性氧化可以得到 CO 含量低于 100ppm 的高纯 H_2。

甲醇裂解的反应式如下：

$$CH_3OH \longrightarrow CO + 2H_2 \qquad \Delta H_{298K}^{\ominus} = 91 \text{kJ} \cdot \text{mol}^{-1} \qquad (6.22)$$

甲醇裂解制氢最初用于汽车燃料，如图 6.4 所示。利用引擎工作产生的废热，将液态甲醇蒸发并裂解，裂解气进入引擎同空气中的 O_2 反应，即作为引擎的燃料。该过程充分利用了引擎排放的废气，实现了能量的循环利用。而且，采用 H_2 和 CO 作为引擎燃料比用甲醇燃烧得更彻底。

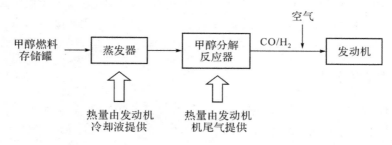

图 6.4　汽车甲醇作为燃料使用[42]

6.2.1　甲醇裂解制氢反应机理[43]

早在 20 世纪 20 年代末,Frolich 等即研究了甲醇裂解反应的机理,目的是研究催化剂应用于合成气制甲醇的反应。近年来对甲醇裂解反应机理的研究主要集中于甲醇在催化剂表面的吸附与脱附。

一些研究者认为 HCOOCH$_3$ 是甲醇裂解反应的中间产物,低温时 CH$_3$OH 先脱氢生成HCOOCH$_3$,随着温度的升高,HCOOCH$_3$ 再进一步分解,生成 CO 和 CH$_3$OH。反应式如下:

$$2CH_3OH \longrightarrow HCOOCH_3 + 2H_2 \tag{6.23}$$

$$HCOOCH_3 \longrightarrow CH_3OH + CO \tag{6.24}$$

另一些研究者则认为 CH$_2$O 为甲醇裂解的中间裂解产物,CH$_3$OH 先脱氢生成 CH$_2$O,然后 CH$_2$O 可能通过两种途径反应:一是直接裂解为 H$_2$ 和 CO;二是生成 HCOOCH$_3$,再按照上述的反应生成 CH$_3$OH 和 CO。反应式如下:

$$CH_3OH \longrightarrow CH_2O + H_2 \tag{6.25}$$

$$CH_2O \longrightarrow CO + H_2 \tag{6.26}$$

$$2CH_2O \longrightarrow HCOOCH_3 \tag{6.27}$$

6.2.2　甲醇裂解制氢催化剂

CuO 基催化剂是催化甲醇裂解的低温催化剂,使用温度一般在 200～275℃,Zn/Cr 催化剂使用温度在 300℃ 左右。Pt 族催化剂则为高温催化剂,使用温度一般在 400℃ 以上。另一类氯化铜类催化剂使用温度一般在 350℃。掺杂 Mn、Ba、SiO$_2$ 或者碱土金属的 Cu/Cr催化剂具有低温高活性的特点,其催化活性高于普通的 Cu/ZnO 催化剂[44]。

Cu/Cr 催化剂较普通的 Cu/ZnO 催化剂具有更好的活性[45],具体如表 6.3 所示。结果表明,进料中的 CO$_2$ 含量越高,催化剂失活动力学常数越小。

表 6.3　CO$_2$ 对甲醇裂解催化剂 Cu/Cr/Ba/Si 失活速率常数的影响

进料组成	失活速率常数/h^{-1}
100% CH$_3$OH	2.2×10^{-3}
87% CH$_3$OH + 13% CO$_2$	9.8×10^{-4}
77% CH$_3$OH + 23% CO$_2$	2.5×10^{-4}

研究发现,铜基催化剂的失活主要是由于 Cu 的烧结、催化剂表面的积炭以及催化剂的物理结构发生了变化。通入 CO$_2$ 可以抑制催化剂的烧结和表面积炭,从而保证催化剂的稳定性和活性。

关于催化剂机理,一般认为是金属铜起着主要的催化作用,有研究[44]认为 Cu^0 和 Cu$^+$可能都是反应的活性中间体,且它们可能具有不同的选择性和活性温度范围。

6.2.3　甲醇裂解制氢工艺流程[45]

工业上典型的甲醇裂解制氢工艺流程如图 6.5 所示。

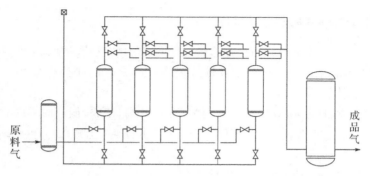

图 6.5 甲醇裂解制氢工艺流程[46]

通过甲醇裂解制氢可以制备含 CO 和 H_2 的还原气氛,用于特殊的加工和制造行业。例如,为了实现中高碳钢的无氧化、无脱碳热处理,需要一种含有 CO 组分的 CO-H_2-N_2 型保护气体,此时可以采用氨燃烧-甲醇裂解气装置进行生产,该装置如图 6.6 所示。

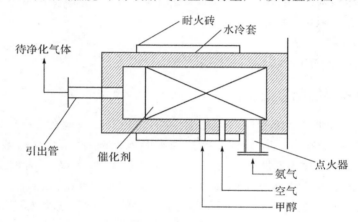

图 6.6 氨/甲醇与空气催化燃烧装置[45]

氨气和空气在完全燃烧的条件下充分燃烧,氨的燃烧热使催化剂床层达到 900℃ 以上的高温,在此条件下喷入一定量的气态甲醇,甲醇在残氧量很低的 H_2-N_2 气流下裂解燃烧生成 CO 和 H_2 及少量的 CO_2。由于氨燃烧生成的 H_2-N_2 气流量大,在此气氛中喷入的甲醇分压很低,甲醇裂解很完全,不易产生炭黑。此外,氨燃烧产物中的水分可用冷凝法或者吸附法除去,从而能方便地制得 CO-H_2-N_2 型气体。

6.3 甲醇部分氧化制氢

甲醇部分氧化(methanol partial oxidation,MPO)制氢是在进料中通入甲醇蒸气和氧气经反应生成 H_2 和 CO_2 的过程。反应式如下:

$$CH_3OH + \frac{1}{2}O_2 \longrightarrow CO_2 + 2H_2 \quad \Delta H_{298K}^{\ominus} = -192.2kJ \cdot mol^{-1} \quad (6.28)$$

同甲醇水蒸气重整、甲醇裂解制氢相比,甲醇部分氧化制氢具有非常明显的优势。该优势主要体现在该反应是强放热反应,因此从开始到正式发生反应的时间要比吸热反应的甲醇水蒸气重整和甲醇裂解反应快。

6.3.1　甲醇部分氧化反应机理

Murcia-Mascaros 等[44]研究了从水滑石前驱体得到的 $Cu/ZnO/Al_2O_3$ 催化剂催化甲醇的部分氧化反应,提出了甲醇部分氧化反应中包含甲醇的热氧化、甲醇的热分解和甲醇的重整反应。其中,甲醇热氧化和热分解是平行反应,同甲醇重整反应构成串联反应。三个反应式如下:

$$CH_3OH + 1.5O_2 \longrightarrow 2H_2O + CO_2 \quad \Delta H_{298K}^{\ominus} = -723kJ \cdot mol^{-1} \tag{6.29}$$

$$CH_3OH \longrightarrow CO + 2H_2 \quad \Delta H_{298K}^{\ominus} = 128kJ \cdot mol^{-1} \tag{6.30}$$

$$CH_3OH + H_2O \longrightarrow CO_2 + 3H_2 \quad \Delta H_{298K}^{\ominus} = 49kJ \cdot mol^{-1} \tag{6.31}$$

控制进料气体中 O_2 与 CH_3OH 的摩尔比在 $0.3 \sim 0.4$。甲醇的热氧化和热分解被认为是反应初期的主要反应。当 O_2 完全消耗后,甲醇转化率增加,超过了按照部分氧化计算的化学量,产物气体中 H_2 的选择性增加,CO 的选择性并无明显增加。因此,研究者提出了甲醇同副产物 H_2O 发生重整反应的机理。

Schuyten 等[47]提出了在经过 Zr 和 Pd 改性的 Cu/ZnO 催化剂上描述甲醇部分氧化体系的机理。他们认为,在部分氧化体系中主反应是甲醇的裂解反应,而其他反应较为复杂,认为同甲醇水蒸气重整体系一样,发生甲醇重整-甲醇裂解-逆水气变换反应。

Rabe 等[48]研究了商用 $Cu/ZnO/Al_2O_3$ 催化剂,在热重分析仪(TGA)上进行催化甲醇部分氧化体系研究。采用傅里叶转换红外线光谱进行分析,发现如果进料中 O_2 含量较高的话,产物中出现甲醛和 H_2O。甲醛可能继续反应生成 H_2 和 CO_2。虽然整个反应的机理并不明确,但是确认 CO_2 是体系的初期产物,而不是在后续步骤中因 CO 的氧化反应产生的。

6.3.2　甲醇部分氧化反应催化剂

以铜锌催化剂为例,甲醇部分氧化反应温度可在 $473 \sim 500K$ 范围内,甲醇和氧气的转化率随着温度的升高而不断增加,如图 6.7 所示。

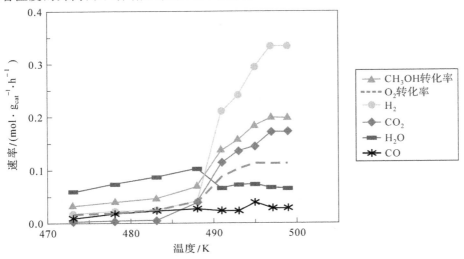

图 6.7　$Cu_{40}Zn_{60}$ 上的甲醇部分氧化反应[49]

图 6.8 所示为 O_2 分压在 $0.026\sim0.225$atm 范围内，O_2 分压与 CH_3OH 转化率的关系。当继续增加 O_2 分压后，CH_3OH 转化率快速下降，此时产物中基本无 H_2，但 H_2O 含量却增大。对于暴露在达到 0.055atm 的 O_2 分压下的催化剂，经 XRD 测试发现，其催化剂的铜晶粒表面生成了一层铜的氧化物。因此可以推测，催化甲醇部分氧化的活性位点可能就是 Cu^+ 活性位点。

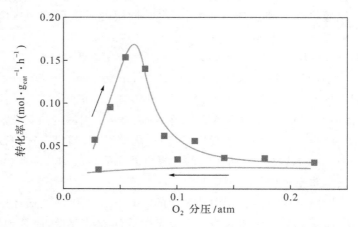

图 6.8　O_2 分压对 CH_3OH 转化率的影响（催化剂为 $Cu_{40}Zn_{60}$，温度为 488K）[50]

对于 CuO/ZnO 或者 $CuO/ZnO/Al_2O_3$，催化剂使用前的还原程序对催化剂的结构和表面特征有很大影响。温度以及催化剂的还原情况对甲醇转化率的影响如图 6.9 所示。

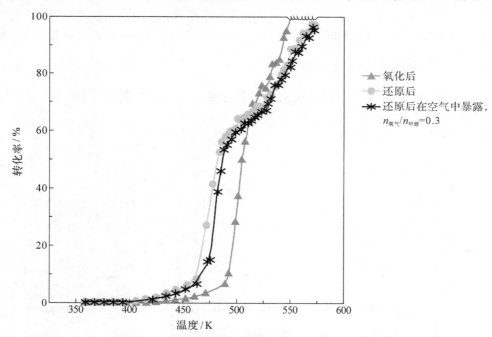

图 6.9　温度与 $CuO/ZnO/Al_2O_3$ 催化剂性质对甲醇部分氧化初始转化率的影响[54]

从图 6.9 中可以看出,所有催化剂在催化甲醇部分氧化时对温度都呈现反曲线形状,在很窄的一个温度范围内,甲醇的转化率快速增加。在 416K 下,还原后的催化剂即可以催化甲醇部分氧化,而对于在空气中暴露的以及氧化后的催化剂,催化反应的初始温度分别升高到 422K 和 434K。当甲醇转化率到 60% 附近时,O_2 被完全消耗,曲线的斜率发生变化,这是由于同甲醇发生分解反应导致曲线重叠。

除了 CuO/ZnO 催化剂外,ⅧB 族的催化剂对甲醇部分氧化反应也具有很好的催化活性,特别是 Pd[51]。对于含 1% Pd/ZnO 的催化剂,反应温度在 503~543K 时,CH_3OH 的转化率可以达到 40%~80%。随着反应温度的增加,CH_3OH 的转化率和 H_2 的选择性同时增加,但是产物中 H_2O 的含量也增加。对 H_2 选择性的增加很可能是由于 CH_3OH 与副产物 H_2O 发生了重整反应。在反应过程中,催化剂 Pd/ZnO 的结构发生变化,XRD、TPR 和 XPS 测试结果显示,催化剂中形成了 Pd-ZnO 合金[52]。这种合金在由其他方法(微乳液法与浸渍法)制备的 Pd/ZnO 催化剂催化甲醇重整反应中也被发现。

载体对于 Pd 催化剂的催化活性也有一定影响。在用质量分数为 1% 的 Pd/ZrO_2 催化剂催化甲醇部分氧化时发现,产物为 H_2 与 CO_2,而不是 CO。此外,甲醇转化率也增加,在 500℃ 时,甲醇的转化率已经超过 60%[53]。

6.4　甲醇自热重整制氢

甲醇自热重整(autothermal reforming,ATR)是将甲醇部分氧化和甲醇水蒸气重整反应结合的反应过程。甲醇蒸气和体系中的水蒸气与氧气反应生成 H_2 和 CO_2 的过程,其反应方程式如下:

$$CH_3OH+(1-2n)H_2O+nO_2 \longrightarrow CO_2+(3-2n)H_2 \quad (0<n<0.5) \tag{6.32}$$

由于反应体系是由吸热的甲醇水蒸气重整和放热的甲醇部分氧化反应构成,体系由甲醇部分氧化供热,其理论摩尔甲醇产氢量介于甲醇水蒸气重整和甲醇部分氧化之间。影响产物气体组成的主要因素为反应器气体进口温度和水醇摩尔比。较高的水醇摩尔比和气体进口温度可以防止甲醇同氧气发生氧化反应,而且产物中 H_2 含量高,同时可以降低催化剂的积炭[55],但也应该考虑能耗升高因素。

6.4.1　甲醇自热重整反应机理

研究认为[8,56-58],在甲醇自热重整体系中发生的反应历程同部分氧化体系中发生的反应历程类似,即甲醇氧化分解,然后发生甲醇水蒸气重整,最后根据甲醇的转化率发生的反应可能是逆水气变换或者 CO 的氧化。考虑 H_2 和 H_2O 从体系中产生的速率,对催化剂采用 XPS 测试发现,Cu 与体系中的甲醇氧化分解-甲醇水蒸气重整反应存在一定的关系。在甲醇氧化阶段,还原处理后的催化剂 $Cu/ZnO/Al_2O_3$ 中的 Cu^0 由于体系中初期存在的大量的 O_2 而被氧化成 Cu^{2+}。当体系中 O_2 被完全消耗后,体系发生甲醇水蒸气重整反应,而体系由于存在 H_2 和 CH_3OH,即在还原性的气氛下,Cu^{2+} 被还原成 Cu^0。Cu 可以在体系中存在不同的氧化态,从而起到不同的催化作用[56]。Cu^{2+} 对 H_2 的生成基本上无催化作用,但是却可以催化 CO_2 和 H_2 的生成,而 CuO 却可以催化 H_2 的生成。

Patel 等[58] 提出了不同于前面的反应网络,他们认为甲醇自热重整体系中包含了甲醇部分氧化、甲醇水蒸气重整和逆水气变换反应。

6.4.2 甲醇自热重整反应催化剂

目前在甲醇自热重整的催化剂研究中,对铜基催化剂的研究也是最多的。Koga 等[59]采用造纸技术制备了纤维状结构的 Cu/ZnO 催化剂,如图 6.10 所示。将其用于甲醇自热重整反应中发现,反应物中甲醇转化率大于使用甲醇水蒸气重整催化剂的甲醇转化率,而且氢气的生成速率恒定。

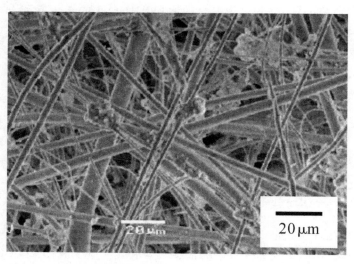

图 6.10　采用造纸技术制备的纤维状 Cu/ZnO 催化剂 SEM 图[59]

此外,贵金属催化剂中 Pd 对甲醇的自热重整也具有催化作用。Liu 等[60-62]系统地研究了 Pd/ZnO 催化剂对甲醇自热重整的催化作用。通过共沉淀法和浸渍法制备了 Pd 含量为 $1\%\sim45\%$ 的催化剂。实验发现当 Pd 在催化剂中的质量分数增加到 5% 后,共沉淀法制备的催化剂要优于浸渍法制备的催化剂。随着催化剂中 Pd 含量的增加,催化剂的催化活性也增加,但是随着 Pd 含量增加,其催化效果的增加逐渐缓慢。此外,当 Pd 的含量增加到 37.5% 之后,催化剂的催化活性反而降低,产物气体中 CO 含量增加。此外,发现在 Pd/ZnO 催化剂中添加第三组分金属元素后,Pd/ZnO 催化剂的物理特性与催化性质发生了改变,载体 ZnO 的粒径减小,并经过高温还原后得到粒径较小的 Pd-Zn 合金,同时载体 ZnO 可与第三组分生成复合氧化物,如 $ZnAl_2O_4$、$ZnCr_2O_4$ 和 $ZnFe_2O_4$ 等。

参考文献

[1] Amphlett J C, Creber K A M, Davis J M, et al. Hydrogen production by steam reforming of methanol for polymer electrolyte fuel cells[J]. Int J Hydrogen Energ,1994,19(2):131-137.

[2] 郝树仁,李言浩.甲醇蒸汽转化制氢技术[J].齐鲁石油化工,1997,25(5):225-226.

[3] Faungnawakij K,Kikuchi R,Eguchi K. Thermodynamic evaluation of methanol steam reforming for hydrogen production[J]. J Power Sources,2006,161(1):87-94.

[4] Pour V,Bartoň J,Benda A. Kinetics of catalyzed reaction of methanol with water vapour[J]. Collect Czech Chem C,1975,40(10):2923-2934.

[5] Santacesaria E，Carra S. Kinetics of catalytic steam reforming of methanol in a CSTR reactor[J]. Applied Catalysis,1983,5(3):345-358.

[6] Geissler K，Newson E，Vogel F，et al. Autothermal methanol reforming for hydrogen production in fuel cell applications[J]. Phys Chem Chem Phys，2001,3(3):289-293.

[7] Breen J，Meunier F，Ross J H. Mechanistic aspects of the steam reforming of methanol over a CuO/ZnO/ZrO$_2$/Al$_2$O$_3$ catalyst[J]. Chem Commun, 1999:2247-2248.

[8] Agrell J，Birgersson H，Boutonnet M. Steam reforming of methanol over a Cu/ZnO/Al$_2$O$_3$ catalyst:a kinetic analysis and strategies for suppression of CO formation[J]. J Power Sources, 2002，106(1): 249-257.

[9] Peppley B A，Amphlett J C，Kearns L M，et al. Methanol-steam reforming on Cu/ZnO/Al$_2$O$_3$ catalysts，Part 2:a comprehensive kinetic model[J]. Appl Catal A:Gen, 1999, 179(1):31-49.

[10] Mastalir A，Frank B，Szizybalski A，et al. Steam reforming of methanol over Cu/ZrO$_2$/CeO$_2$ catalysts:a kinetic study[J]. J Catal, 2005, 230(2):464-475.

[11] Frank B，Jentoft F C，Soerijanto H，et al. Steam reforming of methanol over copper-containing catalysts:influence of support material on microkinetics[J]. J Catal, 2007, 246(1):177-192.

[12] Harold P M，Nair B，Kolios G. Hydrogen generation in a Pd membrane fuel processor:assessment of methanol-based reaction systems[J]. Chem Eng Sci, 2003, 58(12):2551-2571.

[13] Jiang C J，Trimm D L，Wainwright M S，et al. Kinetic mechanism for the reaction between methanol and water over a Cu-ZnO-Al$_2$O$_3$ catalyst[J]. Appl Catal A:Gen, 1993, 97(2):145-158.

[14] Idem R O，Bakhshi N N. Kinetic modeling of the production of hydrogen from the methanol-steam reforming process over Mn-promoted coprecipitated Cu-Al catalyst[J]. Chem Eng Sci,1996, 51(4): 3697-3708.

[15] Patel S，Pant K K. Experimental study and mechanistic kinetic modeling for selective production of hydrogen via catalytic steam reforming of methanol[J]. Chem Eng Sci, 2007, 62(18):5425-5435.

[16] 朱振峰,孙洪军,刘辉,等. 表面活性剂辅助水热热分解法制备介孔氧化铝纤维[J].无机材料学报， 2009,24(5):1003-1007.

[17] Mrad M，Gennequin C，Aboukaïs A，et al. Cu/Zn-based catalysts for H$_2$ production via steam reforming of methanol[J]. Catal Today, 2011，176(1):88-92.

[18] Matsumura Y，Ishibe H. Suppression of CO by-production in steam reforming of methanol by addition of zinc oxide to silica-supported copper catalyst[J]. J Catal 2009, 268(2):282-289.

[19] Matsumura Y，Ishibe H. Selective steam reforming of methanol over silica-supported copper catalyst prepared by sol-gel method[J]. Appl Catal B:Environ, 2009, 86(3):114-120.

[20] 王晖,贺德华,董国利.Cu/ZrO$_2$ 催化剂上乙醇水蒸气重整反应的研究 I:催化剂性能及其制备参数的影响[J].燃料化学学报,2005,33(3):344-350.

[21] 马力,王琪,段雪.甲醇水蒸气重整 Cu-Ni 双金属催化体系的研究[J].燃料化学学报,1989,17(2): 132-138.

[22] Snytnikov P V，Badmaev S D，Volkova G G，et al. Catalysts for hydrogen production in a multifuel processor by methanol，dimethyl ether and bioethanol steam reforming for fuel cell applications[J]. Int J Hydrogen Energ, 2012, 37(2):16388-16396.

[23] Fukunaga T，Ryumon N，Ichikuni N，et al. Characterization of CuMn-spinel catalyst for methanol steam reforming[J]. Catal Comm, 2009, 10(14):1800-1803.

[24] Yaseneva P，Pavlova S，Sadykov V，et al. Hydrogen production by steam reforming of methanol over Cu-CeZrYO$_x$-based catalysts[J]. Catal Today, 2008，138(38):175-182.

[25] Clancy P，Breen J P，Ross J R H．The preparation and properties of coprecipitated Cu-Zr-La and Cu-Zr-Y catalysts used for the steam reforming of methanol[J]．Catal Today，2007，127(1)：291-294．

[26] Wongkasemjit S，Asavaputanapun K，Chaisuwan T，et al．Steam reforming of methanol over gadolinium doped ceria (GDC) and metal loaded GDC catalysts prepared via sol-gel route[J]．Mater Res Innov，2012，16(4)：303-309．

[27] Sanches S G，Flores J H，de Avillez R R，et al．Influence of preparation methods and Zr and Y promoters on Cu/ZnO catalysts used for methanol steam reforming[J]．Int J Hydrogen Energ，2012，37(8)：6572-6579．

[28] 汤颖，刘晔，路勇，等.CuZnAl 水滑石衍生催化剂上甲醇水蒸气重整制氢 I：催化剂焙烧温度的影响[J].催化学报，2006，27(10)：857-862．

[29] 汤颖，刘晔，路勇，等.CuZnAl 水滑石衍生催化剂上甲醇水蒸气重整制氢 II：催化剂组成的影响[J].催化学报，2006，27(11)：987-992．

[30] 汤颖，刘晔，路勇，等.CuZnAl 水滑石衍生催化剂上甲醇水蒸气重整制氢 III：合成水滑石用金属盐的影响[J].催化学报，2006，28(4)：321-326．

[31] Ritzkopf I，Vukojevic S，Weidenthaler C，et al．Decreased CO production in methanol steam reforming over Cu/ZrO$_2$ catalysts prepared by the microemulsion technique[J]．Appl Catal A：Gen，2006，302(2)：215-223．

[32] 张新荣，史鹏飞.CeO$_2$ 改性 Cu/Al$_2$O$_3$ 催化剂上甲醇水蒸气重整制氢[J].物理化学学报，2003，19(1)：85-89．

[33] Chiu K L，Kwong F L，Ng D H L．Oxidation states of Cu in the CuO/CeO$_2$/Al$_2$O$_3$ catalyst in the methanol steam reforming process[J]．Current Appl Phys，2012，12(4)：1195-1198．

[34] Pongstabodee S，Monyanon S，Luengnaruemitchai A．Hydrogen production via methanol steam reforming over Au/CuO，Au/CeO$_2$，and Au/CuO-CeO$_2$ catalysts prepared by deposition-precipitation[J]．J Ind Eng Chem，2012，18(4)：1272-1279．

[35] Matsumura Y，Ishibe H．Durable copper-zinc catalysts modified with indium oxide in high temperature steam reforming of methanol for hydrogen production[J]．J Power Sources，2012，209：72-80．

[36] Iwasa N，Kudo S，Takahashi H，et al．Highly selectively supported Pd catalysts for steam reforming of methano[J]．Catal Letter，1993，19：211-216．

[37] 王树东，张纯希，刘娜，等.一种用于高温甲醇水蒸气重整制氢贵金属催化剂：CN200610073174.6 [P].2006.

[38] Utaka T，Sekizawa K，Eguchi K．CO removal by oxygen-assisted water gas shift reaction over supported Cu catalysts[J]．Appl Catal A：Gen，2000，194-195：21-26．

[39] Oh S H，Sinkevitch R M．Carbon monoxide removal from hydrogen-rich fuel cell feedstreams by selective catalytic oxidation[J]．J Catal，1993，142(1)：254-262．

[40] Du G，Lim S，Yang Y，et al．Methanation of carbon dioxide on Ni-incorporated MCM-41 catalysts：the influence of catalyst pretreatment and study of steady-state reaction[J]．J Catal，2007，249(2)：370-379．

[41] 李峰，朱铨寿.甲醇及下游产品[M].北京：化学工业出版社，2008.

[42] 徐元利.甲醇裂解气对点燃式电控发动机性能影响研究[D].天津：天津大学，2009.

[43] Cheng W，Shiau C，Hsieh Liu T，et al．Stability of copper based catalysts enhanced by carbon dioxide in methanol decomposition[J]．Appl Catal B：Environ，1998，18(1)：63-70．

[44] Murcia-Mascaros S，Navarro R M，Gomez-Sainero L，et al．Oxidative methanol reforming reactions

on CuZnAl catalysts derived from hydrotalcite-like precursors[J]. J Catal，2001，198(2)：338-347.

[45] 谢克昌，李忠. 甲醇及其衍生物[M]. 北京：化学工业出版社，2002.

[46] 秦建中，张元东. 甲醇制氢工艺与优势分析[J]. 玻璃，2004，176：29-32.

[47] Schuyten S, Guerrero S, Miller J T, et al. Characterization and oxidation states of Cu and Pd in Pd-CuO/ZnO/ZrO₂ catalysts for hydrogen production by methanol partial oxidation[J]. Appl Catal A：Gen，2009，352(1)：133-144.

[48] Rabe S, Vogel F. A thermogravimetric study of the partial oxidation of methanol for hydrogen production over a Cu/ZnO/Al₂O₃ catalyst[J]. Appl Catal B：Environ，2008，84(3)：827-834.

[49] Alejo L, Logo R, Peña M A, et al. Partial oxidation of methanol to produce hydrogen over Cu-Zn-based catalysts[J]. Appl Catal A：Gen，1997，162(1-2)：281-297.

[50] Espinosa L A, Logo R M, Pena M A, et al. Mechanistic aspects of hydrogen production by partial oxidation of methanol over Cu/Zno catalysts[J]. Top Catal，2003，22(3-4)：245-251.

[51] Iwasa N, Masuda S, Ogawa N, et al. Steam reforming of methanol over Pd/ZnO：effect of the formation of PdZn alloys upon the reaction[J]. Appl Catal A：Gen，1995，125(1)：145-157.

[52] Cubeiro M L, Fierro J L G. Partial oxidation of methanol over supported palladium catalysts[J]. Appl Catal A：Gen，1998，168(2)：307-322.

[53] Danial Doss E, Kumar R, Ahluwalia R K, et al. Fuel processors for automotive fuel cell systems：a parametric analysis[J]. J Power Sources，2001，102(1)：1-15.

[54] Navarro R M, Pena M A, Fierro J. Production of hydrogen by partial oxidation of methanol over a Cu/Zno/Al₂O₃ catalyst：influence of the initial state of the catalyst on the start-up behavior of the reformer[J]. J Catal，2002，212：112-118.

[55] Semelsberger T A, Brown L F, Borup R L, et al. Equilibrium products from autothermal processes for generating hydrogen-rich fuel-cell feeds[J]. Int J Hydrogen Energ，2004，29(10)：1047-1064.

[56] Reitz T L, Lee P L, Czaplewski K F, et al. Time-resolved XANES investigation of CuO/ZnO in the oxidative methanol reforming reaction[J]. J Catal，2001，199(2)：193-201.

[57] Turco M, Bagnasco G, Costantino U, et al. Production of hydrogen from oxidative steam reforming of methanol Ⅱ：catalytic activity and reaction mechanism on Cu/ZnO/Al₂O₃ hydrotalcite-derived catalysts[J]. J Catal，2004，228(1)：56-65.

[58] Patel S, Pant K K. Kinetic modeling of oxidative steam reforming of methanol over Cu/ZnO/CeO₂/Al₂O₃ catalyst[J]. Appl Catal A：Gen，2009，356(2)：189-200.

[59] Koga H, Fukahori S, Kitaoka T, et al. Autothermal reforming of methanol using paper-like Cu/ZnO catalyst composites prepared by a papermaking technique[J]. Appl Catal A：Gen，2006，309(2)：263-269.

[60] Liu S, Takahashi K, Uematsu K, et al. Hydrogen production by oxidative methanol reforming on Pd/ZnO[J]. Appl Catal A：Gen，2005，283(1)：125-135.

[61] Liu S, Takahashi K, Uematsu K, et al. Hydrogen production by oxidative methanol reforming on Pd/ZnO catalyst：effects of the addition of a third metal component[J]. Appl Catal A：Gen，2004，277(1)：265-270.

[62] Liu S, Takahashi K, Ayabe M. Hydrogen production by oxidative methanol reforming on Pd/ZnO catalyst：effects of Pd loading[J]. Catal Today，2003，87(1)：247-253.

第7章 氨分解制氢

　　氨分解制氢是含氢化合物制氢的一个例子。由于氨分子式中只含氮与氢,因此,氨分解制氢具有制氢工艺简单、氢气纯度高等优势而倍受重视。

　　氨分解制氢在工业上更多的是用于浮法玻璃生产。在浮法玻璃生产过程中,熔化的锡液在空气中极易氧化为氧化亚锡和氧化锡,这些锡的化合物黏在玻璃表面,既污染了玻璃又增加了锡耗。所以需要将锡槽密封,并连续稳定地送入高纯度氮氢混合气体,以维持槽内正压,保护锡液不被氧化。氢气是一种还原性气体,它可以迅速同氧气反应,使锡的氧化物还原。目前,浮法玻璃生产中主要利用水电解和氨分解制取氢气。因为氨分解制氢工艺比较安全,所以被许多浮法玻璃企业采用。

　　此外,对于氢燃料电池,用含碳物质(如甲醇、甲烷、汽油等)制得的氢气中不可避免地含有 $CO_x(x=1,2)$,这些碳的氧化物即使在浓度很低的情况下也能降低燃料电池电极的活性。而用液氨作为氢源,由于氨中氢的质量百分含量(17.6%)和能量密度(3000W·h·kg^{-1})比甲醇和其他燃料都要高,是一种极好的储氢中间体,且分解产生的氢气不含有 CO_x 和 NO_x,因此对环境没有污染,适合氢燃料电池使用。与其他现有制氢工艺相比较,氨分解制氢具有产氢量高、安全性好、流程简单、价格低廉、相关技术成熟等优点,符合中小规模制氢灵活而经济的原则,有良好的应用前景。

　　氨分解制氢工艺有以下主要优点[1]。

　　(1)相关技术成熟。氨的合成、运输、利用技术及其基础设施十分成熟,这就为氨分解制氢路线的推广提供了较好的背景支持。

　　(2)价格低廉。目前氨的市场价格大约是汽油的 1/3、天然气的 1/2、氢的 1/2。此外,氨分解制氢工艺的大规模推广必然会推动合成氨工业的飞速发展,而规模化生产又将继续降低氨分解制氢的成本。

　　(3)储氢量高。氨分解制氢体系的质量储氢量的理论值是 17.6%,高于电解水(11.1%)、甲醇水蒸气重整(12.5%)、汽油水蒸气重整(12.4%)、氢化物水解(5.2%~8.6%)等制氢体系。

　　(4)易于储存。在室温下,8~10atm 即可使氨气液化。

　　(5)安全性好。在标准状态下,氨气-空气体系的爆炸极限较窄,仅为 16%~27%(体积百分比),远远优于氢气-空气体系(18.3%~59%)。

　　(6)环境友好。经燃料电池单元综合利用后,尾气仅为 N_2 和 H_2O 并可直接排空,全过程不会产生有害气体。

(7)流程简单。由于氨分解制氢过程不生成 CO,因此不需要烃类制氢装置所必需的水气变换、选择氧化等单元,制氢流程简单,设备的重量和体积小,符合中小规模制氢灵活而经济的原则。

水电解制氢和氨分解制氢两种制氢方式的经济效益比较如表 7.1 所示。

表 7.1　水电解制氢和氨分解制氢经济效益比较[2]

经济效益比较项	水电解	氨分解
氢站总投资/万元	249	64
氢站建筑面积/m²	742	128
制氢单耗/Nm³	6.2kW·h⁻¹(电)	0.85kW·h⁻¹/电;0.55kg(氨)
制氢成本/(元·Nm³H₂)	2.381	0.9864
操作人员/(人/班)	4	2
运行可靠性	较差	好,可确保长期连续供气

注:1.制氢装置规模为 70 标米/小时;2.以 1992 年的价格水平计算,电价为 0.384 元/(千瓦·小时),氨价为 1.2 元/kg。

由表 7.1 可以明显地看出,氨分解制氢较水电解制氢具有明显好的经济效益和稳定性。

7.1　氨分解反应机理与动力学

氨分解反应主要采用高温催化裂解,其反应式为:

$$NH_3 \rightleftharpoons 0.5N_2 + 1.5H_2 \qquad \Delta H_{298K}^{\ominus} = 47.3 kJ \cdot mol^{-1} \tag{7.1}$$

该平衡体系仅涉及 NH_3、N_2 和 H_2 三种物质。由于该反应弱吸热且为体积增大反应,所以高温、低压的条件有利于氨分解反应的进行。根据热力学理论计算结果可知,常压、500℃时氨的平衡转化率可达 99.75%。但是,由于该反应为动力学控制的可逆反应,再加上产物氢气在催化剂活性中心的吸附抢占了氨的吸附位,产生"氢抑制",从而导致氨的表面覆盖度(θ_{NH_3})下降,表现为较低的转化率。目前,国内外市场上的氨分解装置大多采用提高操作温度(700~900℃)的方法来获得较高的氨分解率,这就在很大程度上提高了运行成本,降低了市场竞争力。

氨分解反应是一个逐步脱氢的过程。在排除传质过程影响的前提下,该催化过程机理主要包括如下步骤(见图 7.1)。

(1)氨分子在催化剂活性位(＊)发生吸附反应:

$$NH_3(g) + ＊ \longleftrightarrow ＊NH_3 \tag{7.2}$$

(2)吸附态的氨分子在催化剂活性位上逐步解离成吸附态的氮原子和氢原子:

$$＊NH_3 + ＊ \longleftrightarrow ＊NH_2 + ＊H \tag{7.3}$$

$$＊NH_2 + ＊ \longleftrightarrow ＊NH + ＊H \tag{7.4}$$

$$＊NH + ＊ \longleftrightarrow ＊N + ＊H \tag{7.5}$$

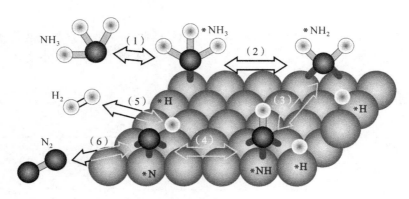

图 7.1　氨分解基元反应[1]

(3)吸附态的氮原子和氢原子从催化剂表面分别发生结合解离脱附成氮分子和氢分子:

$$3*H \longleftrightarrow 1.5H_2 + * \tag{7.6}$$

$$N \longleftrightarrow 0.5N_2 + * \tag{7.7}$$

文献显示[3],目前研究上存在的争议主要是无法对氨分解反应的速率控制步骤形成统一认识。一般认为,反应的速率控制步骤随反应条件的改变而改变,步骤(7.3)或步骤(7.7)或上述两者都可能为速率控制步骤,而其他几个基元步骤为拟平衡状态。

1987 年,Tsai 等[3]考察了钌(001)面上的氨分解反应动力学行为,发现反应的速率控制步骤随温度发生变化。如当反应温度低于 377℃时,氮结合脱附,即步骤(7.7)为速率控制步骤;当反应温度高于 477℃时,氨第一步解离,即步骤(7.3)为速率控制步骤。在假定了步骤(7.3)和步骤(7.7)均为慢步骤、*N 为最丰反应中间物(most abundant reactive intermediate)的前提下,该作者得到了氨分解反应速率的动力学表达式:

$$r_{NH_3} = \frac{Lk_2 K_1 p_{NH_3}}{\left(1 + \sqrt{\dfrac{k_2 K_1 p_{NH_3}}{2k_6}}\right)^2} \tag{7.8}$$

式中:L 为单位质量催化剂上的活性位数目;k_2 和 k_6 分别为步骤(7.3)和步骤(7.7)的反应速率常数;K_1 为氨气的吸附平衡常数;p_{NH_3} 为氨气分压,单位为 atm。

然而,该表达式不能解释产物氢气在 Ru 上存在抑制性吸附的实验事实。

随后,Tamaru 等[4]提出了表面氮原子的结合脱附是反应的速率控制步骤。由于表面氮原子、气态氨和气态氢分子三者之间存在拟平衡态,因此可以将它们归入一个基元反应步骤进行处理。Tamaru 等提出的动力学模型可以表示为:

$$2NH_3(g) + 2* \longleftrightarrow 2N* + 3H_2(g) \tag{7.9}$$

$$2N* \longleftrightarrow N_2(g) + 2* \tag{7.10}$$

Mariadassou 等[5]的研究结果证明了 Tamaru 等提出的模型可以准确地描述氨分解的宏观动力学行为。

1997 年,Bradford 等[6]发表了在 Ru 催化剂上氨分解反应动力学的研究结果。在常压、350~450℃的反应条件下,氨和氢的反应级数分别为 0.69~0.75 和 -2~-1.6。这表明氢在 Ru 上存在较强的占位吸附被抑制的情况。Bradofrd 等发现,以往的模型均无法准确描述 Ru 催化剂上氨分解反应的动力学行为,因此提出吸附氨的第一步解离脱氢不是拟平衡态或不可逆步骤,而是可逆的慢步骤:

$$2NH_3* + 2* \underset{k_{-2}}{\overset{k_2}{\rightleftharpoons}} 2NH_2* + 2H* \tag{7.11}$$

步骤(7.7)和步骤(7.11)共同控制氨分解反应的进行。在假设了 *N 为最丰反应中间物的前提下,可以得到反应的速率表达式:

$$r_{NH_3} = \frac{zLk_6}{4}\left(\frac{-2ap_{NH_3} - bp_{H_2}^{1.5} + \sqrt{4ap_{NH_3} + b^2 p_{H_2}^3}}{1 - ap_{NH_3} - bp_{H_2}^{1.5}}\right) \tag{7.12}$$

式中:z 为最邻近点的活性位数目;$a = \frac{k_2 K_1}{k_6}$,$b = \frac{k_{-2}}{K_3 K_4 K_5^{1.5} k_6}$,其中,$K_3$、$K_4$、$K_5$ 分别为式(7.4)、式(7.5)、式(7.6)的反应平衡常数;p_{H_2} 为 H_2 分压。

对动力学实验数据进行非线性回归,拟合结果与实验结果吻合度良好。

2002 年,Chellappa 等[7]以催化分解氨气为燃料电池供氢为研究背景,首次考察了 Ni-Pt/Al$_2$O$_3$ 催化剂上氨分解反应动力学。在 520～660℃、氨分压为 0.06～1.03atm 的条件下,氨的反应级数为 1,所得反应速率(r,mol NH$_3$ · g$_{cat}^{-1}$ · h^{-1})的表达式为:

$$r = 3.639 \times 10^{11} \exp\left(-\frac{46897}{RT}\right)p_{NH_3} \tag{7.13}$$

实验数据的拟合结果表明,该表达式可以用于在更为实际的反应条件下预测氨分解反应的速率。

7.2　氨分解催化剂

实现氨的低温高效分解的关键在于选择合适的氨分解催化剂。现有的氨分解催化剂以负载型催化剂为主,其中包括以 Ru 为代表的贵金属催化剂(Ir、Pt 等)和以 Fe、Ni 为代表的过渡金属催化剂(Co、Mo 等)。Ru 基催化剂具有较高的活性,但是只有在负载量高于5wt.%、其表面碱性较大时,才具有较好的氨分解效果。Fe 基催化剂价格低廉,但是催化活性要远远低于 Ru 和 Ni。Ni 的活性介于 Fe 和 Ru 之间,具有成本低、易于制备、选择性及稳定性好等优点。

活性组分是催化剂中起主要催化作用的部分。现有文献显示,很多金属、金属氮化物、金属碳化物都具有氨分解活性。例如,Ni[8,9]、Ru[4,7,9]、Fe[10,11]、Ir[9,12]、VN$_x$[13]、VC$_x$[14]、Zr$_{1-x}$Ti$_x$M$_1$M$_2$(M$_1$,M$_2$=Cr,Mn,Fe,Co,Ni)[15,16]等,其中研究较多的是 Ru、Ni 和 Ir。由于在影响氨分解活性的主要因素、氨分解反应机理、活性组分与载体相互作用等重要问题上仍未达成统一认识,因而文献中对于上述三种活性组分的氨分解活性比较常常会得到截然不同的结果。

过渡金属氮化物/碳化物的晶体结构类似于贵金属,具有与贵金属相似的催化性能,因此被称为"准铂催化剂"[17]。过渡金属氮化物/碳化物一般采用程序升温反应法制备,即在还原气氛(NH$_3$、CH$_4$、H$_2$-N$_2$ 等)中,按照指定升温程序加热过渡金属的氧化物前驱体,从而得到金属氮化物/碳化物。国内外学者先后发现[6,13,14,18]，过渡金属 Mo、V、Ti 的氮化物/碳化物具有与贵金属相当的氨分解活性。其中 VC_x、Mo_2N、Mo_2C、VN 的比活性是 Pt/C 催化剂的 2.6～400 倍。文献报道[18]制备了 α-Al$_2$O$_3$ 负载 MoN$_x$ 和 NiMoN$_x$ 催化剂，发现其氨分解活性明显优于商业 Ni/MgO 催化剂。当纯氨空速为 1800h^{-1}、温度为 650℃时，NiMoN$_x$/α-Al$_2$O$_3$ 催化剂上氨的转化率可高达 99.3%，相同条件下商用 Ni/MgO 催化剂上氨的转化率仅为 87.5%。

综上所述，金属 Ru 对氨分解的催化活性最高。Ru 也被认为是合成氨反应中催化活性最好的金属。

氨分解反应的尺寸效应指活性组分的晶粒尺寸对其催化活性有着决定性影响的现象。宏观上就表现为反应速率对活性组分的晶粒尺寸敏感。这主要是因为，控制总包反应速率的某一个或几个基元步骤主要发生在一组按照特殊规律排布的活性金属原子上，而组成这种特殊结构的原子数目在总原子数中所占的比例又随着晶粒平均尺寸的变化而变化。

许多研究表明，氮分子的解离速率及氨分解速率都与某一特定方式排布的金属原子簇（如 C7/Fe、B5/Ni、B5/Ru）占总原子数的比例密切相关。Hardeveld 等[19]计算了 Ni 晶体理想模型上各种原子排布形式所占的比例，结果表明，B5 活性位浓度与 Ni 原子簇的平均粒径之间相关。随着平均粒径的增加，B5 活性位浓度先增后减，最大值出现在 1.5～2.5nm。Jacobsen 等[20]利用密度泛函理论（density functional theory，DFT）计算了 Ru 原子簇上 B5 活性位的浓度，得到了与 Hardeveld 等人大致相同的结果。Jedynak 等[21]发现，在 K-Fe/C 催化剂上粒径较小的 Fe 晶粒具有较高的氨分解比活性，并认为主要是因为在分散度高的催化剂上有较多的 C7 活性位。Pilecka 等[22]在研究 Ru 上氨分解反应时发现，平均粒径为 1.2nm 的小晶粒具有较低的 TOF 值，他们认为这主要是因为 Ru 分散度过高并且超过了最佳值，导致 B5 活性位浓度急剧降低。此外，在金属氮化物/碳化物上也存在这种结构敏感性。Choi 等[13]发现，当 VC_x 的粒径由 34nm 增加到 256nm 时，比活性由 0.5s^{-1} 升高到 12.9s^{-1}。

需要指出的是，活性组分、载体、制备方法甚至反应条件的不同都会影响最终结果，因此，文献中在确定某一反应是否具有结构敏感性上也存在着较大的差异。

7.3 氨分解制氢工艺流程

氨分解制氢工艺包括氨分解反应以及变压吸附提纯氢气两部分。

两塔式变压吸附纯化氨分解制氢装置流程如图 7.2 所示。液氨经预热器蒸发成气氨，然后在一定温度下，通过填充有催化剂的氨分解炉，氨气即被分解成含氢气 75%、含氮气 25% 的氢氮混合气。分解温度在 650～800℃，分解率可达 99% 以上，分解后的高温混合气经冷却至常温，进入变压吸附系统。分解后的高温混合气先由塔 1 底部进入塔内，在塔顶得到较高纯度的氮气与氢气，同时塔 2 在大气压下降压解吸。部分产品气进入缓冲罐，直到等压为止。继之两塔交换操作，塔 2 吸附，塔 1 解吸，交替工作和再生，以保证连续生产。根据需要，通过变压吸附可分离得到高纯氢气与高纯氮气。

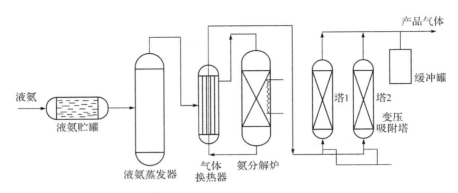

图 7.2　两塔式变压吸附纯化氨分解制氢装置流程[23]

7.4　氨分解制氢主要装置

在氨分解制氢工艺中最重要的设备是氨分解炉。国内外现有的氨分解装置产气压力均低于 0.1MPa,当采用氨分解气作为气体加氢除氧的氢源时,由于其产气压力与待净化的气体压力不相适应,将因为氨分解气量的波动而导致待净化气体加氢除氧效果的不稳定,因此,目前一般氨分解装置为承压式分解反应器,如图 7.3 所示。

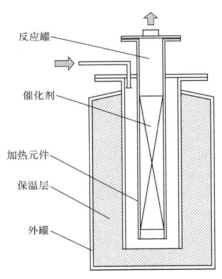

图 7.3　承压式氨分解反应器[24]

承压式氨分解反应器由反应罐、电热元件、保温层和外罐组成。反应罐是一个内、外壁有通道相通的直立罐,反应罐的外壁绕有电热元件,反应罐内装有镍基催化剂。当气氨进入分解炉时,先经反应罐外壁的电热元件加热,再由反应罐底部进入装有催化剂的反应罐内。由于气体的流通阻力很小,反应罐内,外壁的气压几乎相等,从而使罐壁处于内、外气压相平衡的状态,罐壁两边压力相互抵消,使反应罐处于不承压的状态下工作。

氨分解炉根据加热带的位置,可以分为外热式和内热式。图 7.4 所示是一种外热式的分解炉,即加热带在反应部分的外面。

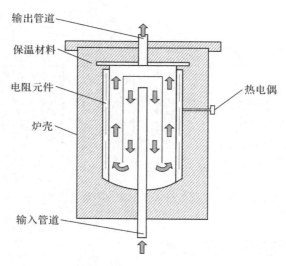

图 7.4　外热式氨分解炉[25]

内热式氨分解炉内气体反应如下：氨气经过氨管从环形喷管上的小孔喷出，进入反应管流动时被加热开始分解。当氨气由反应管下部孔板进入反应管内与催化剂碰上时，分解就得以迅速而充分进行。气体从反应管上端弯管经汇流管流出。这时流出的气体就是分解得到的 H_2 与 N_2 的混合气体。对两种加热方式的分解炉进行试验对比后发现，内热式具有残液量少和较外热式节省电量 25％左右的优点。

此外，可用钯膜与氨分解集成制氢。一种是将氨分解制氢与钯膜氢分离原位（in-suit）集成，即采用膜反应器模式，如图 7.5(a)所示。另一种则是将氨分解制氢与钯膜氢分离非原位集成，即氨分解器-膜分离器模式，如图 7.5(b)所示。

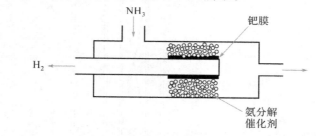

（a）钯膜和氨分解反应器的原位集成

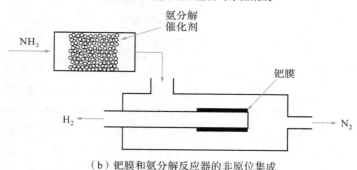

（b）钯膜和氨分解反应器的非原位集成

图 7.5　钯膜和氨分解反应器的原位集成与非原位集成[1]

　　膜反应器集成模式的主要优点是将产物氢原位分离出反应体系,既可以使得化学平衡向生成产物氢的方向移动,又可以通过降低流速的方法延长反应物与催化剂的接触时间,有利于反应的进一步发生。此外,产物氢气及时从反应体系分离出去,降低了与反应物分子 NH₃ 竞争吸附的概率,也有利于反应物 NH₃ 在催化活性位上的吸附、解离。膜反应器的缺点是钯膜的利用效率较低,即在反应器入口附近的富氨区,氢气的浓度较小,没有足够的渗透推动力,导致钯膜分离氢的效率降低。

参考文献

[1] 张建. 氨分解制氢与钯膜分离氢的研究[D]. 北京:中国科学院研究生院,2005.

[2] 奚永龙. 新型氨分解制氢装置[J]. 上海化工,1994,19(4):9-11.

[3] Tsai W, Weinberg W H. Steady-state decomposition of ammonia on the ruthenium (001) surface[J]. J Phys Chem,1987, 91(20):5302-5307.

[4] Tamaru K. A "new" general mechanism of ammonia synthesis and decomposition on transition metals [J]. Accounts Chem Res,1988, 21(2):88-94.

[5] Djéga-Mariadassou G, Shin C, Bugli G. Tamaru's model for ammonia decomposition over titanium oxynitride[J]. J Mol Catal A:Chem, 1999, 141(1):263-267.

[6] Bradford M C, Fanning P E, Vannice M A. Kinetics of NH₃ decomposition over well dispersed Ru[J]. J Catal,1997, 172(2):479-484.

[7] Chellappa A S, Fischer C M, Thomson W J. Ammonia decomposition kinetics over Ni-Pt/Al₂O₃ for PEM fuel cell applications[J]. Appl Catal A:Gen,2002, 227(1):231-240.

[8] Choudhary T V, Sivadinarayana C, Goodman D W. Catalytic ammonia decomposition:CO$_x$-free hydrogen production for fuel cell applications[J]. Catal Lett, 2001, 72(3-4):197-201.

[9] Yin S, Zhang Q, Xu B, et al. Investigation on the catalysis of CO$_x$-free hydrogen generation from ammonia[J]. J Catal,2004, 224(2):384-396.

[10] Kowalczyk Z, Sentek J, Jodzis S, et al. Effect of potassium on the kinetics of ammonia synthesis and decomposition over fused iron catalyst at atmospheric pressure[J]. J Catal, 1997, 169(2):407-414.

[11] Ganley J C, Seebauer E G, Masel R I. Porous anodic alumina microreactors for production of hydrogen from ammonia[J]. AIChE J,2004, 50(4):829-834.

[12] Papapolymerou G, Bontozoglou V. Decomposition of NH₃ on Pd and Ir comparison with Pt and Rh [J]. J Mol Catal A:Chem,1997, 120(1):165-171.

[13] Choi J. Ammonia decomposition over vanadium carbide catalysts[J]. J Catal, 1999, 182(1):104-116.

[14] Oyama S T. Kinetics of ammonia decomposition on vanadium nitride[J]. J Catal, 1992, 133(2):358-369.

[15] Boffito C, Baker J D. Getter materials for cracking ammonia:US, 5976723[P]. 1999-11-02.

[16] Ganley J C, Thomas F S, Seebauer E G, et al. A priori catalytic activity correlations:the difficult case of hydrogen production from ammonia[J]. Catal Lett,2004, 96(3-4):117-122.

[17] Wise R S, Markel E J. Catalytic NH₃ decomposition by topotactic molybdenum oxides and nitrides:effect on temperature programmed γ-Mo₂N synthesis[J]. J Catal,1994, 145(2):335-343.

[18] Liang C, Li W, Wei Z, et al. Catalytic decomposition of ammonia over nitrided MoN$_x$/α-Al₂O₃ and NiMoN$_y$/α-Al₂O₃ catalysts[J]. Ind Eng Chem Res,2000, 39(10):3694-3697.

[19] van Hardeveld R, van Montfoort A. The influence of crystallite size on the adsorption of molecular nitrogen on nickel, palladium and platinum:an infrared and electron-microscopic study[J]. Surf Sci, 1966, 4(4):396-430.

[20] Jacobsen C J, Dahl S, Hansen P L, et al. Structure sensitivity of supported ruthenium catalysts for ammonia synthesis[J]. J Mol Catal A:Chem, 2000, 163(1):19-26.

[21] Jedynak A, Kowalczyk Z, Szmigiel D, et al. Ammonia decomposition over the carbon-based iron catalyst promoted with potassium[J]. Appl Catal A:Gen, 2002, 237(1):223-226.

[22] Raróg-Pilecka W, Szmigiel D, Komornicki A, et al. Catalytic properties of small ruthenium particles deposited on carbon:ammonia decomposition studies[J]. Carbon, 2003, 41(3):589-591.

[23] 苏玉蕾,王少波,宋刚祥,等.氨分解制氢技术[J].舰船防化,2009(6):6-9.

[24] 吕藩初,董定.承压式氨分解器及其应用前景[J].上海金属,1994,16(6):28-31.

第8章 工业副产气体提纯制氢

8.1 工业副产气体提纯制氢简介

许多工业生产过程中会产生含氢尾气,如炼油厂的炼厂气、合成氨弛放气,合成氨中的变换气、精炼气,炼焦过程产生的焦炉煤气,以石脑油为原料制取的城市煤气,氯碱工业的副产气、催化裂化干气、油田转化气、甲醇裂解气等[1]。这些含氢尾气中的氢气浓度为15%~90%,部分炼厂气的典型氢气含量见表8.1。

表 8.1 不同炼厂气的典型氢气体积含量[2] 单位:%

氢源	典型氢气体积含量
石脑油重整尾气	65~90
加氢裂化干气	25~70
催化重整干气	25~60
甲苯加氢脱烷基化尾气	50~70
乙烯脱甲烷塔尾气	60~90
甲醇弛放气	50~70
甲酸加工尾气	70~90
焦化干气	20~40
加氢混合干气	60~70
催化裂化干气	15~70
催化与焦化混合干气	15~40
变压吸附解吸气	50~60

目前,氢气分离和提纯的方法主要有深冷分离法、变压吸附法、膜分离法。这三种工艺技术由于分离原理不同,因而其特性各不相同。在设计中选择合适的氢提纯方法,不仅要考虑装置的经济性,同时也要考虑很多其他因素的影响,如工艺的灵活性、可靠性、扩大装置能力的难易程度、原料气的含氢量以及氢气纯度、杂质含量对下游装置的影响等。

8.1.1　深冷分离法

早期使用得较多的氢气分离和提纯的工艺是深冷分离法。其原理是利用在低温条件下原料气中各组分的相对挥发度之差（沸点差），使部分气体冷凝，从而达到分离的目的。氢气的标准沸点为 $-252.75℃$，而氮气、氩气、甲烷的沸点分别为 $-195.62℃$、$-185.71℃$、$-161.3℃$，与氢气的沸点相差较大。因此，采用冷凝的方法可将氢气从这些混合气体中分离出来。此外，氢气的相对挥发度比烃类物质高，因此深冷分离法也可实现氢气与烃类物质的分离。

深冷分离法的特点是适用于氢含量低于 30% 的原料气，得到的氢气纯度高，可以达到 95% 以上，而且氢回收率高，达 92%～97%。深冷分离法可对合成氨厂弛放气、炼油厂废气中的氢气进行纯化分离。这种方法的缺点是投资大，操作和维护复杂，能量消耗高。一般适用于处理量较大、氢气纯度要求不高的场合。

8.1.2　变压吸附法

变压吸附（PSA）工艺是近十几年来发展最快的一种气体分离技术。其原理是利用吸附剂对吸附质在不同分压下各组分有选择性吸附，以及有不同的吸附容量特性来提纯氢气。杂质在高压下被吸附剂吸附，使得吸附容量极小的氢气得以提纯，然后杂质在低压下脱附，使吸附剂获得再生。变压吸附工艺为循环操作，用多个吸附器来达到原料、产品和尾气流量的恒定。每个吸附器都要经过吸附、降压、脱附、升压、再吸附的工艺过程。一般选用的吸附剂有活性氧化铝、硅胶、分子筛、活性炭等。

变压吸附最早在氢气的分离和提纯中应用，现在已用于十几种气体，甚至几十种气源的分离和提纯[3,4]。该法对原料气中杂质的要求不苛刻，一般不需要进行预处理；原料气中氢含量一般为 50%～90%，且当氢含量比较低时，变压吸附法具有更突出的优越性。同时，变压吸附法可分离出高纯度的氢气，纯度最高可达 99.9999%[5]，能满足各种工业过程对氢气纯度的要求。该法装置和工艺简单，设备能耗低，投资较少，适合于大、中、小各种生产规模，但缺点是氢的回收率较低，只有 60%～80%。

8.1.3　膜分离法

膜分离技术是近十几年来发展较快的一种较新的气体分离方法。膜分离法是利用膜对特定气体组分具有选择性渗透和扩散的特性来实现气体分离和纯化的目的。不同的组分有不同的渗透率，典型组分的相对渗透率从高到低的趋势如下[6]：

$$H_2O \quad H_2 \quad He \quad H_2S/CO_2 \quad Ar \quad CO \quad N_2 \quad CH_4$$

高 ──────→ 中 ──────→ 低

气体组分透过膜的推动力是膜两侧的压力差。根据各组分渗透率的差异，具有较高渗透率的气体，如氢气，富集在膜的渗透侧，而具有较低渗透性的气体则富集在未渗透侧，从而达到分离混合气体的目的。随着有较多的气体渗透过膜，较低渗透性的组分相对增多，因此要求的氢纯度较高时回收率就降低，相反，氢纯度较低时回收率就较高。按照膜的结构可将固体膜分为多孔膜和致密膜。其中，多孔膜是通过对粒径、形状、电荷的辨别实现控制分离的，而致密膜则依靠吸附和扩散实现分离。多孔膜的渗透机理主要为微孔扩散机理,即混合气体分子经过膜的微孔时呈克努森流(Knudsen flow,分子流)穿过膜,当膜的微孔直径等于或小于气体分子平均自由程时,才能达到分离的目的。而致密膜的渗透机理为溶解-扩散机理,即气体分子在压力作用下,首先在膜的高压侧接触,然后吸附、溶解、扩散、脱溶、逸出,从而实现某种特定气体的分离[7]。

膜分离法的优点包括投资少,能耗较低,装置及操作简单,可在温和条件下实现分离,实现连续分离,易于和其他分离过程结合等。膜分离法回收氢气已广泛应用于合成氨工业、炼油工业和石油化工等。但是膜分离法仍存在一定的问题,如致密膜虽可获得很高的选择渗透性,但渗透通量(permeation flux)较低。渗透通量指的是膜分离过程中单位时间内单位膜面积上的物质透过量($mol \cdot m^{-2} \cdot s^{-1}$)。其可由下式计算得到:

$$渗透通量=渗透系数×推动力 \tag{8.1}$$

式中:渗透系数为单位时间内单位膜面积上在单位推动力作用下的物质透过量。

多孔膜克服了渗透通量低的缺点,但渗透选择性较低。就材料性质差异而言,一般用于氢气分离的膜材料有高分子聚合物材料、无机材料和金属材料三大类[8]。

上述三种氢气提纯和回收方法的工艺特点见表 8.2。

表 8.2　三种氢提纯工艺的技术特点[9]

对比项	膜分离	变压吸附	深冷分离
规模(标准状态)/($m^3 \cdot h^{-1}$)	100~10000	100~10000	5000~100000
氢纯度/V%	80~99	>99.99	90~99
氢回收率/%	达到98%	达到95%	达到98%
操作压力/MPa	3.0~15.0 或更高	1.0~3.0	1.0~8.0
压力降/MPa	很高,原料产品压力比为 2~6	0.1	0.2
尾气压力的影响	不影响	影响很大,一般为 0.03~0.05MPa	有一些影响
原料气中最小氢气体积含量/%	30	40~50	15
原料气的预处理	预处理	不预处理	预处理
产品氢中 CO 含量	原料气中 CO 的 30%	$<10\mu g \cdot g^{-1}$	几百 $\mu g \cdot g^{-1}$
产品氢中 CO_2 含量	和原料气中含量一样	$<10\mu g \cdot g^{-1}$	—
H_2/CO 比例调节	可以	可以	可获得纯 H_2 及 CO 产品
副产品	有	无	有
操作弹性	20%~100%	30%~100%	50%~100%
扩建的难易程度	很容易	较容易	较难

通常尾气中氢气体积含量在 60%~90% 时,采用变压吸附或膜分离工艺,而尾气中氢气体积含量在 30%~60% 时,则采用深冷分离法或膜分离法或两者优化组合。

8.2 变压吸附法回收提纯氢气技术

变压吸附(PSA)技术是利用气体组分在固体材料上吸附特性的差异以及吸附量随压力变化而变化的特性,通过周期性的压力变换过程实现气体的分离或提纯,是应用最广的分离技术。

在 H_2 的分离和提纯领域,特别是在中小规模制氢领域,PSA 分离技术已占主要地位。变压吸附法相对于其他诸如低温深冷法、膜分离法等具有较大的优势,这些优势主要体现在以下几个方面。

(1)能耗低。PSA 工艺适应的压力范围较广,一些有压力的气源可以节省再次加压的能耗。PSA 在常温下操作,可以省去加热或冷却的能耗。

(2)产品纯度高且可灵活调节。产品纯度最高可达 99.9999%,并可根据工艺条件的变化,在较大范围内随意调节产品氢气的纯度。

(3)工艺流程简单,可实现多种气体的分离,对水、硫化物、氨、烃类等杂质有较强的承受能力,不需复杂的预处理工序。

(4)装置由计算机控制,自动化程度高,操作方便,装置可以实现全自动操作。开、停车简单迅速,通常开车半小时左右就可得到合格产品,数分钟就可完成停车。

(5)装置调节能力强,操作弹性大。PSA 装置稍加调节就可以改变生产负荷,而且在不同负荷下生产时产品质量可以保持不变,仅回收率稍有变化。变压吸附装置对原料气中杂质含量和压力等条件改变也有很强的适应能力,调节范围很宽。

(6)投资小,操作费用低,维护简单。

(7)吸附剂使用周期长,一般可以使用 10 年以上。

(8)装置可靠性高。变压吸附装置通常只有程序控制阀是运动部件,而目前国内外的程序控制阀经过多年研究和改进后,使用寿命长,故障率极低,装置可靠性很高。而且由于计算机专家诊断系统的开发应用,具有故障自动诊断、吸附塔自动切换等功能,使装置的可靠性进一步提高。

(9)环境效益好。除因原料气的特性外,PSA 装置的运行不会造成新的环境污染,几乎无三废产生。

8.2.1 变压吸附的基本原理

吸附(adsorption)是指用多孔性的固体吸附剂处理流体混合物,使其中所含的一种或数种组分被吸附在固体表面上以达到分离的操作。具有吸附作用的、密度相对较大的多孔固体被称为吸附剂(adsorbent);被吸附的、密度相对较小的气体或液体被称为吸附质(adsorbate)。吸附按性质不同可分两大类:化学吸附和物理吸附。变压吸附主要为物理吸附。物理吸附是指依靠吸附剂与吸附质分子间的分子力,包括范德华力和电磁力进行吸附,其特点是:吸附过程中没有化学反应,吸附过程进行得极快,参与吸附的各相物质间的动态平衡在瞬时即可完成,并且这种吸附是完全可逆的。

物理吸附的吸附量可用吸附等温式来表示。应用较为广泛的吸附等温式有 Langmuir 吸附等温式、BET 吸附等温式、Freundlich 吸附等温式和焦姆金吸附等温式。

下面以 BET 吸附等温式为例介绍物理吸附过程吸附量的计算方法。由 Brunauer、Emmett 和 Teller 三人提出的多分子层吸附等温式,简称 BET 公式,如式(8.2)所示:

$$\frac{p}{V(p_0-p)}=\frac{1}{V_m c}+\frac{c-1}{V_m c}\frac{p}{p_0} \tag{8.2}$$

式中:V 为吸附量,ml;p 为吸附时的平衡压力,Pa;p_0 为吸附气体在给定温度下的饱和蒸气压,Pa;V_m 为样品表面形成单分子层所需要的气体体积,ml;c 为与吸附热有关的常数。

变压吸附分离技术[10,11]基于气体在固体吸附剂上的物理吸附平衡的原理,以吸附剂在不同压力条件下对混合物中不同组分平衡吸附量的差异为基础,在高压下进行吸附,在低压下脱附,从而实现混合物分离的化工循环操作过程。

当吸附剂给定之后,气体组分的吸附量是温度和压力的函数。图 8.1 给出了 A、B 两种气体在同一温度下的吸附等温线。由图 8.1 可知,当 A 和 B 的混合气通过填充吸附剂的吸附床时,在相对高压下,由于组分 A 的平衡吸附量 $Q_{A,H}$ 远高于组分 B 的平衡吸附量 $Q_{B,H}$,故被优先吸附,组分 B 则在流出气流中富集。为了使吸附剂再生,可将床层的压力降低,在达到新吸附平衡的过程中,脱附的量分别为 $Q_{A,H}-Q_{A,L}$ 和 $Q_{B,H}-Q_{B,L}$。这样周期性地变化床层压力,即可达到将 A、B 的混合气进行吸附分离的目的。

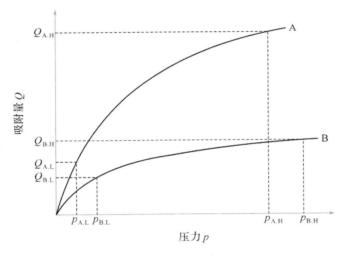

图 8.1　变压吸附的基本原理[12]

8.2.2　变压吸附循环的基本步骤

单一的固定吸附床操作,无论是变温吸附还是变压吸附,由于吸附剂需要再生,吸附是间歇式的。因此,工业上都是采用两个或更多的吸附床,使吸附床的吸附和再生交替或依次循环进行。当一个塔处于吸附过程时,其他塔就处于再生过程的不同阶段,当该塔结束吸附步骤开始再生过程时,另一个塔又接着进行吸附过程。这样就能保证原料气不断输入,产品气不断产出,从而保证整个吸附过程的连续。

对于变压吸附循环过程,根据吸附剂再生的方法有以下几个步骤[13]。

1. 常压解吸

常压解吸如图 8.2(a)所示,其过程如下。

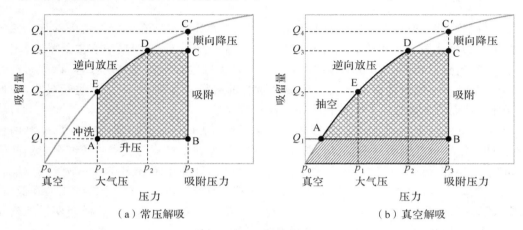

（a）常压解吸   （b）真空解吸

图 8.2　变压吸附的基本过程[13]

(1)升压过程(A→B)

经解吸再生后的吸附床处于过程的最低压力 p_1,床层内杂质的吸留量为 Q_1(A 点),在此条件下让其他塔的吸附出口气体进入该塔,使塔压升至吸附压力 p_3,此时床内杂质的吸留量 Q_1 不变(B 点)。

(2)吸附过程(B→C)

在恒定的压力吸附下,原料气不断进入吸附床,同时输出产品组分。吸附床内杂质组分吸留量逐渐增加,当达到规定的吸留量 Q_3(C 点)时,停止进入原料气,吸附终止,此时吸附床上部仍预留有一部分未吸附杂质的吸附剂。

(3)顺放过程(C→D)

沿着进入原料气输出产品的方向降低压力,流出的气体仍然是产品组分,这部分气体用于其他吸附床升压或冲洗。在此过程中,随床内压力不断下降,吸附剂上的杂质被不断解吸,解吸的杂质又继续被吸附床上部未充分吸附杂质的吸附剂吸附,因此杂质并未离开吸附床,床内杂质吸留量 Q_3 不变。当吸附床降压到 D 点时,床内吸附剂全部被杂质占用,压力为 p_2。

(4)逆放过程(D→E)

逆着进入原料气输出产品的方向降低压力,直到变压吸附过程的最低压力 p_1(通常接近大气压力),床内大部分吸留的杂质随气流排出塔外,床内杂质吸留量为 Q_2。

(5)冲洗过程

根据实验测定的吸附等温线,在压力 p_1 下吸附床仍有一部分杂质吸留量。为了使这部分杂质尽可能解吸,在过程最低压力 p_1 下对床层进行逆向冲洗,不断减少杂质,使杂质解吸并随冲洗气带出吸附床。经一定程度冲洗后,床内杂质吸留量降低到过程的最低量 Q_1 时,再生结束。至此,吸附床完成了一个吸附-解吸-再生过程,准备再次升压进行下一个循环。

2. 真空解吸

真空解吸如图 8.2(b)所示,其过程如下。

(1)升压过程(A→B)

经真空解吸再生后的吸附床处于过程的最低压力 p_0,床内杂质吸留量为 Q_1(A 点),在此条件下让其他塔的吸附出口气体进入该塔,使塔压升至吸附压力 p_3,床内杂质吸留量不变(B 点)。

(2)吸附过程(B→C)

在恒定的吸附力压力下,原料气不断进入吸附床,同时输出产品组分。吸附床内杂质组分的吸留量逐步增加,当达到规定的吸留量 Q_3(C 点)时,停止进入原料气,吸附终止,此时吸附床上仍预留有一部分未吸附杂质的吸附剂。

(3)顺放过程(C→D)

沿着进入原料气输出产品的方向降低压力,流出的气体仍为产品组分,这部分气体用于其他吸附床升压或冲洗。在此过程中,随床内压力不断下降,吸附剂上的杂质被不断解吸,解吸的杂质又继续被吸附床上部未充分吸附杂质的吸附剂吸附,因此杂质并未离开吸附床,床内杂质吸留量 Q_3 保持不变。当吸附床降压到 D 点时,床内吸附剂全部被杂质占用,压力为 p_2。

(4)逆放过程(D→E)

逆着进入原料气输出产品的方向降低压力,直到变压吸附过程的最低压力 p_1(通常接近大气压力),床内大部分吸留的杂质随气流排出塔外,床内杂质吸留量为 Q_2。

(5)抽空过程(E→A)

根据实验测定的吸附等温线,在压力 p_1 下吸附床仍有一部分杂质吸留量。为了使这部分杂质尽可能解吸,要求床内压力进一步降低。再次利用真空泵抽吸的方法降低床层压力,从而降低了杂质分压,使杂质解吸并被带出吸附床。抽吸一定时间后,床内压力为 p_0。至杂质吸留量降低到过程的最低量 Q_1 时,再生结束。至此,吸附床完成了一个吸附-解吸-再生过程,准备再次升压进行下一个循环。

8.2.3　变压吸附用吸附剂

吸附剂是吸附工艺的基础和核心,在对原料气进行分离提纯之前首先要选择合适的吸附剂。吸附法制氢所用的吸附剂必须满足以下三个条件。

(1)吸附容量大

即单位体积或单位重量的吸附剂应能吸附尽可能多的吸附质。通常吸附剂的吸附容量与吸附剂的比表面积、微孔体积及吸附剂的密度有关。一般来说,比表面积越大,吸附剂的体积吸附量也越大。所以,选用比表面积较大的吸附剂可降低吸附分离设备的尺寸或增大吸附器的处理能力,从而降低运行成本。常用吸附剂的比表面积如表 8.3 所示。

表 8.3　常用吸附剂的比表面积[14]　　　　单位:$m^2 \cdot g^{-1}$

吸附剂	细孔硅胶	活性氧化铝	活性炭	A 型分子筛	X、Y 型分子筛	合成丝光沸石
比表面积	500～600	230～380	800～1050	750～800	800～1000	300～500

（2）吸附选择性高

即吸附剂应具有对含氢原料气中的一种或几种杂质成分进行选择性吸附而对其他组分基本不吸附或吸附量很小的性能。吸附剂的选择性能通常用分离系数 α 来表征，如组分 A 对 B 的分离系数[10,11]为：

$$\alpha_{AB} = \frac{x_A y_B}{x_B y_A} \tag{8.3}$$

式中：x 和 y 分别是吸附相和气相的组成。

模拟研究表明：当分离系数不小于 3 时，吸附分离工艺才会体现出经济效益。

吸附剂最重要的物理特征包括孔容积、孔径分布、表面积和表面性质等。不同的吸附剂由于有不同的孔隙大小分布、不同的比表面积和不同的表面性质，因而对混合气体中的各组分具有不同的吸附能力和吸附容量。

正是吸附剂所具有的这种吸附其他组分的能力远强于吸附氢气能力的特性，才使我们可以将混合气体中的氢气提纯。

（3）吸附剂容易再生

因为吸附剂再生的难易程度不但会直接影响产品氢气的纯度和回收率，而且会影响分离工艺的操作费用，从而影响吸附分离工艺的经济效益。另外，吸附剂要有良好的机械强度和热稳定性，因为吸附剂的机械强度和热稳定性会影响吸附剂的使用寿命及运行费用。

变压吸附制氢中常用的吸附剂有活性氧化铝类、硅胶类、活性炭类与分子筛类等。

活性氧化铝类吸附剂属于对水有强亲和力的固体，一般采用三合水铝或三水铝矿的热脱水或热活化法制备，主要用于气体干燥。

硅胶类吸附剂属于一种合成的无定形 SiO_2，它是胶态球形粒子的刚性连续网络，是由硅酸钠溶液和无机酸经胶凝、洗涤、干燥及烘焙而成。硅胶不仅对水有强的亲和力，而且对烃类和 CO_2 等组分也有较强的吸附能力。

活性炭类吸附剂的特点是：其表面所具有的氧化物基团和无机物杂质使表面性质表现为弱极性或无极性，加上活性炭所具有的特别大的内表面积，使得活性炭成为一种能大量吸附多种弱极性和非极性有机分子的广谱耐水型吸附剂。

沸石分子筛类吸附剂是一种含碱土元素的结晶态偏硅铝酸盐，属于强极性吸附剂，有着非常一致的孔径结构和极强的吸附选择性。

对于组成复杂的气源，在实际应用中常常需要多种吸附剂，按吸附性能依次分层装填，组成复合吸附床，才能达到分离所需产品组分的目的。

8.2.4　影响变压吸附效果的主要因素

1. 吸附组分和不纯组分的种类[15]

采用变压吸附法处理原料气时，首先要考虑是分离还是精制。主体分离是指从原料混合气中分离得到 20％～80％浓度的产品。例如，空气分离中得到富氧或富氮。气体精制是指脱除 5％～20％浓度的次要气态组分。例如，空气干燥。床层经过再生后能将吸附阶段延续几小时甚至几天，但主体分离通常吸附时间比较短，一般在 30s～5min，在吸附剂未完全饱和，即不纯物未通过吸附床之前，床层即需再生。

2. 吸附剂的种类

选择吸附剂时,要根据原料气中要吸附组分的特性决定需要选择的吸附剂。例如在空分中,用 5A 分子筛作吸附剂时,氧气为不易吸附组分,穿透床层成为富氧产品,而氮气吸附在床层中,通过解析得到的氮气纯度可达 98%～99%。因氧气不吸附,富氧的纯度只能达到 95%。若改用碳分子筛作吸附剂,则氮气成为穿透床层的产品,同时解析得到的富氧中氧气的纯度也可提高。也可同时使用沸石分子筛和碳分子筛使氮气和氧气的纯度都得到提高。

3. 床层操作压力和清洗

变压吸附分离操作选用的压力取决于原料气压大小和产品组分的性质。如果原料气在低压下能够分离,则最好在低压下操作。减压或抽真空使床层再生时,可以先用清洗气清洗床层或单独用清洗气而不抽真空。清洗气的种类包括吸附塔排放气、产品气、非进料的惰性气以及部分低纯度的产品气等。

4. 床层温度和热效率

吸附放热和脱附吸热会引起床层局部温度的波动。吸附时局部温度的升高和脱附时局部温度的降低对分离过程都是不利的,只有在吸附床保持恒温条件下操作才能达到最好的分离效果。Yang 等[16]提出使用高热容量的惰性添加剂(非吸附剂)来增加床的热容,使循环中床层温度保持平稳。

5. 吸附塔的数目

吸附塔的数目可根据产品的指标(纯度、回收率等),或恒压下原料气的流量、组成允许波动范围决定。一般来讲,多塔的变压吸附装置能更好地利用低纯度原料气,产品气的纯度和回收率高,单位产品消耗的能量较少,操作的适应性较大,但是塔数越多,操作也就越复杂,设备投资和维护费用也越高。

8.2.5　变压吸附分离提纯氢气的应用实例

1. 焦炉煤气变压吸附提氢[17]

(1)焦炉煤气的组成

焦炉煤气是炼焦过程的副产物,除含大量氢气、甲烷外,其他组分也相当复杂,随原料煤的不同有较大的差别。某公司焦炉煤气的组成见表 8.4,其中的杂质含量见表 8.5。

表 8.4　焦炉煤气组成[17]

组分	H_2	O_2	CO	CO_2	N_2
体积分数/%	55.50	0.43	8.10	5.86	2.86
组分	CH_4	C_2	C_3～C_5	C_6H_6	其他
体积分数/%	23.68	3.20	0.31	0.03	0.03

表 8.5　焦炉煤气杂质含量[17]

杂质	含量
萘的质量浓度/(mg·m⁻³)	193
总硫的质量浓度/(mg·m⁻³)	3000～4000
焦油的质量浓度/(mg·m⁻³)	30～100
HCN 的质量浓度/(mg·m⁻³)	0.21
NH₃ 的体积分数/10⁻⁶	50～100
NO 的体积分数/10⁻⁶	1.6

（2）工艺流程

焦炉煤气变压吸附制氢工艺过程分为原料压缩工序、冷冻净化分离工序、变压吸附脱碳烃工序、脱硫压缩工序、变压吸附制氢和脱氧工序等。焦炉煤气变压吸附制氢工艺流程如图 8.3 所示。

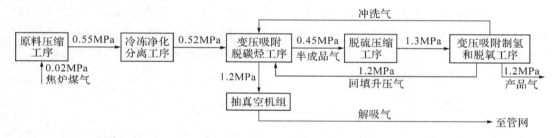

图 8.3　焦炉煤气变压吸附制氢工艺流程[17]

① 原料压缩工序

本工序所使用的原料气为来自焦化厂的焦炉煤气，并经粗净化（脱除焦油）后进入本工序。本工序中设置了两套过滤装置，原料焦炉煤气经压缩机加压，将焦炉煤气从 0.02MPa 加压至 0.55MPa，并经冷却器冷却至约 40℃后进入冷冻净化分离工序。

② 冷冻净化分离工序

压缩后的焦炉煤气（0.55MPa、约 40℃）进入本工序，经冷冻盐水进行冷却，将温度降至 3～5℃，此时焦炉煤气中的游离水、焦油、萘、苯等被析出。本工序设置了两套冷冻分离装置，可以实现在线切换操作。分离后的净化气与原料气换热，使温度达到 20～25℃后送至下一道工序。

③ 变压吸附脱碳烃工序

本工序的主要目的是脱除焦炉煤气中的强吸附组分 HCN、C_2^+、CO_2、H_2S、NH_3、NO、有机硫以及大部分 CH_4、CO、N_2 等。

本工序由 8 台吸附器组成，净化后焦炉煤气由下而上通过吸附床层，其中强吸附组分 H_2S、CO_2 及大部分弱吸附组分 O_2、N_2、CH_4、CO 等被吸附剂吸附，停留在床层内，H_2 及少部分其他弱吸附组分 N_2、CH_4、CO 等从吸附床层上部流出，称为半成品气（此时 H_2 体积分数为 94%～95%）。经逆放和抽真空解吸的解吸气中主要成分为 C_2^+、H_2S、有机硫、CO_2、

CH_4、CO、N_2 等,这部分贫氢煤气进入煤气管网。

④脱硫压缩工序

半成品气经冷却后进入脱硫塔,将半成品气中的硫脱除以达到产品气的要求。将脱硫后的半成品气从 0.45MPa 压缩至 1.3MPa,再进入变压吸附制氢和脱氧工序。

⑤变压吸附制氢和脱氧工序

本工序由 6 台吸附器组成。本工序的主要目的是脱除 S、O_2、CO、H_2O 等杂质,达到产品气的质量要求。当产品气中的 O_2 含量不符合产品气质量要求时,开启脱氧系统。在经过变压吸附后,H_2 中还含有少量 O_2,这些 O_2 经过钯催化剂进行催化反应除去。其反应式如下:

$$H_2 + \frac{1}{2}O_2 \longrightarrow H_2O \tag{8.4}$$

反应后生成的水,经变温吸附(压力不变,提高吸附剂的温度)干燥除去[13]。

⑥产品气纯度

通过上述变压吸附制氢工艺,制取 H_2 体积分数达 99.99%、O_2 体积分数$\leqslant 2 \times 10^{-6}$ 的产品气,产品气组成见表 8.6。

表 8.6　产品气组成[18]

H_2/%	液态 N_2 /($\times 10^{-6}$)	CO /($\times 10^{-6}$)	CO_2 /($\times 10^{-6}$)	O_2 /($\times 10^{-6}$)	Cl /(mg·Nm^{-3})	S /(mg·Nm^{-3})	H_2O /($\times 10^{-6}$)
$\geqslant 99.99$	0.1	<1	<10	<2.0	<0.1	<0.1	<60

2. 合成氨弛放气变压吸附提氢[14]

合成氨弛放气中氢气含量在 60% 以上,回收这部分弛放气中的氢气并使其返回合成系统中进行循环利用,可提高氨生产装置的生产能力。表 8.7 列出了部分合成氨厂放空尾气的组成。这部分弛放气经变压吸附分离提纯后,除去了其中的惰性组分,可返回合成氨系统中增加氢气产量。同时,这部分氢气的返回也使循环气中惰性气体 CH_4 的含量大大降低,对降低压缩机能耗、增加压缩机效率有明显的效果。另外,合成氨弛放气提氢装置中的原料气不需压缩,弛放气经减压后直接进入变压吸附装置,能耗低。

表 8.7　部分合成氨厂放空尾气的组成[15]

合成氨厂	原料	标准状态下气量 /(m³·h^{-1})	组成/%				
			H_2	N_2	CH_4	Ar	NH_3
沪天化	天然气	9890	60.29	20.12	13.23	3.79	2.60
川化	天然气	7823	58.67	19.56	13.47	4.33	3.92
广石化	石脑油	8788	58.16	19.37	12.09	3.68	6.70

合成氨厂尾气变压吸附提氢广泛采用四塔流程,其工艺流程如图 8.4 所示。在该工艺操作中,尾气先经高压水洗除 NH_3,硅胶干燥脱水并除去微量 NH_3 后,进入变压吸附系统。变压吸附系统的操作压力一般为 1.6~2.4MPa。

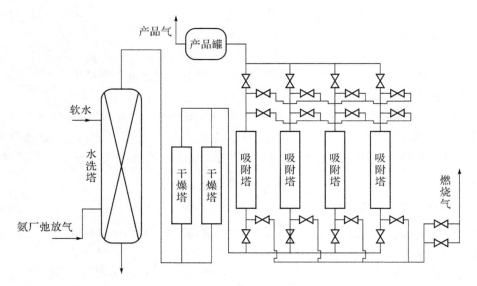

图 8.4 合成氨弛放气变压吸附提氢的工艺流程[15]

参考文献

[1] 毛薛刚,张玉迅,周洪富,等.变压吸附技术在合成氨厂的应用[J].低温与特气,2007,25(5):39-43.

[2] 沈光林,陈勇,吴鸣.国内炼厂气中氢气的回收工艺选择[J].石油与天然气化工,2003,32(4):193-196.

[3] 陈健,古共伟,郜豫川.我国变压吸附技术的工业应用现状及展望[J].化工进展,1998,1:14-17.

[4] 陈健,龚肇元,玉宝林,等.第12章吸附与变压吸附[M]//刘家明.石油化工设计手册.北京:中国石化出版社,2013.

[5] 李义良.超高纯氢的制备[J].低温与特气,1996(3):38-40.

[6] 唐大丽,佟瑾鑫,潘玉杰.谈石油炼制工艺氢气提纯的选择[J].科技创业家,2012(11):59.

[7] 梁肃臣.气体的纯化方法[J].低温与特气,1995(3):66.

[8] 苏毅,胡亮,刘谋盛.气体膜分离技术及应用[J].石油与天然气化工,2001,30(3):113-116.

[9] 纪志愿.氢提纯工艺的选择及其工业应用[J].炼油设计,1998,28(6):46-50.

[10] Ruthven D M,Farooq S,Knaebel K S. Pressure swing adsorption[M]. New York:VCH Publishers,1994.

[11] Jasra R V,Choudary N V,Bhat S. Separation of gases by pressure swin[J]. Separation Science & Technology,1991,26(7):885-930.

[12] 徐世洋,张敏,朱亚军.浅谈变压吸附技术在焦炉煤气制氢中的应用[J].上海化工,2006,31(7):29-32.

[13] 冯孝庭.吸附分离技术[M].北京:化学工业出版社,2000.

[14] 张建伟.变压吸附原理在工业制氢中的应用[J].制冷技术,2001:41-44.

[15] 孙艳,苏伟,周理.氢燃料[M].北京:化学工业出版社,2005.

[16] Yang R T,Cen P L. Improved pressure swing adsorption processes for gas separation by heat-exchange between adsorbers and by high-capacity inert addotives[J]. Industrial & Engineering Chemistry Process Design and Development,1986,25(1):54-59.

[17] 曹德彧,粟莲芳.焦炉煤气变压吸附制氢工艺的应用[J].煤气与热力,2008,10(28):23-25.

[18] 周云辉,刘新,粟莲芳.变压吸附技术在焦炉煤气制氢中的应用[J].河南冶金,2007,15(5):35-37.

第9章 生物质制氢

生物质通常是指以半纤维素、纤维素、木质素以及其他有机质为主的水生植物和陆生植物等，是一种稳定的可再生能源资源。生物质能是通过绿色植物的光合作用，把太阳能转化为化学能后固定和储藏在生物体内的能量。生物质能与其他可再生能源如水能、风能、太阳能和潮汐能等相比，是唯一可直接储存和运输的可再生能源。生物质能作为能源有三个显著的特点：一是可再生，只要太阳辐射能存在，绿色植物的光合作用就不会停止，生物质能就永远不会枯竭；二是资源量大，仅我国农作物秸秆每年可用作能源的资源量为2.8亿~3.5亿吨，薪柴的合理开采量约为1.58亿吨/年，另外还有大量的水生植物、有机垃圾和有机废水；三是 CO_2 的净排放量为零，虽然在生物质能利用过程中会向大气中排放 CO_2，但绿色植物通过光合作用又吸收了空气中的 CO_2。

生物质能利用的一个重要途径是生物质制氢，氢气通过燃烧利用其热能或通过氢燃料电池发电进行利用。生物质制氢的方法主要有生物法制氢和热化学法制氢等。生物质转化利用途径如图9.1所示。

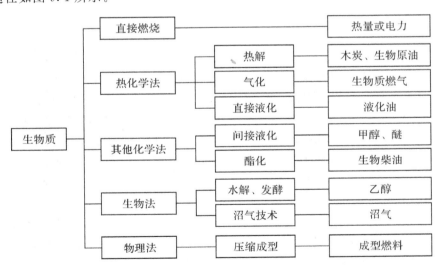

图 9.1　生物质转化利用途径[1]

9.1 生物法制氢

生物法制氢是指利用微生物将生物有机废水、废料通过生物降解得到氢气。该过程既可以充分利用资源，又可以起到污染治理的目的，因而备受重视。根据所用的微生物种类、产氢原料及产氢机理不同，生物法制氢可以分为暗厌氧发酵制氢、光合生物制氢、光合-发酵复合生物制氢等几类。

9.1.1 暗厌氧发酵制氢

暗厌氧发酵生物质制氢是通过厌氧微生物在氮化酶或氢化酶的作用下将有机物降解而获得氢气。此过程不需要光能供应。能够进行暗厌氧发酵产氢的微生物种类繁多，包括一些专性厌氧细菌、兼性厌氧细菌及少量好氧细菌[2]，例如梭菌属（clostridium）、类芽孢菌属（paenibacillus）和肠杆菌科（enterobacteriaceae）等（见图9.2）。

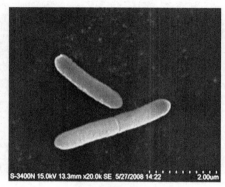

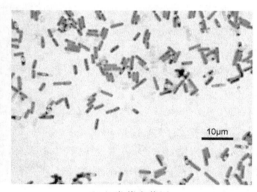

| （a）梭菌属 | （b）类芽孢菌属 |

图9.2　梭菌属和类芽孢菌属[3]

目前，已知的暗厌氧发酵产氢过程主要包括甲酸分解产氢、丙酮酸脱羧产氢，以及还原态的烟酰胺腺嘌呤二核苷酸（NADH）/烟酰胺腺嘌呤二核苷酸（NAD）平衡调节产氢三种途径。以葡萄糖为例，其暗厌氧发酵产氢过程为：首先，葡萄糖经糖酵解途径生成丙酮酸、腺嘌呤核苷三磷酸（ATP）和还原态的烟酰胺腺嘌呤二核苷酸（NADH）；然后，丙酮酸被丙酮酸铁氧化还原蛋白酶氧化成乙酰辅酶A、CO_2和还原性铁氧化还原蛋白（丙酮酸脱羧过程）；或者经丙酮酸甲酸裂解酶而分解成乙酰辅酶A和甲酸，生成的甲酸再次被氧化为二氧化碳，并使铁氧化还原蛋白还原（甲酸裂解过程）；最后，还原性铁氧化还原蛋白在氢化酶和质子的作用下生成氢气[4]。

在产氢代谢过程中，不同的生态环境和不同的生物类群导致代谢的末端产物也不尽相同。根据末端代谢产物的不同，可以产生不同的发酵类型（见图9.3）。传统的厌氧发酵生物制氢可以分为丁酸型发酵和乙酸型发酵，方程式如下：

$$C_6H_{12}O_6 + 2H_2O \longrightarrow 2CH_3COOH(乙酸) + 4H_2 + 2CO_2 \tag{9.1}$$

$$C_6H_{12}O_6 + 2H_2O \longrightarrow CH_3CH_2CH_2COOH(丁酸) + 2H_2 + 2CO_2 \tag{9.2}$$

暗厌氧发酵可降解的底物包括丙酮酸、蛋白质和各种短链脂肪酸等。表9.1列出了目

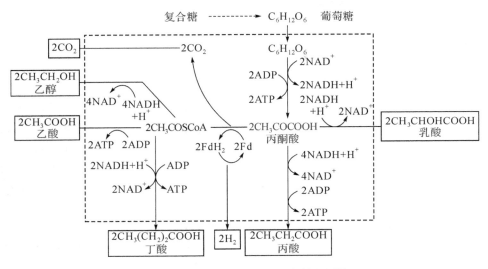

图 9.3　不同发酵产氢类型代谢途径[4]

前厌氧发酵制氢的研究结果。

表 9.1　暗厌氧发酵制氢[5]

微生物	培养基	培养方式	温度/℃	pH	产氢量/(mmol·L^{-1}·h^{-1})	产氢率/(mol H$_2$·mol 基质$^{-1}$)
污水软泥[6,7]	木糖	间歇	35	6~7	5.94~8.93	1.92~2.25
	木糖	连续	35	7.1	4.15	0.7
	木糖	连续	40	6.5	25.4	0.8
杆菌 sp. NO.2[8]	木糖	连续	25	6.0	21.0	2.36
酪丁酸梭菌 ATCC 25755[9]	木糖	间歇	37	6.3	8.35	0.77
酪酸梭状芽孢杆菌 CGS5[10]	木糖	间歇	37	7.5	9.64	0.73
阴沟肠杆菌 IIT-BT08[11]	木糖	间歇	36	6.0	15.5	0.95
微型植物群[12]	木糖	间歇	75	7.3	—	0.54
产氢细菌[13]	木糖	连续	50	7.0	5.76	1.4
混合[14]	木糖	补料间歇	55	5.0	0.27	1.7
葡萄球菌[15]	木糖	间歇	70	7.2	11.3	2.24
	混合	间歇	70	7.2	9.2	2.32
	葡萄糖	间歇	70	7.2	10.7	2.5
T.热解糖梭菌 W16[16]	木糖	间歇	60	6.5	10.7	2.19
	混合	间歇	60	6.5	11.2~12.7	2.23~2.37
	葡萄糖	间歇	60	6.5	12.9	2.42

9.1.2 光合生物制氢

光合生物制氢包括光解水生物制氢技术和光发酵生物制氢技术。

1. 光解水生物制氢技术[17,18]

光解水生物制氢技术是以水为原料，以太阳光为能源，通过光合微生物（如蓝细菌和绿藻）分解水产生氢气。有关研究主要集中于光合藻类分解水制氢。藻类太阳光水解制氢是产氢酶系把水分解为氢气和氧气，此过程没有 CO_2 的产生，其产氢机理和绿色植物光合作用机理相类似。根据所利用酶系的不同，可分为蓝藻固氮酶制氢和绿藻可逆产氢酶制氢。

1974 年，Benemann 等[19]发现蓝藻-项圈藻在氩气中保存几小时后能同时产生氢气和氧气。进一步研究发现，蓝藻具有光合系统 I 和 II，水是最终电子供体。因此，产氢所需的质子和电子来源于水的裂解。固氮过程既需要能量，也需要质子，所以作为固氮反应的副反应，产氢速度是固氮速度的 $1/4 \sim 1/3$。在有氧气的环境下，固氮酶活性受到抑制，产氢停止。一些蓝藻含有异形细胞。异形细胞具有很发达的保护机制使固氮酶在氧气环境中不失活，继续进行固氮产氢。此过程中，正常细胞进行放氧光合作用，把合成的有机物转移到异形细胞，异形细胞分解有机物并为固氮酶提供电子和 ATP，实现固氮和产氢。无论以上哪一种固氮产氢过程，目前能量利用率最高的仅仅达到 3.5%[20]。

绿藻可逆产氢酶光水解产氢是在厌氧等胁迫条件下，利用绿藻体内的可逆产氢酶电子传递路径产生氢气，如图 9.4 所示。

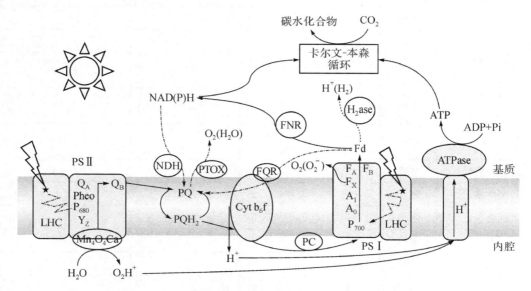

图 9.4 绿藻中叶绿体类囊膜中的光合成反应和制氢过程[21]

固氮酶制氢速率低、能耗高，可逆产氢酶系制氢效率较高、能耗较小，可以实现光能收集系统的自组织和快速定向转化。

2. 光发酵生物制氢技术[22,23]

光发酵生物制氢是在厌氧光照条件下,光发酵细菌利用小分子有机物还原态无机硫化物或氢气做供氢体,光驱动产氢,产氢过程没有氧气的释放。在这一光合系统中,具有两个独立但协调起作用的光合作用中心:接收太阳能分解水产生 H⁺、电子和 O₂ 的光合系统Ⅱ(PSⅡ),以及产生还原剂用来固定 CO₂ 的光合系统Ⅰ(PSⅠ)。PSⅡ产生的电子由铁氧化还原蛋白携带经由 PSⅡ 和 PSⅠ 到达产氢酶,H⁺ 在产氢酶的催化作用下,在一定的条件下形成 H₂。

光合作用是光发酵生物质制氢的关键之一。就目前的了解,我们一般将绿色植物的光合作用划分为以下三个相对独立的过程。

①原初光化学反应。该反应吸收与传递光能,并在"反应中心"通过电荷分离的方式将光能转化为电子势能,产生强氧化剂和强还原剂。其中,强氧化剂将 H₂O 氧化,放出 O₂,强还原剂参与到后面电子传递的氧化还原反应。

②电子传递及偶联的磷酸化作用,即将电子势能转换为活泼的化学能,储存于高能中间产物 NADH(还原型辅酶Ⅱ,即烟酰胺腺嘌呤二核苷酸)和 ATP 中。

③碳素同化作用,即利用 NADH 和 ATP 将 CO₂ 还原成糖类,同时将活泼的化学能转换为稳定的化学能,储存在光合产物中。

前两个过程属于光合作用的光反应阶段,发生在叶绿体基粒的类囊体膜上,为光合系统Ⅱ(PSⅡ);后一个过程为暗反应,发生在叶绿体基质中,且需要大量的酶催化反应的进行,为光合系统Ⅰ(PSⅠ)。

光发酵生物制氢是与光合磷酸化相偶联的由固氮酶催化的放氢过程。同时由于所需 ATP 来自光合磷酸化,所以固氮放氢所需要的能量来源不受限制,可以是光能也可以是生物能。而暗发酵的能量来源只能是消耗生物质产生的生物能。这也是光发酵细菌产氢效率高于暗发酵细菌的主要原因。

9.1.3　光合-发酵复合生物制氢[24-29]

利用暗厌氧发酵产氢细菌和光发酵产氢细菌的优势和互补协同作用,将二者联合起来组成的产氢系统称为光合-发酵复合生物制氢技术。

光合-发酵复合生物制氢技术不仅减少了所需光能,而且增加了氢气产量,同时也彻底降解了有机物,使该技术成为生物制氢技术的发展方向。非光合生物可降解大分子物质产氢,光合细菌可利用多种低分子有机物光合产氢,蓝细菌和绿藻可光裂解水产氢,非光合细菌和光合细菌也可以在不同的反应器中分别进行产氢。第一相(暗反应器,不需光照)中将有机物降解为有机酸并生成氢气,出水进入第二相(光反应器,需光照)后,光合细菌便彻底降解有机酸产生氢气。在该系统中,非光合细菌和光合细菌分别在各自的反应器中进行反应,易于控制其分别达到最佳状态。这两种细菌的结合不仅减少了所需光能,而且增加了氢气产量,同时也彻底分解了有机物。

光合-发酵复合生物制氢技术,包括暗-光发酵细菌两步法(见图 9.5)和混合培养产氢(见图 9.6)两种方法。暗-光发酵细菌两步法是将不同营养类型和性能的微生物菌株共存在一个系统中,构建高效混合培养产氢体系,利用这些细菌的互补功能特性,提高氢气生产能力及底物转化范围和转化效率。相对于混合培养产氢,两步法产氢更容易实现,两种菌在各自的环境中发挥作用。第一步是暗发酵细菌发酵产生氢气,同时产生大量的可溶性小分子有机代谢物;第二步是光发酵细菌依赖光能进一步地利用这些小分子代谢物,释放氢气。

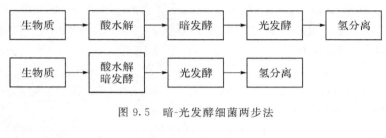

图 9.5 暗-光发酵细菌两步法

图 9.6 混合培养产氢

暗厌氧微生物发酵制氢与光合生物制氢相比的优势在于产氢能力高,产氢细菌的生长速率快,不需光源,反应装置的设计、操作及管理简单方便,原料的来源广泛且成本低廉,细菌更易于保存和运输。所以,发酵法生物制氢技术较光解法生物制氢技术更容易实现规模化工业生产[28]。

目前,光发酵生物制氢技术的研究程度和规模还基本处于实验室水平,暗发酵生物制氢技术已完成中试研究[29],要实现工业化生产仍需进一步提高转化效率,降低制氢成本。纯菌种生物制氢规模化面临诸多困难,而且自然界的物质和能量循环过程,特别是有机废水、废弃物和生物质的降解过程,通常由两种或多种微生物协同作用。

9.2 热化学转化制氢

热化学转化制氢是指将生物质通过热化学方法转化为富含氢的合成气,根据应用的需要可再通过水气变换和气体分离获得氢气的方法。目前研究的制氢技术主要有生物质气化制氢、生物质热裂解制氢、生物质超临界水气化制氢、生物质油制氢技术等路线[30-33]。

9.2.1 生物质气化制氢

生物质气化是以生物质为原料,以空气和水蒸气为气化剂,在高温条件下,一般在800~900℃,通过热化学反应将生物质转化为氢气、CO 及杂质气体。这类似于煤炭气化制氢过程。由于生物质气化粗气中的焦油含量高且焦油在 1473K 以上的高温下才可以通过热裂解除去,因此,一般在气化反应器后加上焦油催化裂解床层,这一方面可以降低焦油含量,另一方面可通过甲烷水蒸气重整反应提高氢气浓度。总的工艺流程如图 9.7 所示。

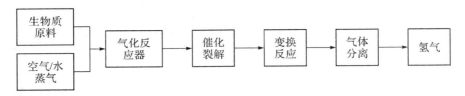

图 9.7 生物质气化制氢[28]

生物质气化方法分为两种。

1. 按照气化剂分类

按照气化剂分类,生物质气化可以分为空气气化、水蒸气气化、空气-水蒸气气化等几种。其中以氢气或富氢气体为目的生物质气化工艺多以水蒸气为气化剂,经过气化反应及烃类的水蒸气重整反应,产品气中氢气含量达到 $30\%\sim60\%$,并且产气热值较高,可达 $10\sim16MJ\cdot Nm^{-3}$。描述生物质气化反应的典型反应方程式见式(9.3),由原料和气化后气体构成的典型组成如表 9.2 所示。

$$生物质+O_2(或\ H_2O)\longrightarrow CO,CO_2,O_2,H_2O,H_2,CH_4+其他碳氢化合物$$
$$\longrightarrow 焦油+焦炭+灰 \tag{9.3}$$
$$\longrightarrow HCN+NH_3+HCl+H_2S+其他硫化物$$

表 9.2 生物质气化产气典型组成[32]

组分	CO	H$_2$	CH$_4$	CO$_2$	H$_2$O	C$_2$	N$_2$	NH$_3$	H$_2$S
含量/%	15	10	5	14	11	1	44	0~0.3	0.01

2. 根据气化装置分类

根据气化装置不同,生物质气化可以分为固定床气化、流化床气化和携带床气化,其中携带床气化应用较少。

固定床气化是将生物质原料由炉子顶部加料口投入固定床气化炉中,物料在炉内基本上按层次进行气化,反应产生的气体在炉内的流动靠风机来实现,炉内的反应速度较慢。固定床气化的特征是一个容纳原料的炉膛和一个承托反应料层的炉排。根据气流在炉内的流动方向,固定床气化又可以细分为上吸式、下吸式、横吸式等类型。

流化床气化是将粉碎的生物质原料投入炉中,气化剂由鼓风机从炉体底部吹入炉内,物料的气化反应呈"沸腾"状态,反应速度快。按照炉子结构和气化过程,流化床可细分为鼓泡流化床、循环流化床、双流化床和气流床等类型。

典型的生物质木屑质量组成为 C 48%、O 45%、H 6%和少量 N、S 及矿物质,其分子式可以写为 $CH_{1.5}O_{0.7}$,以此为依据可计算氢的理论产率。如果生物质与含氢物质(例如水)反应,则氢产率则是生物质最大氢含量的 2.7 倍。生物质与水蒸气气化反应方程式可以表示为:

$$CH_{1.5}O_{0.7}+0.3H_2O\longrightarrow CO+1.05H_2 \quad \Delta H^{\ominus}_{298K}=74kJ\cdot mol^{-1} \tag{9.4}$$
$$CO+H_2O\longrightarrow CO_2+H_2 \quad \Delta H^{\ominus}_{298K}=-41.19J\cdot mol^{-1} \tag{9.5}$$

其他几种主要农林业生物质的元素组成如表9.3所示。

表 9.3　几种主要农林业生物质的元素组成[32]

种类	元素分析结果/%				
	C	H	O	N	S
麦秸	49.6	6.2	43.4	0.61	0.07
稻草	48.3	5.3	42.2	0.81	0.09
稻壳	49.4	6.2	43.7	0.3	0.4
玉米秸	49.3	6.0	43.6	0.7	0.11
玉米芯	47.2	6.0	46.1	0.48	0.01
棉秸	49.8	5.7	43.1	0.69	0.22
花生壳	54.9	6.7	36.9	1.37	0.1
杨木	51.6	6.0	41.7	0.6	0.02
柳木	49.5	5.9	44.1	0.42	0.04
松木	51.0	6.0	42.9	0.08	0.00

注：采用干燥、无灰生物质成分。

反应式(9.4)中生物质与水蒸气催化重整的机理如下：生物质解离吸附于金属活性位置；H_2O吸附于催化剂表面；金属部位发生脱氢反应，生成烃类的中间产物；在适宜的温度下，烃基转移到金属活性位置，使烃的中间产物和表面碳氧化生成H_2O和CO。

催化剂的构成和性质与所适用的工艺流程密切相关，已发表的研究报道中所采用的催化剂根据组成可归为三个系列：天然矿石系列、碱金属系列、镍基系列[4]。不同生物质的反应器、催化剂、反应条件和氢气浓度如表9.4所示。

表 9.4　生物质气化制氢概况[34]

物料	反应器	催化剂	温度/℃	H_2体积分数/%
木屑	未知	Na_2CO_3	700	48.31
		Na_2CO_3	800	55.4
		Na_2CO_3	900	59.8
木屑	循环流化床	无	810	10.5
木材	固定床	无	550	7.7
木屑	流化床	未知	800	57.4
未知	流化床	Ni	830	62.1
木屑	流化床	K_2CO_3	964	11.27
		CaO	1008	13.32
		Na_2CO_3	1012	14.77

续表

物料	反应器	催化剂	温度/℃	H_2 体积分数/%
松木屑	流化床	未知	700~800	26~42
甘蔗渣				29~38
棉秆				27~38
桉木				35~37
松木				27~35
污泥	沉降炉	未知	未知	10~11
杏壳	流化床	La-Ni-Fe	800	62.8

在生物质气化制取富氢气体工艺中,气化炉是主要设备和技术核心。气化炉具体结构有很大不同,总体上可分为固定床、流化床气化炉等。固定床中催化剂和生物质紧密接触,有利于生产富氢气体,但是固定床难以达到快速热解,并且催化剂失活问题突出。流化床是相对稀相体系,固体催化剂和生物质的密度差异也会带来突出问题[35-37]。

9.2.2　生物质热裂解制氢

生物质热裂解制氢是对生物质进行间接加热,使其分解为含氢和CO的气态产物和部分焦油,然后对热解气态产物进行第二次催化裂解,使焦油继续裂解以增加气体中的氢含量,再经过变换反应,然后对气体进行分离提纯,得到产品氢气。其工艺流程如图9.8所示。热解反应类似于煤炭的干馏,由于不加入空气,得到的是中热值燃气,燃气体积较小,有利于气体分离。

图 9.8　生物质热裂解制氢[28]

生物质热裂解是个复杂的过程,整个过程存在许多可能的化学反应,例如,基本反应:

生物质→炭＋液体(含焦油)＋气体

焦油的二次裂解反应:

$$重烃焦油 \longrightarrow 炭＋轻烃焦油＋H_2＋CH_4＋CO＋H_2O＋CO_2 \tag{9.6}$$

$$焦油＋H_2O \longrightarrow H_2＋CH_4＋CO＋\cdots \tag{9.7}$$

$$焦油＋CO_2 \longrightarrow H_2＋CH_4＋CO＋\cdots \tag{9.8}$$

轻烃的裂解反应:

$$C_2H_6 \longrightarrow C_2H_4＋H_2 \quad \Delta H_{298K}^{\ominus}=137kJ \cdot mol^{-1} \tag{9.9}$$

$$C_2H_4 \longrightarrow CH_4＋C \quad \Delta H_{298K}^{\ominus}=126.2kJ \cdot mol^{-1} \tag{9.10}$$

水蒸气与气体的反应:

$$H_2O＋CO \longrightarrow CO_2＋H_2 \quad \Delta H_{298K}^{\ominus}=-41.19kJ \cdot mol^{-1} \tag{9.11}$$

$$H_2O＋CH_4 \longrightarrow CO＋3H_2 \quad \Delta H_{298K}^{\ominus}=206.2kJ \cdot mol^{-1} \tag{9.12}$$

炭与气体的反应:

$$C+2H_2 \longrightarrow CH_4 \quad \Delta H_{298K}^{\ominus} = -74.9 kJ \cdot mol^{-1} \tag{9.13}$$

$$C+CO_2 \longrightarrow 2CO \quad \Delta H_{298K}^{\ominus} = 74.35 kJ \cdot mol^{-1} \tag{9.14}$$

炭和水蒸气的反应:

$$C+H_2O \longrightarrow CO+H_2 \quad \Delta H_{298K}^{\ominus} = 822 kJ \cdot mol^{-1} \tag{9.15}$$

这里仅列举了所发生化学反应的一部分,实际过程复杂得多,目前尚不能精确描述整个反应过程。总的反应趋势是朝着生成简单物质的方向进行,大分子物质通过一连串的反应,逐步转化为小分子气体和炭[38]。

生物质隔绝空气的热裂解被越来越多的研究单位所重视,主要是为了得到品质较高的气体产物,对制氢的研究相对较少。同时值得指出的是,这些研究一级热裂解的温度都在750℃以上。

9.3 生物质水蒸气重整制氢

9.3.1 生物质超临界水气化制氢

Modell[39]于1985年首次报道了以锯木屑为原料的超临界水气化(super critical water gasificafion,SCWG)制氢过程。

SCWG制氢适用于含水量很高的湿生物质制氢,如水葫芦、马铃薯淀粉凝胶等。该过程以500~750℃、压力22MPa以上的超临界水为介质,在无催化剂或均相、非均相催化剂的条件下进行。均相催化剂主要有碱及碱金属盐如KOH、NaOH、K_2CO_3等,非均相催化剂主要以贵金属或过渡金属作为催化剂活性组分负载于载体上,甚至合金压力反应器的器壁也有催化效应。以葡萄糖为例,超临界水气化制氢过程的总反应方程式如式(9.16)所示,其中包括原料蒸汽重整反应、CO变换反应、甲烷化反应等,总体上是强吸热反应。

$$C_6H_{12}O_6 + 5H_2O \longrightarrow 5.5CO_2 + 0.5CH_4 + 10H_2 \quad \Delta H_{298K}^{\ominus} = 501.4 kJ \cdot mol^{-1}$$
$$\tag{9.16}$$

由于超临界水基本上可以溶解大部分的有机成分和气体,反应后只剩下极少量的残碳,产物中几乎不存在焦炭和焦油的问题,且反应中涉及CO变换反应,因此产物中CO量很低(约3%),不需要另外增设CO变换装置。超临界水气化的另一个优点是CO_2作为主要的副产物,在高压水中的溶解性比H_2大,可以利用高压水将H_2和CO_2分离,使H_2的纯度达到90%以上。此外还有湿生物质无须干燥就可进料,因此,不用耗费能量去干燥等优点。

超临界转化制氢技术尚处于萌芽期,由于反应在超临界水中进行,现有的常规设备都不可用,甚至原料在超临界条件下如何输送到反应器中也是一个难题[40]。

9.3.2 生物质油水蒸气重整制氢

生物质油(bio-oil)简称生物油,是由纤维素、半纤维素和木质素的各种降解物所组成的一种混合物。

美国可再生能源实验室(NREL)的Wang等[41]在20世纪90年代首先提出了先对生物质热裂解制备生物油,然后进行生物油水蒸气重整制氢,并对此过程进行了详尽的热力学分析、化学分析和经济可行性分析。通过研究发现,生物油水蒸气重整在热力学分析上是可行的,利用商业镍基催化剂进行重整也是可行的,但是对于含氧化合物的水蒸气重整来讲,催化剂仍需改进,以提高反应中的活性、选择性和使用寿命。如果建立中小型的生物质制氢站,重点针对当地的农作物、植物和纤维素废料等进行裂解制备生物油,然后将裂解所得的生物油集中运至氢能需求量较大的地区,进行集中制氢,同时得到氢和酚类替代品,根据当时氢气的市场销售价进行经济分析,则此制氢途径在经济上是可行的。

生物质热裂解是在中温、无氧或缺氧条件下,利用热能切断生物质大分子中的化学键,使之转变为低分子物质的过程[28]。生物油是指通过快速加热的方式在隔绝氧气的条件下,使组成生物质的高分子聚合物裂解成低分子有机物蒸气,并采用骤冷的方法,将其凝结成的液体。表 9.5 列出了生物质裂解生物油的特性。

表 9.5　生物质裂解液体产物特性[28]

物理性质		典型指标	可能范围
水含量/%		16	12~20
pH		2.2	2.1~2.3
比重/(g·cm⁻³)		1.21	1.11~1.25
元素分析 (无水基)/%	C	56.4	51~58
	H	6.2	5.1~7.1
	O	37.2	34.5~43.7
	N(S)	0.2	0.16~0.35
高热值/(MJ·kg⁻¹)		23	22.1~24.3
黏度(40℃)/cP		51	40~59
运动黏度/cP	25℃	233	—
	40℃	134	—
溶解性	正己烷不溶率	99	—
	甲苯不溶率	84	—
	丙酮/乙酸不溶率	0.14	—

生物油通常采用水蒸气催化重整制氢,主要研究工作包括对工艺的探讨、建立合理有效的制氢反应装置、完成制氢过程中的热力学分析等。

Czemik 等[42]采用流化床进行了生物油的水蒸气催化重整制氢的研究。流化床的内径为 2 英寸,催化剂用量为 250g,在进行实验之前,在 850℃下,用 H_2-N_2 进行大约 2h 的催化剂还原,过热水蒸气为流化气,同时也是反应物。生物油用喷嘴喷入,进料速率是 84g·h⁻¹。产物先通过旋风分离器来收集被扬起的催化剂颗粒或者焦炭颗粒,然后经冷凝器冷凝,产品气体用气相色谱进行定量分析,在温度为 850℃、S/C 为 5.8 的时候制得氢气的产率最高为 90% 左右。

Wu 等[43]建立了生物油两段水蒸气催化重整制氢体系。以生物油为原料,在第一段反应器中使用煅烧白云石对生物油进行初步水蒸气重整,第二段反应器都选用镍基催化剂

(Ni/MgO)以提高目的产物的产率。第一段反应结果表明:高的温度、高的水碳比和低的生物油质量空速对提高氢气产率有利。第二段反应结果表明:在水蒸气/甲烷摩尔比例不小于2、温度高于800℃的条件下,采用 Ni/MgO 催化剂,第二段反应可使甲烷基本完全转化,同时氢气产率也相应提高。

近些年来,对于生物油水蒸气催化重整制氢的研究重点主要集中于对重整催化剂的制备及改性(见表9.6)。

表9.6　几种生物油水蒸气催化重整制氢

作者	催化剂	温度/℃	产氢率/%
Qiu 等[44]	20％Ni/HZSM-5	＞450	＞90
林少斌 等[45]	CoZnAl	500	70
Hou 等[46]	Ni/CuZn-Al$_2$O$_3$	400	93.5
Ye 等[47]	纳米管-Ni	500	92.5
Yan 等[48]	Ni/CeO$_2$-ZrO$_2$	850	69.7

9.3.3　生物乙醇化学反应制氢

生物乙醇是指通过微生物的发酵将各种生物质转化得到的乙醇。相对于化石燃料及甲醇制氢,生物乙醇水蒸气重整制氢具有一些明显的优点:①乙醇能源密度较高,低毒,安全性好。②乙醇制氢具有低碳或无碳特性。乙醇在生产及制氢过程中会放出二氧化碳,但生物质生长能够吸收大量的二氧化碳,使得自然环境中的碳循环过程基本平衡,达到低碳或无碳排放。③乙醇在催化剂上具有热扩散性,可以在低温范围内进行重整制氢反应。④乙醇易于储存、运输和再分配,且不含易使燃料电池铂电极中毒的硫。⑤相对于甲醇制氢,乙醇可以从可再生能源中获得。乙醇可通过谷物的发酵和生物质降解得到。近年来利用生物质非粮作物生产乙醇已经开始规模化,因此利用乙醇制氢有广阔的市场前景。

当前,生物乙醇制氢的研究方法有乙醇水蒸气重整制氢、乙醇自热氧化制氢、乙醇氧化重整制氢等。

1. 生物乙醇制氢反应机理[49-52]

从乙醇制备氢气的典型路径有乙醇水蒸气重整反应、乙醇部分氧化重整反应和乙醇氧化水蒸气重整反应。

乙醇水蒸气重整反应:

$$C_2H_5OH+3H_2O \Longleftrightarrow 2CO_2+6H_2 \quad \Delta H^{\ominus}_{298K}=174.2kJ \cdot mol^{-1} \quad (9.17)$$

乙醇部分氧化重整反应:

$$C_2H_5OH+1.5O_2 \Longleftrightarrow 2CO_2+3H_2 \quad \Delta H^{\ominus}_{298K}=14.1kJ \cdot mol^{-1} \quad (9.18)$$

乙醇氧化水蒸气重整反应:

$$C_2H_5OH+(3-2x)H_2O+xO_2 \Longleftrightarrow 2CO_2+(6-2x)H_2 \quad 0<x<0.5 \quad (9.19)$$

在三种反应中,虽然乙醇水蒸气重整反应是产氢率最高的反应,但是该反应是强烈的吸热反应,因此需要较高的操作温度。乙醇部分氧化重整反应是放热反应,因此具有较短的初始反应时间,这对于汽车燃料电池供氢是非常重要的。此外,由于部分氧化重整反应并不需要换热器进行加热,其所需的反应器要比重整反应器的体积更小。然而,该反应的缺点是容易出现热点(hot spot)以及较低的 H_2 产率。部分氧化重整反应综合了重整反应和氧化反应,因此可以通过控制反应物的比例使得反应放热呈"热中性",既不吸热也不放热。然而,乙醇制氢过程中除了上述三个反应之外,还会有其他副反应发生,包括:

(1)乙醇分解生成 CH_4、CO 和 H_2

$$C_2H_5OH \longrightarrow CH_4 + CO + H_2 \quad \Delta H_{298K}^{\ominus} = 49.8 kJ \cdot mol^{-1} \tag{9.20}$$

(2)乙醇氢化生成 CH_4 和 H_2O

$$C_2H_5OH + 2H_2 \longrightarrow 2CH_4 + H_2O \quad \Delta H_{298K}^{\ominus} = 157.1 kJ \cdot mol^{-1} \tag{9.21}$$

(3)乙醇脱水生成乙烯

$$C_2H_5OH \longrightarrow C_2H_4 + H_2O \quad \Delta H_{298K}^{\ominus} = 35.26 kJ \cdot mol^{-1} \tag{9.22}$$

(4)乙醇脱氢生成乙醛

$$C_2H_5OH \longrightarrow C_2H_4O + H_2 \quad \Delta H_{298K}^{\ominus} = -64.8 kJ \cdot mol^{-1} \tag{9.23}$$

(5)乙醛分解生成 CH_4 和 CO

$$C_2H_4O \longrightarrow CH_4 + CO \quad \Delta H_{298K}^{\ominus} = 117.8 kJ \cdot mol^{-1} \tag{9.24}$$

(6)水气变换

$$CO + H_2O \Longleftrightarrow CO_2 + H_2 \quad \Delta H_{298K}^{\ominus} = -41.1 kJ \cdot mol^{-1} \tag{9.25}$$

(7)甲烷水蒸气重整

$$CH_4 + H_2O \Longleftrightarrow CO + 3H_2 \quad \Delta H_{298K}^{\ominus} = 206.2 kJ \cdot mol^{-1} \tag{9.26}$$

(8)甲烷干气重整反应

$$CH_4 + CO_2 \Longleftrightarrow 2CO + 2H_2 \quad \Delta H_{298K}^{\ominus} = 247.3 kJ \cdot mol^{-1} \tag{9.27}$$

(9)甲烷化反应

$$CO + 3H_2 \Longleftrightarrow CH_4 + H_2O \quad \Delta H_{298K}^{\ominus} = 206.2 kJ \cdot mol^{-1} \tag{9.28}$$

$$CO_2 + 4H_2 \Longleftrightarrow CH_4 + 2H_2O \quad \Delta H_{298K}^{\ominus} = 165.1 kJ \cdot mol^{-1} \tag{9.29}$$

上述副反应在反应体系中所占的比例随着反应条件(如反应温度、进料组成和停留时间)以及催化剂组成的不同而不同。目前,有很多研究者从热力学和实验上来衡量过程变量(如反应压力、温度、水醇比)对反应体系产物组成的影响。

2. 生物乙醇制氢反应工艺条件

反应温度对乙醇水蒸气重整反应、部分氧化和氧化-水蒸气重整反应产物的组成、催化剂活性有很大的影响。对于这三种反应的热力学平衡计算发现[53,54],H_2、CO、CO_2 和 CH_4 是反应体系中的主要产物,结果见图 9.9。随着温度升高,CH_4 和 CO_2 的浓度降低,而 H_2 和 CO 组成上升。乙醛、乙烯和丙酮在平衡产物中并没有预测到,这表明这些产物是不稳定的。在实验研究中,低温反应条件下,有很多副产物生成,氧化物如乙醛和丙酮,和碳氢化合物如乙烯。这表明,在低温下,反应是动力学控制的[55]。增加反应温度可以提高乙醇的转化率,伴随着乙醛、丙酮和乙烯的选择性下降,H_2、CO、CO_2 以及 CH_4 的选择性增加。温度范围内不同产物的选择性还受催化剂本性,如载体和金属以及反应条件,如水醇比、O_2/醇比例以及停留时间的影响。

Fatsikotas 等[56,57] 采用程序升温表面反应技术(temperature programmed surface

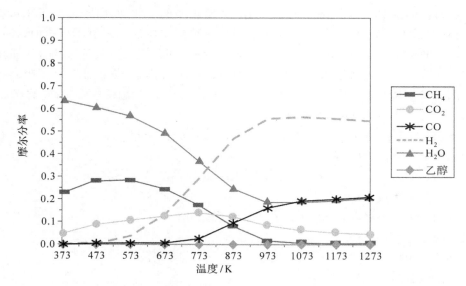

图 9.9　热力学平衡下乙醇重整反应中温度对产物组成的影响(水醇比＝3)[53]

reaction,TPSR)研究了 Ni/Al₂O₃、Ni/La₂O₃ 和 Ni/(La₂O₃/Al₂O₃)催化剂(都含有质量分数 20％Ni)在不同温度下同乙醇发生蒸汽重整反应的制氢效果(见图 9.10)。研究表明:在低于 473K 下,对于 La₂O₃ 作为载体的 Ni 催化剂,乙醇的转化率非常低,检测到的产物主要是乙醛和氢气,而并没有检测到乙烯,这也说明催化剂中加入 La₂O₃ 后,抑制了乙烯的生成,这归因于加入 La₂O₃ 后,催化剂上没有酸性位点,因此,乙醇的脱水反应受到抑制。当温度从 473K 升高到 623K 后,H₂、CO、CO₂ 和 CH₄ 含量上升,乙醛的含量下降。当温度升高到 623K 后,乙醇已经完全转化,未检测到乙醛。此外,产物中存在 CO₂ 和 CH₄,表明体系中发生了水气变换反应和甲烷化反应。当温度超过 623K 时,反应对 H₂ 和 CO 的选择性增加,而同时对 CO₂ 和 CH₄ 的选择性下降,这说明反应体系中发生了甲烷的重整反应和干气重整反应。

　　文献有关水醇比对反应的影响有了很多的报道[56,57]。进料中 H₂O 的量以及是否存在 O₂ 对乙醇的转化率以及产物分布有很大的影响,其中研究的水醇比范围从 1.0～15.0。一般来说,增加水醇比可以提高乙醇的转化率。对于产物分布来说,提高水醇比可以提高 H₂ 和 CO₂ 的产率,而 CO 的产物含量则下降,这说明增加进料中水的比例可以提高乙醇的重整反应和水气变换反应。此外,增加水醇比可以大幅降低副产物,如乙烯、乙醛等。然而,过高的水醇比导致水的汽化需要更多的能量。

　　进料中加入 O₂,可以发生部分氧化和全部氧化反应。研究 O₂ 的加入对乙醇重整反应的影响[58,59]主要考虑 O₂/C₂H₅OH 的比例,对产物分布的影响[60]。

　　乙醇的部分氧化反应:

$$C_2H_5OH+0.5O_2 \longrightarrow 2CO+3H_2 \quad \Delta H^{\ominus}_{298K}=-84.8kJ \cdot mol^{-1} \tag{9.30}$$

乙醇的完全氧化反应:

$$C_2H_5OH+3O_2 \longrightarrow 2CO_2+3H_2O \quad \Delta H^{\ominus}_{298K}=-1278.1kJ \cdot mol^{-1} \tag{9.31}$$

此外,O₂ 的加入还可以发生如下的反应[60]。

CO 的氧化反应:

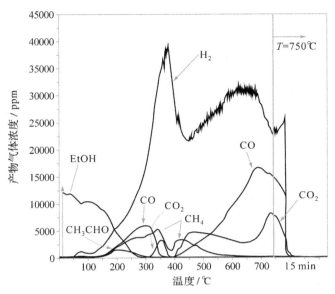

图 9.10　20Ni/La₂O₃ 催化剂上程序升温反应[57]

注：进料组成 1％乙醇＋2％水，He(44ml·min⁻¹)作为载气，升温速度 15K·min⁻¹，催化剂质量为 100mg。

$$CO+0.5O_2 \longrightarrow CO_2 \quad \Delta H^{\ominus}_{298K} = -233.9 \text{kJ} \cdot \text{mol}^{-1} \tag{9.32}$$

甲烷的燃烧反应：

$$CH_4+2O_2 \longrightarrow CO_2+2H_2O \quad \Delta H^{\ominus}_{298K} = -802.3 \text{kJ} \cdot \text{mol}^{-1} \tag{9.33}$$

乙醇的脱氢反应：

$$C_2H_5OH+0.5O_2 \longrightarrow C_2H_4O+H_2O \quad \Delta H^{\ominus}_{298K} = -173.4 \text{kJ} \cdot \text{mol}^{-1} \tag{9.34}$$

反应进料中加入 O_2 后，对所研究的乙醇重整催化剂都能提高乙醇的初始转化率，但是对 H_2 的产生则有抑制作用，而产物中 CO_2 的含量增加。

此外，文献研究比较乙醇水蒸气重整、部分氧化以及氧化-水蒸气重整这三个反应的较少[61,62]。Lama 等[62,63]在 773K 下，采用 10wt.％ Co/CeO₂ 和 1.5wt.％ Pt/CeZrO₂ 的催化剂研究了进料组成对乙醇三种反应的影响。其中，对于 1.5wt.％ Pt/CeZrO₂ 催化剂，H_2O/C_2H_5OH 摩尔比例在 2 到 5 之间，而对于 10wt.％ Co/CeO₂ 催化剂，水醇比在 3 到 10 之间。其中 O_2/C_2H_5OH 的比例控制在 0.5。实验发现，进料中加入水蒸气和/或氧气都可以提高乙醇的转化率。

缩短停留时间导致降低乙醇的转化率以及对 H_2 和 CO 的选择性，副产物（如乙醛、乙烯）的量也减小[64-66]。在较短的停留时间下，乙醛并没有生成。这说明乙醛可能是作为中间产物存在的。

3. 生物乙醇水蒸气重整制氢反应催化剂

乙醇水蒸气重整是乙醇制氢的重要途径。该反应体系较复杂，可能发生的副反应有乙醇脱水、乙醇脱氢、乙醇分解、水煤气变换、CO 和 CO_2 加氢反应等。催化剂对乙醇的转化率和氢气的选择性起决定性作用，不同的催化剂会导致不同的反应途径和氢气选择性。对于催化剂来说,催化剂的组成和载体对产物组成有很大的影响。金属氧化物、混合金属氧化物、载体负载金属(Ni、Co、Cu)以及负载贵金属(Pd、Pt、Rh、Ru、Ir)的催化剂都可以用于乙醇水蒸气重整、部分氧化和氧化-水蒸气重整反应的研究[67-69]。目前用于乙醇水蒸气重整反应的催化剂体系可分为贵金属催化剂和非贵金属催化剂。下面简单概述有关研究状况。

贵金属催化剂在乙醇水蒸气重整中的应用研究比较早,其活性和选择性很高。研究发现[70],金属负载在 Al_2O_3 载体上的活性顺序为 Rh>Pd>Ni=Pt,而以 CeO_2-ZrO_2 为载体的活性顺序为 Pt≥Rh>Pd。

研究分析了 Ru、Rh、Pt、Pd 负载在 Al_2O_3、MgO、TiO_2 上的贵金属催化剂对乙醇水蒸气重整反应的性能[64],并研究了不同负载量(0~5wt.%)对催化性能的影响,发现在低负载量下,Rh 显示出比 Ru、Pt、Pd 更高的活性和氢气选择性。而对于 Ru 催化剂,随着金属负载量的增加催化活性可以得到明显的提高。

Liguras 等[64]研究了在高温(650~800℃)下,在 1wt.% Pd/Al_2O_3、1wt.% Pt/Al_2O_3、Rh/Al_2O_3(0.5wt.%、1.0wt.% 和 2wt.%)和 Ru/Al_2O_3(1wt.%、3wt.% 和 5wt.%)催化剂上的乙醇重整反应,其结果见图 9.11。由图 9.11 可以知道,各种贵金属对乙醇水蒸气重整反应的活性顺序是 Rh≫Pt>Ru≈Pd。Frusteri 等[68]研究了将 3wt.% Rh/MgO、3wt.% Pd/MgO、21wt.% Ni/MgO 和 21wt.% Co/MgO 催化剂用于乙醇水蒸气重整,Rh、Ni 和 Co 基催化剂都显示出类似的产物分布,Ni/MgO 显示出了最高的 H_2 选择性。此外,含有 Rh 的催化剂催化反应,发现产物气体中有大量的甲烷。这可能归于 Rh 催化剂相对于 Ni 和 Co 具有较低的催化甲烷重整的缘故。Pd/MgO 催化剂显示出最高的甲烷选择性,反应产物中也有大量的乙烯和乙醛。反应中发现当对甲醛选择性降低时,对乙醛的选择性增加,这表明 Pd 对乙醛的分解没有活性。

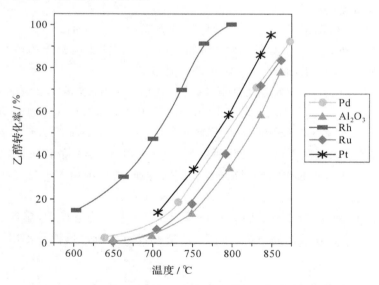

图 9.11 不同反应温度、不同活性金属对乙醇转化率的影响[64]

非贵金属催化剂包括 Cu 系催化剂、Ni 系催化剂和 Co 系催化剂。

Cu 系催化剂广泛应用于甲醇催化制氢反应,表现出优越的催化性能。由于乙醇和甲醇的相似性,研究者们对 Cu 系催化剂在乙醇制氢反应中的应用进行了研究。Mario 等[71,72]

研究了低温、常压下 Cu/Ni/K/γ-Al$_2$O$_3$ 催化剂用于乙醇水蒸气重整反应的活性,系统考察了 Cu 负载量、Ni 含量及焙烧温度对 Cu/Ni/K/γ-Al$_2$O$_3$ 催化剂结构和性能的影响。研究发现,在乙醇水蒸气重整制氢的过程中,Cu 是反应活性组分,促进 C—H、O—H 键的断裂,Ni 促进 C—C 键的断裂,K 仅中和载体 γ-Al$_2$O$_3$ 的酸性而不改变催化剂的结构。提高反应选择性的关键在于抑制 C—O 键的断裂。通过 XRD、TPR 和 N$_2$O 化学吸附技术发现 CuO 相的存在依赖于 Cu 的负载量和焙烧温度,而 NiAl$_2$O$_4$ 相在所有应用的催化剂中均存在。不同活性组分含量的 CuO/NiO/K$_2$O/γ-Al$_2$O$_3$ 催化剂表现出相似的活性,揭示了低的 Cu 负载量有利于提高 Cu 的分散度。另外 NiO/CuO/CrO/α-Al$_2$O$_3$ 催化剂和 CuO/ZnO/Al$_2$O$_3$ 催化剂用于乙醇水蒸气重整制氢也有报道,但结果都不理想[73]。Cu 系催化剂的缺点是容易积炭,而且生成的副产物较多。

Co 系催化剂中性能最好的是 Co-ZnO 催化剂[74],存在的问题是积炭失活,而关于烧结问题尚未受到关注。CoO-ZnO 的活性也有待进一步提高,高空速时乙醇转化率降低。CoO-ZnO 中加入钠可以提高抗积炭性能,催化剂的稳定性显著提高。但是该研究的催化剂测试是在低空速(5000h^{-1})和高水醇比(EtOH 与 H$_2$O 的体积比为 1∶4,摩尔比为 1∶13)下进行的。

参考文献

[1] 韩龙. 以 CaO 为吸收体的生物质无氧气化制氢的机理与试验研究[D]. 杭州:浙江大学,2011.

[2] Nandi R, Sengupta S. Microbial production of hydrogen:an overview[J]. Crit Rev Microbiology, 1998,24(1):61-84.

[3] Xu J F, Ren N Q, Wang A J, et al. Cell growth and hydrogen production on the mixture of xylose and glucose using a novel strain of Clostridium sp. HR-1 isolated from cow dung compost[J]. Int J Hydrogen Energy, 2010,35(24):13467-13474.

[4] Cohen A, Vangemert J M, Zoetemeyer R J,et al. Main characteristics and stoichiom etricaspects of acid ogenesis of soluble carbohydrate containing waste water[J]. Process Biochem, 1984, 19(6):228-232.

[5] Custavo D V, Sonia A, et al. Fermentative biohydrogen production, trends and perspectives[J]. Rev Environ Sci Biotechnol,2008(7):27-45.

[6] Lin C Y, Cheng C H. Fermentative hydrogen production from xylose using anaerobic mixed microflora [J]. Int J Hydrogen Energy, 2006,31(7):832-840.

[7] Wu S Y, Lin C Y, Lee K S, et al. Dark fermentative hydrogen production from xylose in different bioreactors using sewage sludge microflora[J]. Energy Fuels, 2008,22(1):113-119.

[8] Taguchi F, Mizukami N, Saito-Taki T, et al. Hydrogen production from continuous fermentation of xylose during growth of Clostridium sp. strain No. 2[J]. Can J Microbiol, 1995,41(6):536-540.

[9] Zhu Y, Yang S T. Effect of pH on metabolic pathway shift in fermentation of xylose by clostridium tyrobutyricum[J]. J Biotechnol, 2004,110(2):143-157.

[10] Lo Y C, Chen W M, Hung C H, et al. Dark H$_2$ fermentation from sucrose and xylose using H$_2$-producing indigenous bacteria:feasibility and kinetic studies[J]. Water Res, 2008,42(4):827-842.

[11] Kumar N, Das D. Enhancement of hydrogen production by Enterobacter cloacae IIT-BT 08[J]. Process Biochem, 2000,35(6):589-593.

[12] Yokoyama H, Moriya N, Ohmori H, et al. Community analysis of hydrogen-producing extreme thermophilic anaerobic microflora enriched from cow manure with five substrates[J]. Appl Microbiol

Biotechnol，2007,77(1):213-222.

[13] Lin C Y, Wu C C, Hung C H. Temperature effects on fermentative hydrogen production from xylose using mixed anaerobic cultures[J]. Int J Hydrogen Energy，2008,33(1):43-50.

[14] Calli B, Schoenmaekers K, Vanbroekhoven K, et al. Dark fermentative H₂ production from xylose and lactose-effects of on-line pH control[J]. Int J Hydrogen Energy，2008,33(2):522-530.

[15] Kadar Z, Vrije T D, van Noorden G E, et al. Yields from glucose, xylose, and paper sludge hydrolysate during hydrogen production by the extreme thermophile Caldicellulosiruptor saccharolyticus[J]. Appl Biochem Biotechnol，2004,114(1-3):497-508.

[16] Ren N, Cao G, Wang A, et al. Dark fermentation of xylose and glucose mix using isolated Thermoanaero bacterium thermosaccharolyticum W16[J]. Int J Hydrogen Energy，2008, 33(21):6124-6132.

[17] Zhang L, Happe T, Melis A. Biochemical and morphological characterization of sulfur-deprived and H₂-producing Chlamydomonas reinhardtii (green alga) [J]. Planta，2002，214(4):552-561.

[18] Seribert M, Ghirardi M L. Accumulation of O₂-tolerant phenotypes in H₂-producing strains of Chlamydomonas reinhardtii by sequential application of chemical mutagenesis and selection[J]. Int J Hydrogen Energy，2002, 27:1421-1430.

[19] Benemann J R, Weare N M. Hydrogen evolution by nitrogen 2 fixing Anabaena cylindrica culture[J]. Science,1974,184(4133):174-175.

[20] Elam C C. IEA Agreement on the production and utilization of hydrogen[R]. National Renewable Energy Caboratory Golden, CO USA,1999:41-46.

[21] Antal T K, Krendeleva T E, Rubin A B. Acclimation of green algae to sulfur deficiency:underlying mechanisms and application for hydrogen production[J]. Appl Microbiol Biotechnol，2011, 89(1):3-15.

[22] Kim M S, Baek J S, Leeb J K. Comparison of H₂ accumulation by Rhodobactersphaeroides KD131 and its uptake hydrogen ase and PHB synthased efficient mutant[J]. Int J Hydrogen Energy，2006, 31(1):121-127.

[23] Ren N, Liu B, Ding J, et al. Hydrogen production with R. faecalis RLD-53 isolated from freshwater pond sludge[J]. Bioresource Technol,2009, 100(1):484-487.

[24] Asada Y, Tokumoto M, Aihara Y, et al. Hydrogen production by co-cultures of Lactobacillus and a photosynthetic bacterium,Rhodobacter sphaeroides RV[J]. Int J Hydrogen Energy，2006，31(11): 1509-1513.

[25] Ding J, Liu B, Ren N, et al. Hydrogen production from glucose by co-culture of clostridium butyricum and immobilized rhodopseudomonas faecalis RLD-53[J]. Int J Hydrogen Energy，2009, 34(9):3647-3652.

[26] Chen C, Yang M, Yeh K, et al. Biohydrogen production using sequential two-stage dark and photo fermentation processes[J]. Int J Hydrogen Energy，2008, 33(18):4755-4762.

[27] Argun H, Kargi F. Bio-hydrogen production by different operational modes of dark and photo-fermentation:an overview[J]. Int J Hydrogen Energy，2011, 36(13):7443-7459.

[28] 张尤华.生物质一体化制氢研究[D].上海:华东理工大学,2011.

[29] 李建政,任南琪,林明,等.有机废水发酵法生物制氢中试研究[J].太阳能学报,2002,23(2):252-256.

[30] 朱锡锋.生物质热解原理与技术[M].合肥:中国科学技术大学出版社,2006.

[31] 史济春,曹湘洪.生物燃料与可持续发展[M].北京:中国石化出版社,2007.

[32] 吴占松,马润田,赵满成,等.生物质能利用技术[M].北京:化学工业出版社,2010.

[33] 钱伯章.生物质能技术与应用[M].北京:科学出版社,2010.

[34] Ni M,Leung, D Y C, Leung M K H,Sumathy K. An overview of hydrogen production from biomass

［J］. Fuel Processing Technology,2006，87(5):461-472.

［35］ Dvaid Sutton. Review of literature on catalyst for biomass gasification［J］. Fuel Processing Technology,2001，73(3):155-173.

［36］ Di Blasi C，Singoerlii G，Poortrieeo G. Countercurrent fixed bed gasification of biomass at laboratory scale［J］. Ind Eng Chem Res, 1999，38(7):2571-2581.

［37］ Wang W Y,Padbna N,Ye Z C,at el. Kinetics of ammonia decomposition in hot gas cleaning［J］. Ind Eng Chem Res,1999,38(11):4175-4182.

［38］ 孙立,张晓东.生物质发电产业化技术［M］.北京:化学工业出版社,2011.

［39］ Modell M. Gasification and Liquefaction of Forest Products in Supercritical Water—Fundamentals of Thermochemical Biomass Conversion［M］. London:Applied Science Publisher,1985.

［40］ 鄢伟,孙绍晖,孙培勤,等.生物质热化学法制氢技术的研究进展［J］.化工时代,2011,25(11):49-59.

［41］ Wang D, Montane D, Chornet E. Catalytic steam reforming of biomass-derived oxygenates: acetic acid and hydroxyacetaldehyd［J］.J Appl Catal A,1996,143(2):245-270.

［42］ Czemik S ,Evans R, French R. Hydrogen from biomass production by steam reforming of biomass pyrolysis oil［J］. Catal Today, 2007, 12(9):265-268.

［43］ Wu C, Huang Q,Sui M, et al. Hydrogen production via catalytic steam reforming of fast pyrolysis bio-oil in a two stage fixed bed reactor system［J］. Fuel Process Technol, 2008, 8(11):1306-1316.

［44］ Qiu S B, Gong L, Liu L, et al. Hydrogen production by low-temperature steam reforming of bio-oil over Ni/HZSM-5 catalyst［J］. Chin J Chem Phy, 2011, 24(2):211-217.

［45］ 林少斌,叶同奇,袁丽霞.用低温电催化重整方法和 CoZnAl 催化剂进行低温生物油重整制氢［J］.化学物理学报,2010,4:451-458.

［46］ Hou T, Yuan L, Ye T, et al. Hydrogen production by low-temperature reforming of organic compounds in bio-oil over a CNT-promoting Ni catalyst［J］. Int J Hydrogen Energy, 2009, 34(22):9095-9107.

［47］ Ye T Q, Yuan L X, Chen Y, et al. High efficient production of hydrogen from bio-oil using low-temperature electrochemical catalytic reforming approach over NiCuZn-Al$_2$O$_3$ catalyst［J］. Catal Lett, 2009, 127(3-4):323-333.

［48］ Yan C F, Cheng F F, Hu R. Hydrogen production from catalytic steam reforming of bio-oil aqueous fraction over Ni/CeO$_2$-ZrO$_2$ catalysts［J］. Int J Hydrogen Energy, 2010, 35(21):11693-11699.

［49］ Haryanto A, Fernando S, Murali N, et al. Current status of hydrogen production techniques by steam reforming of ethanol:a review［J］. Energy Fuels,2005, 19(5):2098-2106.

［50］ de la Piscina P R, Homs N. Use of biofuels to produce hydrogen (reformation processes)［J］. Chemical Society Reviews, 2008, 37(11):2459-2467.

［51］ Vaidya P D, Rodrigues A E. Insight into steam reforming of ethanol to produce hydrogen for fuel cells ［J］. Chem Eng J, 2006, 117(1):39-49.

［52］ Ni M, Leung D Y, Leung M K. A review on reforming bio-ethanol for hydrogen production［J］. Int J Hydrogen Energy, 2007, 32(15):3238-3247.

［53］ Garcia E Y, Laborde M A. Hydrogen production by the steam reforming of ethanol:thermodynamic analysis［J］. Int J Hydrogen Energy, 1991, 16(5):307-312.

［54］ Vasudeva K, Mitra N, Umasankar P, et al. Steam reforming of ethanol for hydrogen production:thermodynamic analysis［J］. Int J Hydrogen Energy,1996, 21(1):13-18.

［55］ Fishtik I, Alexander A, Datta R, et al. A thermodynamic analysis of hydrogen production by steam reforming of ethanol via response reactions［J］. Int J Hydrogen Energy, 2000, 25(1):31-45.

[56] Fatsikostas A N, Kondarides D I, Verykios X E. Steam reforming of biomass-derived ethanol for the production of hydrogen for fuel cell applications[J]. Chem Commun, 2001,9:851-852.

[57] Fatsikostas A N, Verykios X E. Reaction network of steam reforming of ethanol over Ni-based catalysts[J]. J Catal, 2004, 225(2):439-452.

[58] Deluga G A, Salge J R, Schmidt L D, et al. Renewable hydrogen from ethanol by autothermal reforming[J]. Science, 2004, 303(5660):993-997.

[59] Wanat E C, Venkataraman K, Schmidt L D. Steam reforming and water-gas shift of ethanol on Rh and Rh-Ce catalysts in a catalytic wall reactor[J]. Appl Catal A:Gen, 2004, 276(1):155-162.

[60] Comas J, Mariño F, Laborde M, et al. Bio-ethanol steam reforming on Ni/Al$_2$O$_3$ catalyst[J]. Chem Eng J, 2004, 98(1):61-68.

[61] Cai W, Wang F, Van Veen A, et al. Hydrogen production from ethanol steam reforming in a micro-channel reactor[J]. Int J Hydrogen Energy, 2010, 35(3):1152-1159.

[62] de Lima S M, Da Silva A M, Da Costa L O, et al. Study of catalyst deactivation and reaction mechanism of steam reforming, partial oxidation, and oxidative steam reforming of ethanol over Co/CeO$_2$ catalyst[J]. J Catal, 2009, 268(2):268-281.

[63] de Lima S M, Da Cruz I O, Jacobs G, et al. Steam reforming, partial oxidation, and oxidative steam reforming of ethanol over Pt/CeZrO$_2$ catalyst[J]. J Catal, 2008, 257(2):356-368.

[64] Liguras D K, Kondarides D I, Verykios X E. Production of hydrogen for fuel cells by steam reforming of ethanol over supported noble metal catalysts[J]. Appl Catal B:Environ, 2003, 43(4):345-354.

[65] Goula M A, Kontou S K, Tsiakaras P E. Hydrogen production by ethanol steam reforming over a commercial Pd/γ-Al$_2$O$_3$ catalyst[J]. Appl Catal B:Environ, 2004, 49(2):135-144.

[66] Haga F, Nakajima T, Miya H, et al. Catalytic properties of supported cobalt catalysts for steam reforming of ethanol[J]. Catal Lett, 1997, 48(3-4):223-227.

[67] Aupretre F, Descorme C, Duprez D. Bio-ethanol catalytic steam reforming over supported metal catalysts[J]. Catal Commun, 2002, 3(6):263-267.

[68] Frusteri F, Freni S, Spadaro L, et al. H$_2$ production for MC fuel cell by steam reforming of ethanol over MgO supported Pd, Rh, Ni and Co catalysts[J]. Catal Commun, 2004, 5(10):611-615.

[69] Basagiannis A C, Panagiotopoulou P, Verykios X E. Low temperature steam reforming of ethanol over supported noble metal catalysts[J]. Top Catal, 2008, 51(1-4):2-12.

[70] Diagne C, Idriss H, Kiennemann A. Hydrogen production by ethanol reforming over Rh/CeO$_2$—ZrO$_2$ catalysts[J]. Catal Commun, 2002, 3(12):565-571.

[71] Marino F J, Cerrella E G, Duhalde S, et al. Hydrogen from steam reforming of ethanol, characterization and performance of copper-nickel supported catalysts[J]. Int J Hydrogen Energy, 1998, 23(12):1095-1101.

[72] Marino F, Boveri M, Baronetti G, et al. Hydrogen production from steam reforming of bioethanol using Cu/Ni/K/γ-Al$_2$O$_3$ catalysts Effect of Ni[J]. Inte J Hydrogen Energy, 2001, 26(7):665-668.

[73] Cavallaro S, Freni S. Ethanol steam reforming in a molten carbonate fuel cell: a preliminary kinetic investigation[J]. Int J Hydrogen Energy,1996, 21(6):465-469.

[74] Haga F, Nakajima T, Miya H, et al. Catalytic properties of supported cobalt catalysts for steam reforming of ethanol[J]. Catal Lett, 1997, 48:223-227.

第 10 章 太阳能制氢

太阳是一座巨大的核聚变反应器,不断放出能量来维持太阳的光和热辐射。太阳内部的中心温度可以达到 10^8 K,地球上每年接收太阳的总能量约为 1.8×10^{16} kW·h^{-1},最后到达地球表面的能量为 1000 kW·m^2,而这么多能量仅仅为太阳每年辐射能量的 20 亿分之一[1]。太阳能具有如下特点:

(1)相对于常规能源的有限性,太阳能有着无限的储量,取之不尽,用之不竭;

(2)太阳能具有存在的普遍性,只要有阳光的地方,就有太阳能可以利用;

(3)太阳能作为一种清洁能源,在开发利用过程中不产生污染;

(4)在原理和技术上开发太阳能具有可行性。

在人类使用的能源中,除了直接使用太阳的热能和光能之外,化石能、风能、水能、生物质能均来源于太阳能。本章介绍的太阳能指直接使用太阳的热能和光能。其中,在利用太阳热能方面介绍太阳能热化学分解水制氢和太阳能热化学循环制氢两种方法;在利用太阳光能方面介绍太阳能光伏发电电解水制氢、太阳能光电化学过程制氢、光催化水解制氢以及太阳能光生物化学制氢等方法。最后介绍太阳热能和光能复合的光电热复合耦合制氢方法。

10.1 太阳能热化学分解水制氢

太阳能热化学分解水制氢利用的是太阳的热能。利用太阳能将水直接在高温下加热分解产生 H_2 无疑是最简单的热化学制氢方法。在标准状态(25℃,1atm)下,水分解反应的热化学性质变化如下所示:

$$H_2O(l) \longrightarrow H_2(g) + \frac{1}{2}O_2(g) \quad \begin{array}{l} \Delta H_{298K}^{\ominus} = 285.84 \text{kJ} \cdot \text{mol}^{-1} \\ \Delta G_{298K}^{\ominus} = 237.19 \text{kJ} \cdot \text{mol}^{-1} \\ \Delta S_{298K}^{\ominus} = 0.163 \text{kJ} \cdot \text{mol}^{-1} \end{array} \quad (10.1)$$

根据热力学计算式:$\Delta G = \Delta H - T \Delta S$,可以计算上述反应($\Delta G < 0$)需要的反应温度要达到 4700K 左右。Kogan[2] 的实验研究表明,在温度高于 2500K 时,水的热分解才比较明显,温度越高,水的分解效率越高。太阳能直接热分解水制氢过程中水的转化率与温度、压力的关系如图 10.1 所示。在图 10.1 中,纵轴为水的转化率,横轴为压力。在如此的高温高压下,高温反应器、高温产物分离等材料和工艺问题都很难解决。典型的研究内容为如

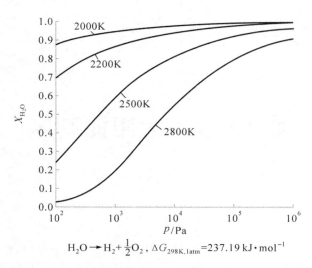

$$H_2O \rightarrow H_2 + \frac{1}{2}O_2, \Delta G_{298K,1atm} = 237.19 \, kJ \cdot mol^{-1}$$

图 10.1　太阳能直接热分解水制氢过程中水的转化率与温度、压力的关系[2]

何提高高温反应器的制氢效率和开发更为稳定的多孔陶瓷膜反应器[2-6]。该反应器的截面如图 10.2 所示,即水蒸气通过图中 G 处进入反应器,太阳光经过 D 处透镜集热器对水蒸气加热,产生的氢气通过氧化锆陶瓷膜渗透后排出,而氧气则直接从反应器出口排出。该反应器的温度至少要达到 2100℃ 才能维持稳定的运行。然而该技术的主要缺点是反应器的材料问题。氧化锆是制造多孔陶瓷膜的主要原料,它的烧结温度为 1700~1800℃。当反应器的温度逐渐提升时,其烧结过程仍然继续进行,从而导致多孔结构的破坏,使孔道关闭,气体的透过性降低。如何阻止烧结或者把烧结过程延迟到工作温度之外成为该技术继续发展的关键。

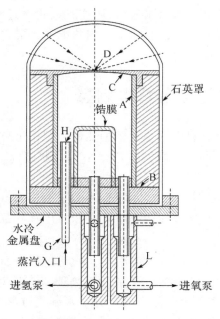

图 10.2　太阳能直接热裂解水反应器截面[2]

10.2 太阳能热化学循环分解水制氢

太阳能热化学循环制氢是利用太阳热能的另一种方法。20 世纪 60 年代,Funk 等[6] 提出了多步骤热化学循环分解水制氢的方法。在该方案中,热量并不是在很高的温度下集中供给纯水使之单步分解,而是在不同阶段、不同温度下供给含有中间介质的水分解系统,使水沿着多步骤的反应过程最终分解为 H_2 和 O_2。整个反应过程构成一个封闭的循环系统,在热化学反应过程中只消耗水和热,其余参与过程的物质在循环制氢过程中并不消耗,可以循环使用。反应的通式如下:

$$M_xO_y \longrightarrow xM + 0.5yO_2 \tag{10.2}$$

$$xM + yH_2O \longrightarrow M_xO_y + yH_2 \tag{10.3}$$

总的反应式仍为:

$$H_2O \longrightarrow H_2 + 0.5O_2 \tag{10.4}$$

根据反应物的不同,可以分为金属氧化物体系、含硫体系、卤化物体系、杂化循环体系等。研究可在低于 1273K 的温度下分解水产生 H_2 和 O_2,预测的制氢效率分别达 52% 和 48%。但是,这些过程都比较复杂,且依然存在气体分离和材料腐蚀等方面的难题。碘-硫循环(简称 I-S 循环)过程如图 10.3 所示。

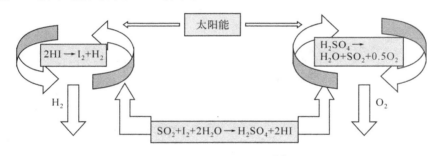

图 10.3 I-S 循环过程[7]

该过程的化学方程式如下:

$$SO_2 + I_2 + 2H_2O \xrightarrow{400K} H_2SO_4 + 2HI \tag{10.5}$$

$$H_2SO_4 \xrightarrow{1000 \sim 1200K} H_2O + SO_2 + 0.5O_2 \tag{10.6}$$

$$2HI \xrightarrow{500 \sim 800K} I_2 + H_2 \tag{10.7}$$

10.3 太阳能光伏发电电解水制氢

太阳能光伏发电利用的是太阳能的光能,是一种将太阳光辐射能通过光伏效应,经太阳能电池直接转换为电能的新型发电技术。太阳能光伏发电产生的直流电可直接利用,也可经能量变换、能量储存等环节,向负载提供交流电能供人们使用。目前用于发电的光伏系统大多为小规模、分散式独立发电系统或中小规模并网式光伏发电系统。太阳能光伏发电电解水制氢就是利用光伏发电,然后电解水制取氢气。太阳能光伏发电电解水制氢的原理和设备同普通电解水制氢类似。

　　太阳能制氢系统如图 10.4 所示。光伏阵列由 192 块 M75 光伏组件构成,分成 12 个子阵列,形成 24V 直流电源,为电解槽电解水制氢提供动力。由于太阳与地球有各自的运行规律,所以太阳能电池的发电量受到昼夜、季节、气候变化的影响。在一般情况下,难以和负荷相匹配。为了适应光伏电池的伏安特性,保障光伏电池始终正常工作,因此对太阳能最大能量输出跟踪技术进行了研究。根据需要配备合适的最大能量输出跟踪器(MPPT),解决输出电压与所需电压相匹配的问题,以保证光伏电池始终工作在最大能量输出点。电解水制氢的电解槽仍主要采用碱性电解槽(alkaline electrolyzer)、质子交换膜电解槽(PEM electrolyzer)和固体氧化物电解槽(solid oxide electrolyzer)。这三种不同类型电解槽的电解总反应式都如式(10.1)所示。随着光伏电池效率的提高和成本的降低以及电解槽技术的成熟,利用太阳能转化的电能进行电解水制氢将成为氢能源开发的重要方面。

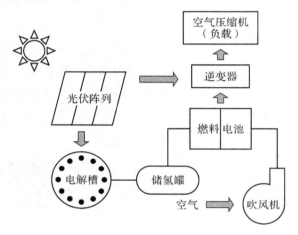

图 10.4　太阳能制氢系统

10.4　太阳能光电化学过程制氢

　　太阳能光电化学过程制氢顾名思义是指利用太阳光的光能,结合电化学过程制氢。

1. 制氢原理

　　太阳能光电化学过程制氢由光电化学电池实现。光电化学电池(photo-electrochemical cell,PEC)由光阳极、光阴极以及电解质组成。通过光阳极吸收太阳能并将光能转化为电能。光阳极通常为光半导体材料;受光激发可以产生电子-空穴对。光阳极和光阴极组成光电化学电池。在电解质存在下,光阳极吸光后在半导体带上产生的电子通过外电路流向光阴极,水中的质子从光阴极上接受电子产生氢气。理论上,光电极组成有三种情况:

　　①光阳极为 n 型半导体,光阴极为金属;

　　②光阳极为 n 型半导体,光阴极为 p 型半导体;

　　③光阴极为 p 型半导体,光阳极为金属。

　　太阳能光电化学电池制氢的基本结构如图 10.5 所示。它包括一个光阳极(一般是金属氧化物)和阴极(一般是 Pt),在电解液中,氧化和还原反应分别在阳极和阴极发生。

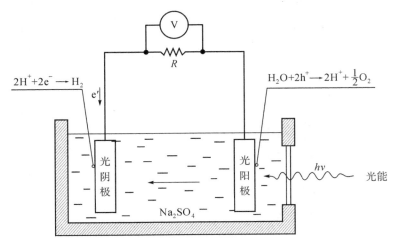

图 10.5　太阳能光电化学电池分解水[8]

光电化学分解水涉及了光电极之间以及光电极与电解液界面之间的反应过程。

①光致半导体材料(光阳极)的离子化,形成了以电子为主的载流子(自由电子和电子空穴对):

$$2h\nu \longrightarrow 2e^- + 2h^+ \tag{10.8}$$

式中:h 为普朗克常数;ν 为频率;e^- 代表电子;h^+ 表示空穴。

当光子能量($h\nu$)大于等于半导体的禁带宽度时都会发生此过程,在电极-电解质界面需要外加电场来避免电子空穴对的复合。

②光阳极上发生空穴氧化水的反应:

$$2h^+ + H_2O(l) \longrightarrow \frac{1}{2}O_2(g) + 2H^+ \tag{10.9}$$

③H^+ 通过电解质从光阳极迁移至阴极,电子通过外电路从光阳极流向阴极。

④阴极发生 H^+ 的还原反应:

$$2H^+ + 2e^- \longrightarrow H_2(g) \tag{10.10}$$

总的反应方程式为:

$$2h\nu + H_2O(l) \longrightarrow \frac{1}{2}O_2(g) + H_2(g) \tag{10.11}$$

当光阳极吸收的能量大于等于水分解的阈值 E_i 时,才可能发生上述水的分解过程。

$$E_i = \frac{\Delta G^0_{H_2O}}{2N_A} \tag{10.12}$$

式中:$\Delta G^0_{H_2O}$ 是发生水分解过程中的自由能变,等于 237.141kJ·mol^{-1};N_A 是阿伏伽德罗常数,$N_A = 6.022 \times 10^{23} mol^{-1}$。于是可以得到:

$$E_i = h\nu = 1.23(eV) \tag{10.13}$$

理论上当半导体的带宽大于等于 1.23eV 时就能进行光解水,但是在实际过程中由于存在过电位,半导体光阳极材料的带宽必须大于 2.5eV 才能使水分解。

2. 电极材料研究

光电化学水解制氢的效率跟电极材料有很大的关系,其电极材料不仅有一定的半导体性质而且还需要具有光电化学性质。在光电化学电池(PEC)的材料主要考虑以下几方面的特性:

①带宽(band gap);

②平带电位(flat band potential);

③肖特基势垒(Schottky barrier);

④电阻(electrical resistance);

⑤亥姆霍兹电势(Helmholtz potential);

⑥抗腐蚀性能(corrosion resistance);

⑦材料的微结构(microstructure)。

(1)带宽

带宽 E_g(单位:eV)是指价带(valence band,充满电子的能带)能级最上处和导带(conduction band,未填充电子的能带)能级最低处之差。光致电离就必须使电子获得的能量大于 E_g,这是作为光电极的先决条件。因为只有光子的能量等于或者大于带宽的,才能被电极材料吸收并参与反应。参与反应的光子的能量与照射到电极表面的光子能量之比即为光电效率。理论上用作光电极的材料的最优能带宽为 2eV 附近[7]。常用于光电化学电池(PEC)的电极材料是 TiO_2,虽然其带宽为 3eV,但是其优越的防腐蚀性能使其成为最优越的电极材料。但目前符合这一要求并具有防腐蚀性能的光电极并没有实现商业化。为了获得最优能带宽 2eV 附近的材料,一种方法是在导带下再加入一个带。实验中实现这一手段采用的是负载大量的 TiO_2 和其他金属离子,这些金属的能级如图 10.6 所示。在这些异价金属中,最好的金属离子是 $V^{4+/5+}$,它同 Ti 形成固溶体 $(Ti_{1-x}V_x)O_2$。而这一结果同考虑 TiO_2 负载的电化学性能并不相符。Fujishima 等[9]研究发现,虽然在 TiO_2 中负载

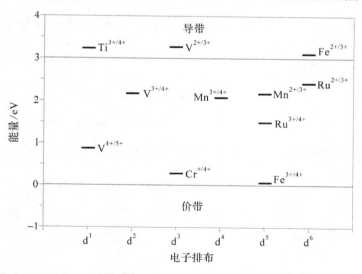

图 10.6　同 TiO_2 导价金属离子的能级[9]

摩尔分数约 30% 的钒,可以将带宽降低到 1.99eV,但形成的固溶体 $(Ti_{0.7}V_{0.3})O_2$ 对电极的光电性能有很大的影响,其将平带电位增加到近 1V,其结果是需要在电极上加入足够大的偏压。Zhao 等[10]发现,在电极中增加电势的量,可以提高电极的电化学转换效率。Phlips 等[11]研究的是晶体和多晶体,而 Zhao 等研究的是薄膜状的,电极的变化可能并不是由于组成的原因,而是在于晶体形态的原因,因此,有关负载电势引起的原因仍需进行深入研究。

另一种提高电池转换效率的方法是将不同带宽的材料混合在一起,这些不同带宽的材料可以吸收不同波长的光。目前,能够抗腐蚀的光电材料为 TiO_2,虽然其带宽较大,但是可以加入带宽较小的材料,如 Si。因此,这种混合的光电极的能量效率要高于纯 TiO_2 的能带效率[12]。

(2)平带电位

平带电位 U_{fp} 是指加在电极和电解液界面的、使电极表面能带拉平所需的外加电压。它也是光电极中的一个重要指标。特别是在光电解水的过程中,当平带带宽的能级大于 H^+ 与 H_2 之间的氧化还原电势的时候,平带电位可以通过表面化学的方法将其改变到需要的电势附近。平带电位是负电子伏特与费米能级的积,费米能级是表示导体电学性质的参数,测量方法主要是莫特-肖特基(Mott-Schottky)理论。半导体的能带弯曲量可以通过调节外加电压或入射光的强度来改变。如果半导体电极接入外加电位,空间电荷层中的载流子密度将发生变化,能带弯曲状况也随之改变。当 n 型半导体调节电压往负方向变化时,由于大量额外电子的进入,将使能带弯曲量减小,费米能级 E_F 的位置往上移,当电位足够负时能带被拉平;当 p 型半导体调节电压往正方向变化时,外电源不仅抽走了导带中的电子而且抽走了价带中的部分电子,从而将使能带弯曲量减小,当电位足够正时能带被拉平。

图 10.7 列举了几种金属氧化物的相对于标准氢电极电势、平带电位与带宽的大小。当用负平带电位(相对于 H^+/H_2 电极电势和一定的 pH 值)的材料作为光电池中的阳极时,

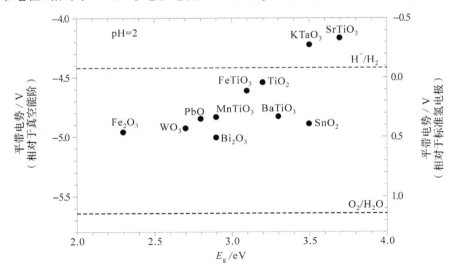

图 10.7 pH=2,不同半导体金属氧化物的平带电势与带宽、标准氢电极电势的关系[13]

可以光电解水而不需要加上偏压。偏压即偏置电压,是指为了控制电路,在两点间产生的直流或施加的电压。而如果不是用负平带电位的材料作为光电池的阳极,则必须加入偏压才能促成光解水反应。

（3）肖特基势垒

肖特基势垒是指在半导体内部界面,包括浓度梯度、表面状态和吸附状态形成的界面的电压降。肖特基势垒在防止光致电离的离子相互结合方面起到十分重要的作用。肖基特势垒的形成可能是由如下原因产生的:

①由于表面能的原因使得结构变形;

②在处理过程中引入的异价原子之间形成的偏析化学势;

③电极表面的电化学势差。

而我们可以利用上述三种梯度来改变或者控制肖特基电势。这需要在电极的处理过程中,原位测定电极的表面性质和电极的主体电化学性能。

掺杂的效果可以通过掺杂物和主体之间的表面性质进行衡量,如通过功函数（work function）或者热电能（thermoelectric power）。

（4）电阻

在外电路和内电路中,由欧姆电阻引起的能量利用率下降主要是由以下几个部分的电阻构成的:①电极电阻;②电解液电阻;③外部电线电阻;④测量或者控制设备上引起的电阻;⑤相互连接的地方引起的电阻。

光电池中电极的半导体阳极电阻比阴极的金属电极电阻要大几个数量级。光电池阳极的电导率 σ 可以由以下关系式表述:

$$\sigma = en\mu_n + ep\mu_p + Z_i eiu_i \tag{10.14}$$

式中:n 为电极材料中的电子浓度;p 为电极材料的空位;i 为离子浓度;μ_n、μ_p、u_i 分别为电子、空位和离子的流动性系数;Z_i 为离子的带电量。

在室温下,离子项可以忽略不计。当带电离子之间没有相互作用时,表征流动性的量跟浓度无关。然而,当离子浓度较高时,离子之间的相互作用使得其流动性降低。因此,为了得到最大的 σ 值,需要在离子浓度和流动性之间取一个均衡值。为了获得更好的 σ 值,可以通过引入无序缺陷（defect disorder）来实现。无序缺陷和电极的电化学性能可以通过加入异价阳离子（形成电子给体或受体）,以及在处理电极过程中控制气体中 O_2 的分压来实现。为了得到需要的电化学性能,需要原位检测电极的电导、热电能和功函数。

TiO_2 电极电阻的降低可以通过在高温下,将电极置于 H_2/Ar 的混合气体中进行部分的还原来实现。在非化学计量的 TiO_{2-x} 中,x 的值越大,电极的电势越低。同时,在光电化学电解过程中,由于电极不断地被氧化,在反应过程中电极电阻逐渐增加。因此,需要对电极再生,也即在 H_2/Ar 中还原。

同电极类似,对于电解液,可以选择不同的离子和离子浓度来获得更大的离子流动性,从而提高电解液的电导。离子流动性最高的是 H^+ 和 OH^-,但是由于 H^+ 和 OH^- 具有非常强的化学腐蚀性能,因此很少用于电解液中。碱金属阳离子如 K^+ 和 Ba^{2+} 以及阴离子 Cl^- 和 NO_3^- 都是流动性很好的离子。这些离子的浓度在 $3\sim4\,\mathrm{mol\cdot L^{-1}}$ 时,可以获得最低的电解液电阻。

外部电路一般都是金属制电线,因此它的电阻明显要小于光电极和电解液电阻。因此选择金属电路以降低整个体系电阻是次要的。

电路系统中相互连接的地方包括线路之间以及线路与电极之间。这些连接的地方可能有很高的电阻,原因包括:①相互接触的是不同功函数的金属之间的电阻;②由于连接处局部腐蚀造成的电阻。因此,在整个电路系统中,要尽可能地降低电路的连接。

测量和控制设备的内部电阻也很重要。为了达到更好的测量准确度,需要理想的测量仪表,如电压表的电阻应该很大,而电流表的电阻应该很小。

(5)亥姆霍兹电势

亥姆霍兹电势是指当半导体光电极浸没到电解液中,电极表面上与电解液中离子的移动所引起的电势差。带电离子从半导体光电极转移到电解液,将引起向上的带宽弯曲,形成电势差,如图 10.8 所示。

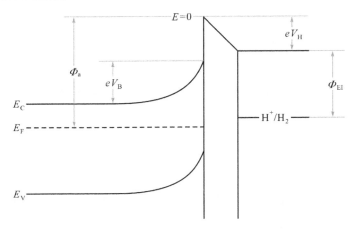

图 10.8　光电极(n 型半导体)和电解液之间固/液界面的能量[14]

亥姆霍兹层厚度大约只有 1nm,其大小跟电解液以及光电极的本性有关。光电池的性能在很大程度上都是由亥姆霍兹电势决定的。这方面的研究需要关注电解液和电极的性质对亥姆霍兹电势的影响,以及亥姆霍兹电势对整个光电转换的影响。

(6)抗腐蚀性能

对光电极的最基本要求就是要对电极反应具有抗腐蚀的效果。这些反应包括电化学腐蚀反应、光腐蚀和溶解腐蚀。

光电极对任意反应的活性都会导致光电极上化学组成和电极的电化学性质的变化。而光电极是电化学转化的主要场所,电极的改变一定会引起光电极光能转化效率的改变。因此,任一光电极必须具有抗腐蚀性能。

一些金属氧化物,如 TiO_2 及其固溶体,具有很好的抗腐蚀性能,因此被作为光电极的优选材料。而另一些共价半导体(valence semiconductor)具有很好的光能转化特性,但是由于对上述反应具有活性,因此抗腐蚀性能差。这些金属列在图 10.9 中。

在电解液中,电极的腐蚀主要是电化学腐蚀。对于 AB 型的半导体,其主要是阴极和阳极的分解反应,可用下式表示:

$$AB + zh \longrightarrow A^{z+} + B + \Delta G_a \tag{10.15}$$

$$AB + ze \longrightarrow B^{z-} + A + \Delta G_c \tag{10.16}$$

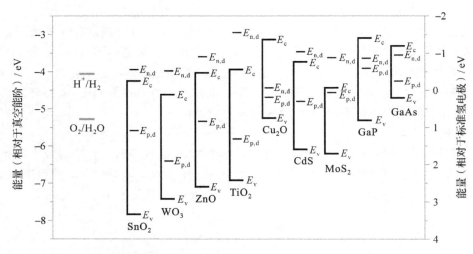

图 10.9　几种金属的氧化/还原电势与导带和价带电势之间的关系[15]

式中:z 为空穴或者电子数;ΔG_a 和 ΔG_c 分别为阳极和阴极反应的自由能变,其值与上述两个反应的氧化还原电势具有如下的关系:

$$E_{p,d} = \frac{\Delta G_a}{z N_a} \tag{10.17}$$

$$E_{n,d} = \frac{\Delta G_c}{z N_a} \tag{10.18}$$

式中:$E_{p,d}$ 与 $E_{n,d}$ 分别为电极的氧化与还原电势。为了得到抗腐蚀的光电极,其氧化和还原电势必须符合以下的条件:

$$E_{O_2/H_2O} < E_{p,d}$$
$$E_{H^+/H_2} > E_{n,d}$$

式中:E_{H^+/H_2} 为电对 H^+/H_2 的电势;E_{O_2/H_2O} 为电对 O_2/H_2O 的电势。

（7）材料的微结构

对于光电极材料的微结构,可以预测的是以后的光电极应该是多晶的而不是单晶的。而目前为止,很少有关于微观结构对电极光电转化的影响的研究。因此,后续的研究需要研究以下关系:

①多晶电极材料微结构对电极光电转化的影响,特别是表面缺陷对电极光电转化的影响;

②研究新的表面处理技术,提高光电转化的效率。

10.5　光催化水解制氢

光催化水解制氢利用的也是太阳光的光能。光催化水解制氢关键是光电催化材料研究。

经过 40 多年的研究发展,光催化剂由最初的只能吸收紫外线的半导体 TiO_2 发展到可吸收可见光的多种类型的催化剂。在紫外线照射下,能分解水制氢的催化剂有 TiO_2、SrO_2、$Na_2Ti_6O_{13}$、$BaTi_4O_9$、$K_2La_2TiO_{10}$、$K_4Nb_6O_{17}$、ZrO_2 等;在可见光照射下,电子给体在 CH_4O

存在时可以产生氢气,电子受体在 $AgNO_3$ 存在时可产生氧气的催化剂有 Bi_2InNbO_7、CdS、ZnS、$Bi_2W_2O_9$ 等。它们分别属于不同的体系。

1. 半导体光催化体系

（1）TiO_2 体系

传统的半导体光催化分解水是围绕氧化物半导体,主要是以 TiO_2 及其表面改性粒子而展开的,由 TiO_2-Pt 电极对的光解水模式演变形成了固体粉末光催化剂 Pt/TiO_2 并成为光催化剂的典型代表。1980 年,Sato 等[16]将 Pt/TiO_2 表面覆盖 NaOH,在水蒸气中进行光分解得到了氢气,与此同时有人利用 TiO_2 表面同时负载 Pt 和 RuO_2 的光催化剂也实现了分解水的目的[17]。光催化剂表面负载 Rh、NiO_x 以及在水中添加 I_3^-/I^-,也将明显提高水的分解速度。金属修饰对半导体光催化性质的影响,实际上是通过改变体系中电子的分布实现的。电中性且相互分开的金属和半导体（如 n 型半导体）有不同的费米能级,常常是金属的功函数和高于半导体的功函数。当金属与半导体接触后,电子就会不断地从半导体向金属迁移,一直到两者的费米能级相等为止。在两者电接触之后形成的空间电荷层中,金属表面将获得多余的负电荷,而在半导体表面上则有多余的正电荷。这样,半导体的能带就向上弯曲,表面生成损耗层,该层能垒也就是肖基特势垒。研究表明,Pt 以原子簇形式沉积在半导体表面,放氢反应的最佳沉积量为 $0.5\%\sim1\%$[18]。Pt 本身也是很好的催化剂。Pt 在 TiO_2 表面沉积,有利于气体特别是氢气发生反应。其他贵金属修饰也有类似的电荷分离作用,但 Pt 具有最大的功函数,效应最强。

（2）复合半导体

现在,半导体复合已经成为提高光催化反应效应的有效手段。复合半导体必须具有合适的能级才能使电荷与空穴有效分离,从而形成更有效的光催化剂。同时,复合半导体各组分的比例对其光催化性质也有很大影响。另外,过渡金属离子掺杂作为复合半导体的特殊形式既能组织电子-空穴再结合,又能促使电子-空穴再结合,且掺杂离子浓度通常不高。在 TiO_2 中掺入 W^{6+}、Ta^{5+}、Nb^{5+} 等高价离子时,放氢速度加快;而当掺杂低价离子 In^{3+}、Zn^{2+}、Li^+ 时,放氢速度则减慢[19]。

从化学的观点来看,金属离子掺杂可能在半导体晶格中引起缺陷位置或者改变结晶度等,从而影响电子-空穴对的复合。譬如成为电子或空穴的陷阱而延长其寿命,或成为电子-空穴的复合中心而加快复合。

除了 TiO_2 体系和复合半导体外,半导体催化材料还包括 Ta 系列半导体光催化剂、ZnO 半导体催化剂、RuS_2 半导体催化剂等。

2. 无机层状化合物

无机层状化合物包括层状钛酸盐及其柱撑产物、铌酸盐、钙钛矿型以及杂多酸盐。

层状钛酸盐 $K_2Ti_4O_9$ 的主体结构由 TiO_6 八面体所组成,四个 TiO_6 八面体组成一个单元,单元与单元之间通过共角相连形成主体带负电的层状结构,层间分布着反应活性较高的 K^+,可利用层间纳米级反应空间进行化学反应实现对层状主体的修饰。最常用的是离子交换反应,替代其中的 K^+。

柱撑过程步骤较多,历程较长,但柱撑产物可以实现引入材料在层间的均匀复合,得到高比表面积、平均孔径分布的复合产物,克服了传统复合半导体催化剂难以均匀复合的缺点,同时还具备普通复合半导体提高催化活性的特点。由于体系中存在两种或者两种以上的不同的半导体,因为其导带和价带能级的差异,能有效实现光生电子-空穴的分离,从而极大地提高其光催化活性[20]。例如以通过柱撑获得的 $H_2Ti_4O_9(TiO_2,Pt)$ 为催化剂,代替前面所提到的 $K_2Ti_4O_9$,H_2 的产率提高了近 25 倍,达到 $88\mu mol \cdot h^{-1}$[21]。

对于层状铌酸盐($A_4Nb_6O_{17}$,其中 A=K,Rb),$K_4Nb_6O_{17}$ 是由 NiO_6 八面体单元通过氧原子形成的二维层状结构。这种由 NiO_6 构成的层带负电荷,由于电荷平衡的需要,带正电荷的 K^+ 出现在层与层之间的空间。$K_4Nb_6O_{17}$ 结构上最特别的是交替地出现两种不同的层空间——层间 I 和层间 II。层间 I 中的 K^+ 能被 Li^+、Na^+ 和一些多价阳离子所代替,而在层间 II 中的 K^+ 仅能被 Li^+、Na^+ 等一价阳离子替换。另外一个特征是,$K_4Nb_6O_{17}$ 的层间空间能自发地发生水合作用。这种材料在高湿度的空气和水溶液中易发生水合。这表明,反应物分子水在光催化反应中容易进入层状空间。无负载 $K_4Nb_6O_{17}$ 在紫外线照射下即能使纯水发生光解,但该反应产生的氧小于化学计量。当负载 Ni 后,其分解水的活性得到了显著的增强。Kudo 等[22,23]将 Ni^{2+} 导入 $K_4Nb_6O_{17}$ 层间 I 中,经 773K 氢还原和 443K 氢氧化处理后,Ni 以超细粒子(约 0.5nm)负载在层间 I 内,得到具有高活性的光催化剂。同时他们从结构出发对其活性做出如下的解释:在光的作用下,Ni-O 层中生成的自由电子移向层间 I 中的 Ni 金属超微粒子,这里是生成氢的活性点,而氧则在层间 II 产生,这样由于氢、氧在不同位置生成,两者相对分离,抑制了逆反应的进行,从而表现出高活性。

层状结构氧化物与以 TiO_2 为代表的体相型光催化剂相比,其突出特点是能利用层状空间作为适合的反应点,从而有效抑制逆反应,提高了量子产率;另一方面,由于层状化合物具有多元素、复合型结构,这为材料的进一步修饰和改进提供了更为广阔的技术空间。另外,铯负载的 $K_4Nb_6O_{17}$ 较其他贵金属有更高的产氢效率[24],但是其一个缺点是仅能吸收紫外线。研究者曾试图将它的吸收光扩展到可见光范围,但是活性不高[25]。

20 世纪 80 年代,发现层状钙钛矿氧化物如 $SrTiO_3$ 等的光催化活性比 TiO_2 高,但光量子效率仍只有 1% 左右[26]。后来发现钙钛矿型或层状钙钛矿型氧化物具有较高的光催化活性,层状钙钛矿型氧化物 K_4NbO_{17}、$A_4Ta_xNb_{1-x}O_{17}$(A=K,Rb)等的光量子效率可达 5%~10%[27],NiO 作共催化剂的钙钛矿型氧化物光催化剂 $NaTaO_3$ 的光量子效率可达 28%[28],K_2LaTiO_{10} 的光量子效率甚至可以达 30%[29]以上。一些钙钛矿型光催化材料的 H_2 产出量可以达到 $5mmol \cdot h^{-1}$ 以上,如以 Pt 作共催化剂的 $HCa_2Nb_3O_{10}$ 的产氢速率达 $8.7mmol \cdot h^{-1}$。La 掺杂的 $NaTiO_3$ 以 NiO 为共催化剂,产氢速率平均为 $5.9mmol \cdot h^{-1}$、光量子效率大于 20%,最优组成时产氢速率可达 $14.6mmol \cdot h^{-1}$、光量子效率为 50%[30]。

为了进一步提高其光催化活性,一般的光解水催化剂,包括前面介绍的层状钛酸盐和铌酸盐,均需负载贵金属(Pt 或 Ru);而钙钛矿型层状化合物则不需要,其本身即具有较高的氢生成活性中心,不需担载 Pt 等贵金属,也能将水分解为 H_2 和 O_2,而且活性较高[31]。文献报道,采用钙钛矿型层状催化剂时,H_2 生成速率分别为 $2186\mu mol \cdot h^{-1}$、$1000\mu mol \cdot h^{-1}$、$235\mu mol \cdot h^{-1}$、$402\mu mol \cdot h^{-1}$,可见其优异的光催化活性。目前,钙钛矿型层状化合物的柱撑过程较难实现,若能成功柱撑,通过选择合适的客体定能进一步提高其光解水活性,有望成为一类优异的催化材料。

3. 杂多酸盐

杂多酸盐作为一种光敏化剂对 200～400nm 的紫外线具有活性。杂多酸盐吸收光子后被活化,活化后的杂多酸盐比其基态具有更强的氧化性,这是杂多酸盐作光敏剂光解水的理论基础。杂多酸盐能溶于水,是一种均相体系光敏剂,相对于其他的均相体系光敏剂,杂多酸盐作为光敏剂不需要外加电子等中继物,节省了一个中间环节,可提高光量子效率约5%。Akid 等[32]研究了 $PW_{12}O_{40}^{3-}$、$SiW_{12}O_{10}^{4-}$、$FeW_{12}O_{40}^{5-}$、$CoW_{12}O_{40}^{6-}$、$H_2W_{12}O_{40}^{6-}$ 作光敏剂光解水制氢的情况,并提出了 $SiW_{12}O_{10}^{4-}$ 作光敏剂的反应机理:

$$SiW_{12}O_{40}^{4-} \xrightarrow{h\nu} {}^*SiW_{12}O_{40}^{4-} \tag{10.19}$$

$$ {}^*SiW_{12}O_{40}^{4-} \xrightarrow{k_2} SiW_{12}O_{40}^{4-} \tag{10.20}$$

$$ {}^*SiW_{12}O_{40}^{4-} + CH_3OH \xrightarrow{k_3} SiW_{12}O_{40}^{5-} + CH_2OH + H^+ \tag{10.21}$$

$$SiW_{12}O_{40}^{4-} + CH_2OH \xrightarrow{fast} SiW_{12}O_{40}^{5-} + CH_2O + H^+ \tag{10.22}$$

$$2SiW_{12}O_{40}^{5-} + 2H^+ + Pt \xrightarrow{fast} H_2 + 2SiW_{12}O_{40}^{4-} + Pt \tag{10.23}$$

该机理是根据在水-甲醇体系中,以 $SiW_{12}O_{40}^{4-}$ 为光敏剂,以胶体 Pt 为催化剂光解水制取氢气的一些实验现象归纳总结出来的,对研究其他 Keggin 结构的杂多酸盐光解水具有一定的指导意义。Keggin 结构杂多酸作为光解水催化剂具有产氢效率高的特点。

4. 其他类型的光催化剂

Sayama 等[33,34]报道了由 Fe^{3+}/Fe^{2+}-WO_3 两步激发光催化分解水制氢悬浮体系的研究结果。该体系的作用机理类似于光合作用的"Z"模型,故称 Z 型光催化剂。Fe^{3+} 吸收紫外线产生的 Fe^{2+} 和 H^+ 作用放出氢气,生成的 Fe^{3+} 则被光激发的 WO_3 产生的导带电子还原为 Fe^{2+},而光激发产生的价带空穴则把水氧化成氧气。

$BaTi_4O_9$ 催化剂有五边形棱柱隧道结构[35,36],它在负载 RuO_2 后能有效地催化光解水产生氢气和氧气。研究发现,TiO_6 在五边棱柱结构中,通过钛偏离 6 个氧中心产生两种变形的八面体对光分解水起到本质作用。这些变形八面体产生的偶极矩(5.7D,4.1D)能有效地分离光激发产生的电荷,其隧道结构能使 RuO_2 粒子分散,RuO_2 粒子与周围的 TiO_6 八面体相互作用,促进了电子和空穴向吸附在催化剂上的物种转移,从而促进光解反应的进行。

10.6　太阳能光生物化学制氢

太阳能光生物化学制氢也是利用太阳光的光能。

太阳能光生物化学制氢是通过微生物特有的产氢酶系把水分解为氢气和氧气的过程。根据所用的微生物、产氢原料及产氢机理,太阳能光生物化学制氢可以分为两种类型:①绿藻和蓝细菌(也称为蓝绿藻)在光照、厌氧条件下分解水产生氢气,通常称为光解水产氢或蓝绿藻产氢;②光合细菌在光照、厌氧条件下分解有机物产生氢气,通常称为光解有机物产氢、光发酵产氢或光合细菌产氢。两种类型的方法比较如表 10.1 所示。

表 10.1　不同太阳能光生物化学制氢比较[37]

类型	优点	缺点
蓝细菌和绿藻	①只需以水为原料;②太阳能转化效率比树和作物高 10 倍左右;③有两个光合系统,光转化效率低,最大理论转化效率为 10%;④复杂的光合系统产氢需要克服的自由能较高	①不能利用有机物,所以不能减少有机废弃物的污染;②需要光照;③需要克服氧气的抑制效应
光合细菌	①能利用多种有小分子有机物;②利用太阳光的波谱范围较宽;③只有一个光合系统,光转化效率高,理论转化效率 100%;④不产氧,需要克服氧气的抑制效应;⑤相对简单的光合系统使得产氢需要克服的自由能较小	需要光照

微藻(绿藻和蓝藻)一般具有比较完整的光合作用系统。微藻光水解制氢可以分为两个步骤[38,39]。第一步,微藻通过光合系统 Ⅱ(PSⅡ)光解水,产生质子和电子,并释放氧气,反应可表示为

$$H_2O \xrightarrow{h\nu} 2H^+ + \frac{1}{2}O_2 + 2e^- \tag{10.24}$$

第二步,蓝藻通过固氮酶系和绿藻通过可逆产氢酶系,还原质子为氢气。

蓝藻及其他固氮微生物主要利用固氮酶把氮气转化为氨气[40],其中通过固氮酶的电子有 25% 用于还原质子释放氢气。形成 1mol 氢气需要 16mol ATP(adenosine triphosphate,三磷酸腺苷),反应式如下:

$$N_2 + 8H^+ + 8e^- + 16ATP \longrightarrow 2NH_3 + H_2 + 16ADP + 16Pi \tag{10.25}$$

式中:Pi 表示的磷酸基团是 ATP 分子中距离腺苷(A)最远的那个最先水解的磷酸基。

可见,此过程不但消耗 ATP,而且产氢的质子利用率只有固氮反应的 1/4,所以制氢效率较低。

在厌氧、光照下,绿藻的可逆产氢酶还原质子产生氢气,反应式如下:

$$2H^+ + 2e \longrightarrow H_2 \tag{10.26}$$

可逆产氢酶制氢的电子来自光合系统 Ⅱ 光解水,再通过质体醌、细胞色素 b/f(亚基膜蛋白,参与电子传递)、光合系统 Ⅰ、铁氧化还原蛋白到产氢酶,还原质子产氢,如图 10.10 所示。

光合细菌产氢和蓝绿藻一样都是在太阳能驱动下光合作用的结果,但是光合细菌只有一个光合作用中心(相当于蓝绿藻的光合系统 Ⅰ),由于缺少藻类中起光解水作用的光合系统 Ⅱ,所以只进行以有机物为电子供体的不产氧光合作用。光合细菌光分解有机物产生氢气的生化途径为:

$$(CH_2O)_n \longrightarrow Fd \longrightarrow HE \longrightarrow H_2 \quad (其中 HE 为氢酶) \tag{10.27}$$

以乳酸为例,光合细菌产氢的化学方程式可以表示为:

$$C_3H_6O_3 + 3H_2O \xrightarrow{h\nu} 6H_2 + 3CO_2 \tag{10.28}$$

此外,研究[39]发现光合细菌还能够利用 CO 产生氢气,反应方程式如下:

$$CO + H_2O \xrightarrow{h\nu} CO_2 + H_2 \tag{10.29}$$

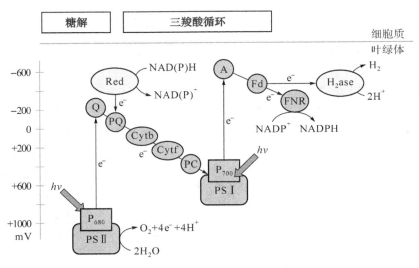

图 10.10　绿藻产氢时氢酶的相关电子传递路径[40]

10.7　光电热复合-耦合制氢[41]

光电热复合耦合制氢是利用太阳光的光热效应和光电效应分解水制氢的过程。

Licht 等[42]提出并进行了光-热-电化学制氢热力学的可行性研究,用太阳光一部分长波的光直接加热水,降低分解水所需电压,从而提高制氢效率。这个理论的主要关键点在于光谱的采集及分离。通过光谱分离,低带隙的光强(热量)用于供热,高带隙的光强用于照射半导体而产生光伏效应或光电化学效应。

Licht 等[42]还提出在热力学及光敏剂(带隙)均满足条件的情况下,如果提供足够的光强、温度、压力、光敏剂带隙,太阳能耦合制氢体系的转换效率有望达到 50%。此前,在太阳能制氢体系中,由于没有考虑低带隙光热降低水分解电压的影响,当时预计在室温条件下转换效率最高能达到 30%。

这个体系主要包含:采光及聚光;低带隙(热)、高带隙(电)光谱解析;低带隙的光强用来加热水至一定温度及压力,高带隙的光引起光伏效应或光电化学电荷转移;太阳能复合-耦合制氢工艺流程如图 10.11 所示。与传统的区域太阳能集热器不同的是,该系统可以使用单独的太阳能集热器,所以该方法提供了一个太阳能高效利用的途径。

同直接热分解法、热化学循环法等比较,复合-耦合体系相对克服了一些温度的限制,并吸取了光热法、光伏法、光电化学法制氢的优点。理论上,如果仅利用太阳光中红外区部分光给传统太阳能电池供热,在热力学上显然是不够的,因此研究光伏法及光电化学法制氢时一般不考虑太阳能热效应的影响。然而,复合体系利用了全部波长太阳光的能量,从而提高了太阳能的利用效率。

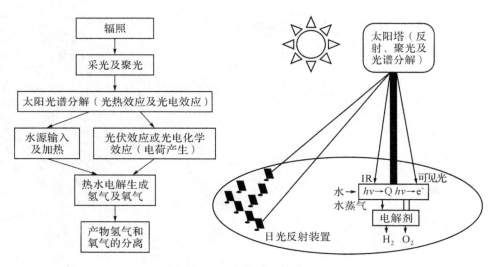

图 10.11　太阳能复合-耦合制氢工艺流程[43]

参考文献

[1] 丁福臣,易玉峰.制氢储氢技术[M].北京:化学工业出版社,2006.

[2] Kogan A. Direct solar thermal splitting of water and on-site separation of the products Ⅱ: experimental feasibility study[J]. Int J Hydrogen Energy,1998,23(2):89-98.

[3] Kogan A. Direct solar thermal splitting of water and on-site separation of the products Ⅳ: development of porous ceramic membranes for a solar thermal water-splitting reactor[J]. Int J Hydrogen Energy, 2000,25(11):1043-1050.

[4] Kogan A. Direct solar thermal splitting of water and on site separation of the products Ⅰ: theoretical evaluation of hydrogen yield[J]. Int J Hydrogen Energy, 1997,22(5):481-486.

[5] Kogan A,Spiegler E,Wolfshtein M. Direct solar thermal splitting of water and on-site separation of the products Ⅲ:improvement of reactor efficiency by steam entrainment[J]. Int J Hydrogen Energy, 2000,25(8):739-745.

[6] Funk J E, Reinstrom R M. Energy requirements in production of hydrogen from water[J]. Ind Eng Chem Proc Des and Develop, 1966, 5(3):336-342.

[7] 胡以怀,贾靖,纪娟.太阳能热化学制氢技术研究进展[J].新能源及工艺,2008(1):19-23.

[8] Fujishima A,Honda K. Electrochemical photolysis of water at a semiconductor electrode[J]. Nature, 1972,238:37-38.

[9] Ohta T. Solar-hydrogen energy systems[M]. Oxford: Pergamon Press, 1979:276.

[10] Zhao G, Kozuka H, Lin H, et al. Sol-gel preparation of $Ti_{1-x}V_xO_2$ solid solution film electrodes with conspicuous photoresponse in the visible region[J]. Thin Solid Films, 1999, 339(1):123-128.

[11] Phillips T E, Moorjani K, Murphy J C, et al. TiO_2-VO_2 alloys-reduced bandgap effects in the photoelectrolysis of water[J]. J Electrochem Soc, 1982, 129(6):1210-1215.

[12] Tomkiewicz M, Fay H. Photoelectrolysis of water with semiconductors[J]. Appl Phys, 1979, 18(1):1-28.

[13] Santhanam K, Sharon M. Photoelectrochemical solar cells[M]. Elsevier,1988.

[14] Bak T, Nowotny J, Rekas M, et al. Photo-electrochemical hydrogen generation from water using

solar energy[J]. Int J Hydrogen Energy，2002，27：991-1022.

[15] Seraphin B O. Solar energy conversion[M]. Berlin：Springer，1979.

[16] Sato S，White J M. Reactions of water with carbon and ethylene over illuminated Pt/TiO$_2$[J]. Chem Phys Lett，1980，70(1)：131-134.

[17] Kawai T，Sakata T. Conversion of carbohydrate into hydrogen fuel by a photocatalytic process[J]. Nature，1980，286(31)：474-476.

[18] Pichat P，Mozzanega M N，Disdier J，et al. Platinum content and temperature effects on the photocatalytic hydrogen production from aliphatic alcohols over platinum/titanium dioxide[J]. Noun J Chim，1982，6(11)：559-564.

[19] Karakitsou K E，Verykios X E. Effects of altervalent cation doping of titania on its performance as a photocatalyst for water cleavage[J]. J Phys Chem，1993，97(6)：1184-1189.

[20] Choy J，Lee H，Jung H，et al. A novel synthetic route to TiO-pillared layered titanate with enhanced photocatalytic activity[J]. J Materials Chem，2001，11(9)：2232-2234.

[21] Uchida S，Yamamoto Y，Fujishiro Y，et al. Intercalation of titanium oxide in layered H$_2$Ti$_4$O$_9$ and H$_4$Nb$_6$O$_{17}$ and photo catalytic water cleavage with H$_2$Ti$_4$O$_9$/(TiO$_2$，Pt) and H$_4$Nb$_6$O$_{17}$/(TiO$_2$，Pt) nanocomposites[J]. J Chem Soc Faraday Trans，1997，93(7)：3229-3234.

[22] Kudo A，Sayama K，Tanaka A，et al. Nickel-loaded K$_4$Nb$_6$O$_{17}$ photocatalyst in the decomposition of H$_2$O into H$_2$ and O$_2$：structure and reaction mechanism[J]. J Catal，1989，120(2)：337-352.

[23] Kudo A，Tanaka A，Domen K，et al. Photocatalytic decomposition of water over NiO/K$_4$Nb$_6$O$_{17}$ catalyst[J]. J Catal，1988，111(1)：67-76.

[24] Sayama K，Yase K，Arakawa H，et al. Photocatalytic activity and reaction mechanism of Pt-intercalated K$_4$Nb$_6$O$_{17}$ catalyst on the water splitting in carbonate salt aqueous solution[J]. J Photochem and Photobio A：Chem，1998，114(2)：125-135.

[25] Yoshimura J，Tanaka A，Kondo J N，et al. Visible light induced hydrogen evolution on CdS/K$_4$Nb$_6$O$_{17}$ photocatalyst[J]. Bulletin of the Chemical Society of Japan，1995，68(8)：2439-2445.

[26] Wagner F T，Somorjai G A. Photocatalytic and photoelectrochemical hydrogen production on strontium titanate single crystals[J]. J the American Chem Soc，1980，102(17)：5494-5502.

[27] Hwang D W，Kim H G，Kim J，et al. Photocatalytic water splitting over highly donor-doped (110) layered perovskites[J]. J Catal，2000，193(1)：40-48.

[28] Hwang D W，Cha K Y，Kim J，et al. Photocatalytic degradation of CH$_3$Cl over a nickel-loaded layered perovskite[J]. Ind Eng Chem Res，2003，42(6)：1184-1189.

[29] Thaminimulla C T K，Takata T，Hara M，et al. Effect of chromium addition for photocatalytic overall water splitting on Ni-K$_2$La$_2$Ti$_3$O$_{10}$[J]. J Catal，2000，196(2)：362-365.

[30] Kato H，Kudo A. Photocatalytic water splitting into H$_2$ and O$_2$ over various tantalate photocatalysts [J]. Catal Today，2003，78(1)：561-569.

[31] 张彭义. 半导体光催化剂及其改性技术进展[J]. 环境科学进展，1997，5(3)：1-10.

[32] Akid R，Darwent J R. Heteropolytungstates as catalysts for the photochemical reduction of oxygen and water[J]. J Chem Soc，Dalton Trans，1985，16(21)：395-399.

[33] Sayama K，Yoshida R，Kusama H，et al. Photocatalytic decomposition of water into H$_2$ and O$_2$ by a two-step photoexcitation reaction using a WO$_3$ suspension catalyst and an Fe^{3+}/Fe^{2+} redox system[J]. Chem Phys Lett，1997，277：387-391.

[34] Sayama K，Mukasa K，Abe R，et al. A new photocatalytic water splitting system under visible light irradiation mimicking a Z-scheme mechanism in photosynthesis[J]. J Photochem and Photobio A：

Chem，2002，148(1)：71-77.

[35] Inoue Y，Asai Y，Sato K. Photocatalysts with tunnel structures for decomposition of water，Part 1： $BaTi_4O_9$ ，a pentagonal prism tunnel structure，and its combination with various promoters[J]. J Chem Soc，Faraday Trans，1994，90(5)：797-802.

[36] Kohno M，Kaneko T，Ogura S，et al. Dispersion of ruthenium oxide on barium titanates（ $Ba_6Ti_{17}O_{40}$ ， $Ba_4Ti_{13}O_{30}$ ， $BaTi_4O_9$ and $Ba_2Ti_9O_{20}$ ）and photocatalytic activity for water decomposition[J]. J Chem Soc，Faraday Trans，1998，94(1)：89-94.

[37] 张军合.太阳能光合生物制氢系统及其光谱耦合特性研究[D].郑州：河南农业大学，2006.

[38] Ueno Y，Haruta S，Ishii M，et al. Microbial community in anaerobic hydrogen-producing microflora enriched from sludge compost[J]. Appl Microbio and Biotech，2001，57(4)：555-562.

[39] Ghirardi M L，Zhang L，Lee J W，et al. Microalgae：a green source of renewable H_2 [J]. Trends in Biotech，2000，18(12)：506-511.

[40] Melis A，Happe T. Hydrogen production：green algae as a source of energy[J]. Plant Phys，2001，127(3)：740-748.

[41] Licht S. Solar water splitting to generate hydrogen fuel：photothermal electrochemical analysis[J]. J Phys Chem B，2003，107(18)：4253-4260.

[42] Licht，S. Multiple band gap semiconductor/electrolyte solar energy conversion[J]. J Phy Chem B，2001，105(27)：6281-6294.

[43] 王宝辉，吴红军，刘淑芝，等.太阳能分解水制氢技术研究进展[J].化工进展，2006，25(7)：733-738.

附　录

氢气内燃机或氢燃料汽车使用的氢气质量标准

氢气按质量标准分为纯氢、高纯氢以及超纯氢等。附表1列出了氢气内燃机或氢燃料汽车使用的氢气质量标准。

附表1　氢气内燃机或氢燃料汽车使用的氢气质量标准

项目名称		指标		
		超纯氢	高纯氢	纯氢
氢气(H_2)纯度/10^{-2}	≥	99.9999	99.999	99.99
氧(O_2)含量/10^{-6}	≤	0.2	1	5
氮(N_2)含量/10^{-6}	≤	0.4	5	60
一氧化碳(CO)含量/10^{-6}	≤	0.1	1	5
二氧化碳(CO_2)含量/10^{-6}	≤	0.1	1	5
甲烷(CH_4)含量/10^{-6}	≤	0.2	1	10
水分(H_2O)含量/10^{-6}	≤	0.5	3	10
杂质总含量/10^{-6}	≤	1	10	—

注:表中纯度和含量均以体积分数表示。

具体的技术要求、试验方法、贮运及安全要求等可参照国家标准《氢气　第2部分:纯氢、高纯氢和超纯氢》(GB/T 3634.2—2011)。